新概念建筑结构设计丛书

PKPM 地下室设计从入门到提高（含实例）

庄 伟 编著

中国建筑工业出版社

图书在版编目（CIP）数据

PKPM地下室设计从入门到提高（含实例）/庄伟编著．
北京：中国建筑工业出版社，2019.4
（新概念建筑结构设计丛书）
ISBN 978-7-112-23242-0

Ⅰ.①P…　Ⅱ.①庄…　Ⅲ.①地下室-建筑结构-结构设计-
计算机辅助设计-应用软件　Ⅳ.①TU929-39

中国版本图书馆CIP数据核字（2019）第020900号

作为“新概念建筑结构设计丛书”之一，全书主要内容包括：地下室设计实例——井字梁；地下室设计实例——单向次梁；地下室设计实例——无梁楼盖；地下室节点详图；地下室设计技术要点；地下室优化设计要点及实例；地下室顶板方案选型；地下车库基础底板非人防区结构方案比较；地下室方案层高分析；地下室抗拔构件的造价分析及设计建议；地下室设计常见问题汇总。

本书可供建筑结构设计人员及高等院校相关专业师生参考使用。

责任编辑：郭　栋　辛海丽
责任校对：王　瑞

新概念建筑结构设计丛书
PKPM地下室设计从入门到提高（含实例）
庄　伟　编著
*
中国建筑工业出版社出版、发行（北京海淀三里河路9号）
各地新华书店、建筑书店经销
北京科地亚盟排版公司制版
北京京华铭诚工贸有限公司印刷
*
开本：787×1092毫米　1/16　印张：14　字数：328千字
2019年4月第一版　2019年4月第一次印刷
定价：**40.00**元
ISBN 978-7-112-23242-0
（33533）

前　言

地下室是结构设计中的重点及难点，本书以实战的形式，把理论、规范、软件应用（PKPM 及理正）和施工图绘制在实际工程的设计过程中完整地串起来，让每一位结构设计的入门者建立起地下室设计的基本结构概念，学会上机操作（CAD、PKPM 及理正），能进行基本的分析判断，并完成施工图的绘制。指导初学者尽快进入结构设计师的行列而不仅仅是学结构的学生或是没有涉及概念的结构设计员，懂怎么操作，更明白其中的道理和有关要求。

本书由庄伟编写，在书的编写过程中参考了大量的书籍、文献及所在公司的一些技术措施，在书的编辑及修改过程中，得到了北京市建筑设计研究院戴夫聪，华阳国际设计集团（长沙）田伟、吴应昊，中机国际工程设计研究院有限责任公司（原机械工业第八设计研究院）罗炳贵、吴建高、廖平平、刘栋、李清元，中国轻工业长沙工程有限公司张露、余宽，湖南省建筑设计研究院黄子瑜，广东博意建筑设计院长沙分公司黄喜新、程良，湖南方圆建筑工程设计有限公司姜亚鹏、陈荔枝，湖南中大建设工程检测技术有限公司技术部副总工李刚，北京清城华筑建筑设计研究院徐珂，香港邵贤伟建筑结构事务所顾问唐习龙，中科院建筑设计研究院有限公司（上海）鲁钟富，淄博格匠设计顾问公司徐传亮，广州容柏生建筑结构设计事务所、广州老庄结构院邓孝祥，长房集团曾宪芳、保利地产（长沙）姜波，湖南省建筑科学研究院段红蜜，中南大学土木工程学院硕士研究生黄静、汪亚、徐阳等人的帮助和鼓励，同行鞠小奇、邬亮、余宏、庄波、林求昌、刘强、谢杰光、彭汶、李子运、李佳瑶、姚松学、文艾、谢东江、郭枫、李伟、邱杰、杨志、苏霞、谭细生等参与了全书内容收集、编写及图片绘制，在此表示感谢。

由于作者理论水平和实践经验有限，时间紧迫，书中难免存在不足甚至是谬误之处，也恳请读者批评指正。

目 录

1 地下室设计实例——井字梁 …… 1
1.1 工程概况 …… 1
1.2 结构布置 …… 1
1.3 软件操作 …… 5
1.3.1 建模 …… 5
1.3.2 SATWE计算与分析 …… 19
1.3.3 SATWE计算参数控制 …… 49
1.3.4 “刚性楼板”与“弹性楼板” …… 49
1.3.5 SATWE计算结果分析与调整 …… 50
1.4 施工图绘制 …… 63
1.4.1 地下室顶板梁平法施工图绘制 …… 63
1.4.2 地下室外墙平法施工图绘制 …… 73
1.4.3 地下室顶板计算与施工图绘制 …… 79
1.4.4 地下室柱子计算与施工图绘制 …… 84
1.5 基础设计 …… 88
1.6 抗浮设计 …… 99
1.7 抗浮设置锚杆实例（其他项目） …… 101
1.8 塔楼周边的梁连接 …… 102
2 地下室设计实例——单向次梁 …… 106
2.1 工程概况 …… 106
2.2 体系方案选择 …… 106
2.3 构件截面取值 …… 107
2.4 梁结构布置 …… 108
2.5 荷载取值 …… 108
2.6 建模、SATWE计算及施工图绘制 …… 108
2.7 塔楼周边的梁布置 …… 108
2.8 汽车坡道平面布置图 …… 109
3 地下室设计实例——无梁楼盖 …… 112
3.1 工程概况 …… 112
3.2 体系方案选择 …… 112
3.3 构件截面取值 …… 112
3.4 荷载取值 …… 113
3.5 建模、SATWE计算及施工图绘制 …… 113

4 地下室节点详图 …… 120
4.1 一层外墙详图 …… 120
4.2 二层外墙详图 …… 123
4.3 外墙水平分布筋规格 …… 126
4.4 侧壁（或混凝土墙）水平筋转角构造 …… 127
4.5 外墙下底板构造 …… 128
4.6 底板与承台之间竖向间隙构造 …… 130
4.7 坑（槽）底板或侧壁与混凝土墙的连接 …… 130
4.8 坑（槽）底板或侧壁与承台的连接 …… 131
4.9 底板的坑（槽）详图 …… 131
4.10 高、低底板的连接 …… 132
4.11 抗拔桩在底板的构造 …… 134
4.12 底板暗梁 …… 135
4.13 底板钢筋在承台内构造 …… 136
4.14 底板钢筋在临空端构造 …… 138
4.15 底板钢筋在侧壁内（或混凝土墙）锚固 …… 138
4.16 基础连梁纵筋在承台内构造 …… 139
4.17 梁上混凝土挡墙详图 …… 140
4.18 楼板上混凝土挡墙 …… 141
4.19 楼面混凝土坑详图 …… 141
4.20 人孔翻檐大样 …… 142
5 地下室设计技术要点 …… 143
5.1 地下室设计思维 …… 143
5.2 消防车的等效均布活荷载 …… 147
5.3 塔楼与地下室周边的连接 …… 147
5.4 风井处挡土墙大样 …… 148
5.5 车道 …… 151
5.6 楼梯 …… 152
5.7 后浇带 …… 154
5.8 其他 …… 154
6 地下室优化设计要点及实例 …… 155
6.1 地下室优化设计要点 …… 155
6.1.1 模型计算主要控制要素 …… 155
6.1.2 施工图绘制主要控制要素 …… 155
6.1.3 人防施工图核对意见 …… 156
6.1.4 地下车库设计各阶段的控制方法 …… 158
6.2 地下室优化设计实例 …… 160
6.2.1 实例1 …… 160
6.2.2 实例2 …… 164

7 地下室顶板方案选型 …… 169
7.1 某工程地下室方案论证（1） …… 169
7.2 某工程地下室方案论证（2） …… 175
7.3 某工程地下室方案论证（3） …… 180
8 地下车库基础底板非人防区结构方案比较 …… 184
8.1 基本条件 …… 184
8.1.1 典型跨基础图（Ⓜ轴Ⓛ轴交(1/16)轴⑱轴） …… 184
8.1.2 典型跨基础图（(P1)轴(N1)轴交⑭轴⑮轴） …… 185
8.1.3 经济分析结果 …… 186
8.1.4 基础底板方案结论 …… 186
8.2 地下车库基础底板非人防区结构计算软件比较 …… 186
8.3 住宅基础底板结构方案比较 …… 188
9 地下室方案层高分析 …… 189
10 地下室抗拔构件的造价分析及设计建议 …… 191
10.1 抗拔构件的设计建议 …… 191
10.2 常用抗拔构件的综合单价汇总 …… 191
10.3 小柱网地下室抗拔构件成本比较 …… 191
10.4 两层地下室抗拔构件成本比较 …… 195
11 地下室设计常见问题汇总 …… 199
11.1 连接与构造 …… 199
11.2 总说明 …… 207
11.3 梁 …… 208
11.4 柱 …… 209
11.5 基础 …… 210
11.6 结构平面布置图 …… 211
11.7 软件操作 …… 211
11.8 截面选取 …… 213
11.9 配筋要点 …… 213
11.10 后浇带布置 …… 214
参考文献 …… 215

1　地下室设计实例——井字梁

1.1　工 程 概 况

湖南省长沙市某小区，一层地下室，结构形式为框架结构，抗震设防烈度 6 度，设计基本地震加速度 0.05g，设计地震分组为第一组，设计使用年限为 50 年。建设场地Ⅱ类，特征周期值为 0.35s，非塔楼周边 2 跨的框架抗震等级为四级，塔楼周围（塔楼＋两跨）的抗震等级随主楼，基本风压值为 0.35kN/m^2，基本雪压值为 0.45kN/m^2。本项目总面积 75828m^2，其中人防面积 16195m^2，人防部分交给人防院设计；覆土 1.2m，顶板标高为－1.8m，柱网 8.1m×8.1m。

1.2　结 构 布 置

地下室的结构布置应遵循概念设计：均匀。均匀不仅仅是指的板块划分尽量均匀，在塔楼周边布置主梁时，还应遵循弯矩的均匀（平衡）。地下室的柱网一般都是矩形，柱网对齐，结构布置如图 1-1 所示，柱子 600mm×600mm，主梁尺寸 450mm×1000mm，次梁尺寸 300mm×700mm；构件尺寸可以根据经验取值，也可以先拿其中 3 跨建模试算。由于地下室覆土一般均为 1.2～1.5m，主次梁及柱子的截面尺寸可以记住。

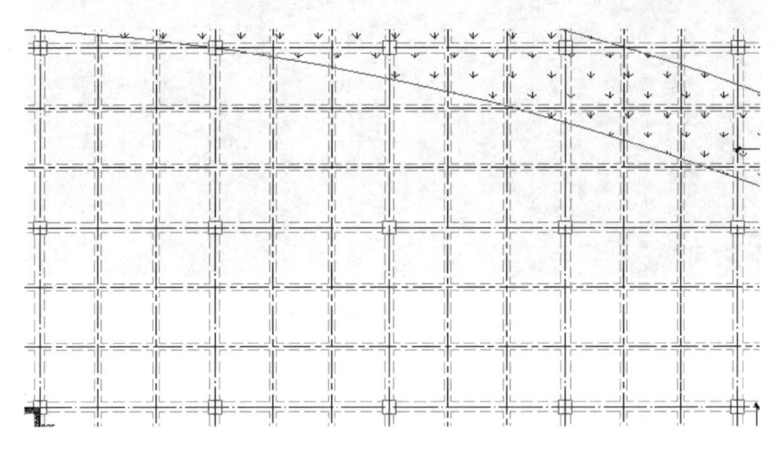

图 1-1　结构布置（1）

当柱网不对齐时，结构布置应使得板块划分得均匀，如图 1-2 所示，在模型中的截面尺寸如图 1-3 所示。

在塔楼周边时，主梁、次梁的布置应遵循概念设计：均匀，如图 1-4～图 1-6 所示。当柱子三端有主梁时，为了使得弯矩的平衡，此时应该再给该柱子方向一个主梁，大小为

450mm×1000mm 或者 450mm×800mm（跨度比较小时，比如不超过 4m）；由于是主梁，需要在与其搭接的剪力墙周边翼缘上布置柱子；该柱子的大小，原则上是当剪力墙翼缘的长度小于等于 800mm 时，柱子的宽度和剪力墙翼缘长度取一样，另一个方向长度取 600mm。

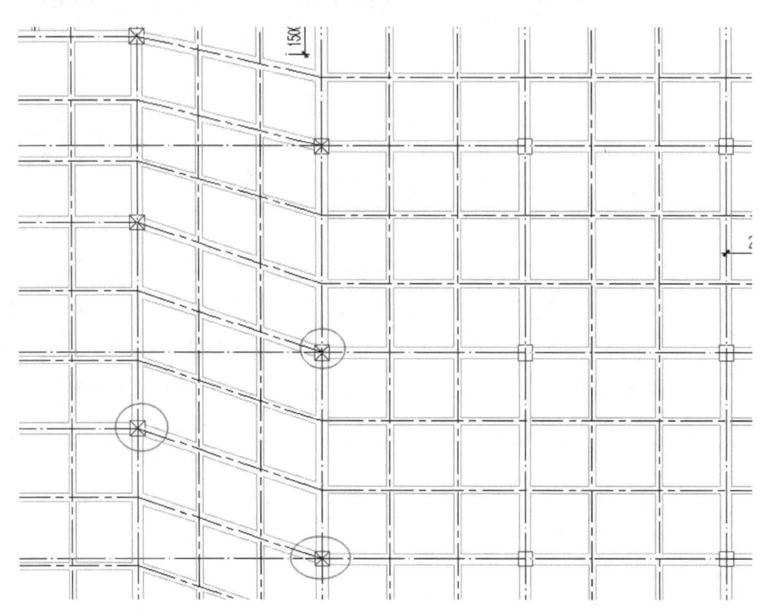

图 1-2　结构布置（2）

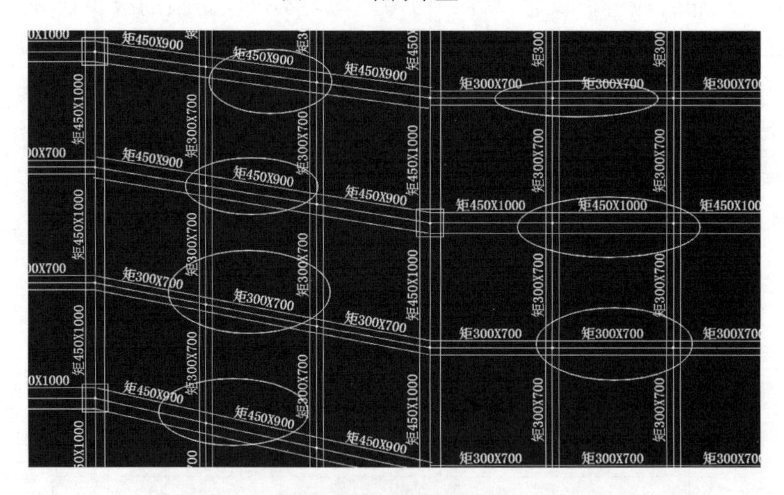

图 1-3　构件截面尺寸

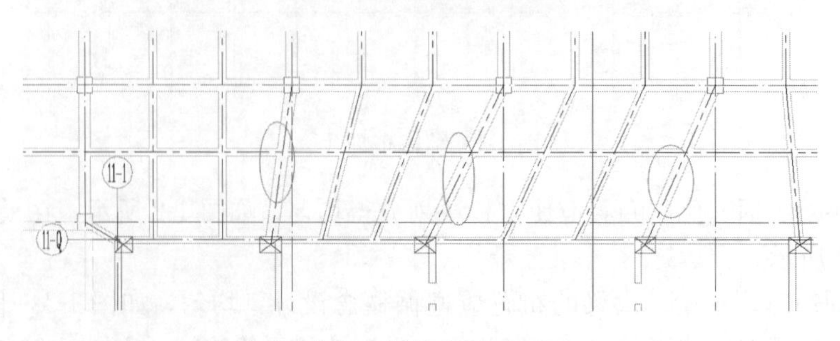

图 1-4　结构布置（3）

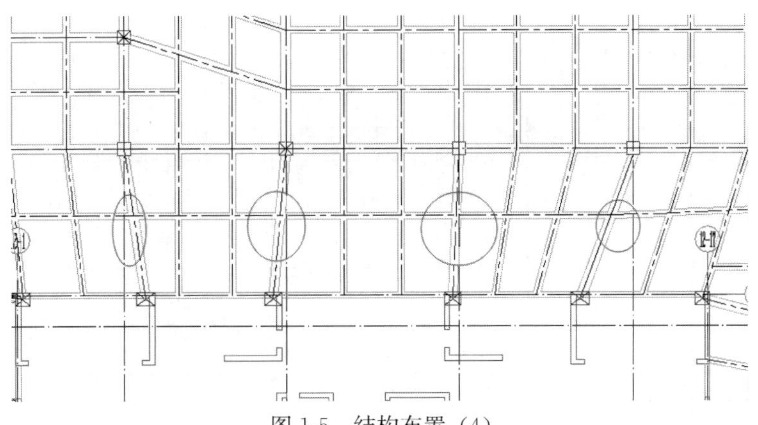

图 1-5　结构布置（4）

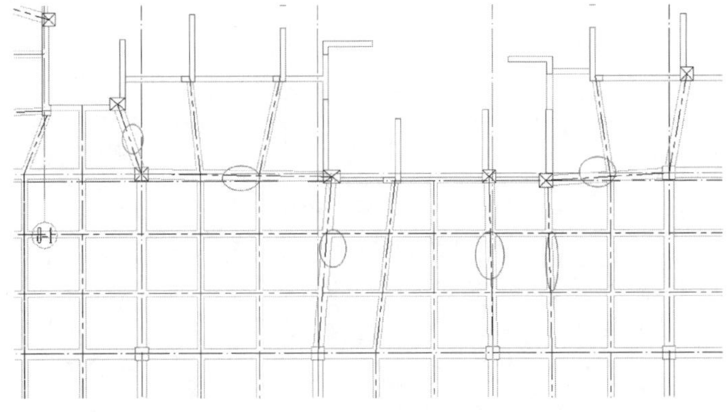

图 1-6　结构布置（5）

主梁的布置，其中心线可取柱子的中心；次梁的布置，一般可取主梁跨度的三等分点或者将二等分点布置，总长度从剪力墙边缘算起，总的原则是使得板块划分均匀。有时候，次梁与次梁间距比较小，次梁的中心线直接连接在图 1-7 中的箭头处；如果次梁连接在图 1-7 中的箭头处或者翼缘的柱子中心，则次梁可以不用定位。

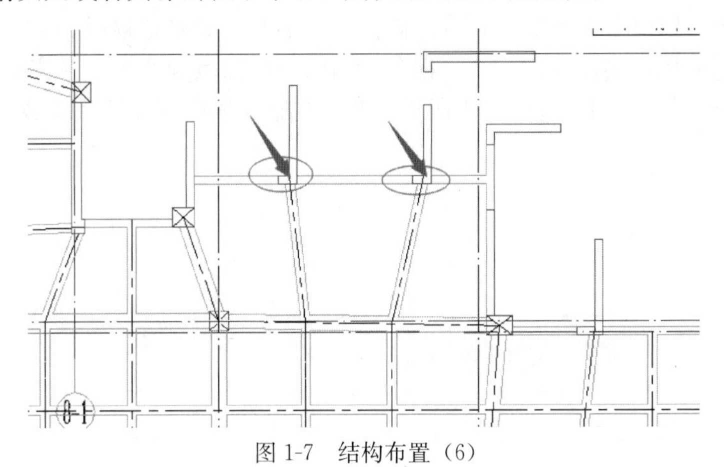

图 1-7　结构布置（6）

当有风井时，结构布置如图 1-8、图 1-9 所示。地下室比较大时，为了使得梁截面种类尽可能的少，风井周边可能走消防车等，统一根据实际情况取 300mm×700mm 或 250mm×700mm。

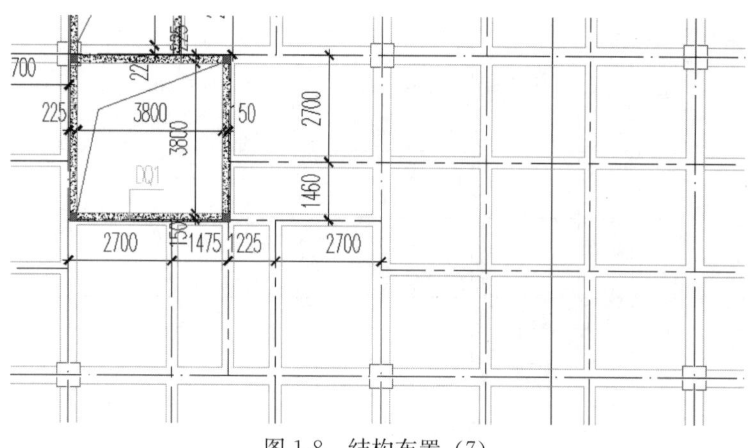

图 1-8　结构布置（7）

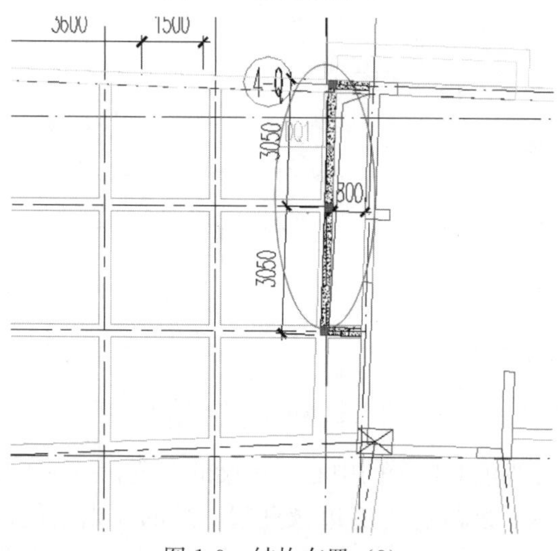

图 1-9　结构布置（8）

注：次梁均为 300mm×700mm。

地下室顶板一般由于设备要求，有净高不够的情况，需要把顶板抬高，而结构设计师在设计时，可以采用包络设计的方法，把要抬高的顶板的范围变大，从主梁边或者塔楼剪力墙边画轮廓线，如图 1-10、图 1-11 所示。此时主梁应该兜住次梁底部或者板底。

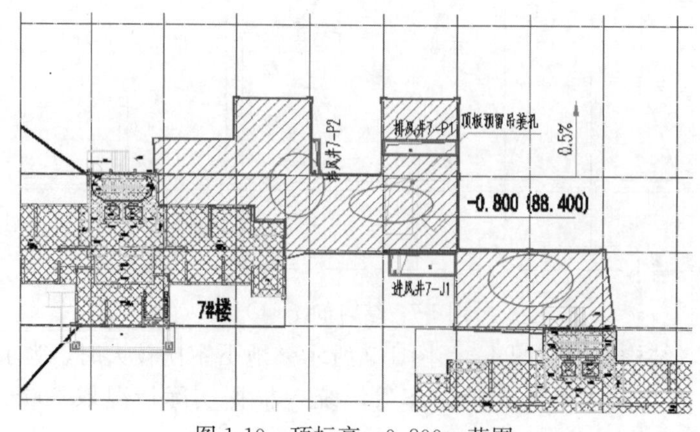

图 1-10　顶标高－0.800m 范围

图 1-11　顶标高－0.800m 范围梁截面（局部）

注：1. 1.750m＝1.8（顶板标高 1）－0.8（顶板标高 2）＋0.7（次梁高）＋0.05（主梁比次梁高）；
2. 升标高与原标高相交部位，需要注意的是由于次梁不连续，应该点铰接。

1.3　软件操作

1.3.1　建模

（1）地下室建模时，一般都是先进行结构布置，用主梁中心线图层及次梁中心线图层拉主梁、次梁的中心线，本地下室主梁大部分为 450mm×1000mm，次梁为 300mm×700mm，用探索者中主梁线中心线图层及次梁线图层拉主梁、次梁的中心线。拉完后，再让专业负责人检查梁布置的对错，如图 1-12 所示。

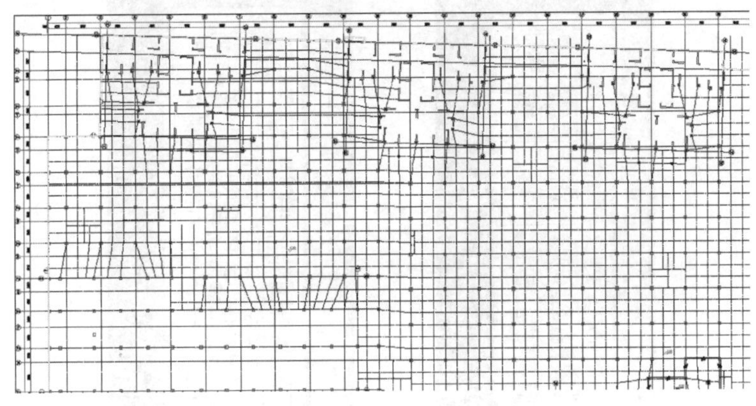

图 1-12　梁中心线布置（局部）

注：一般将此梁中心线复制一份作为主次梁的轴线，后续还用利用梁中心线转成 PL 线，再转成墙多段线。

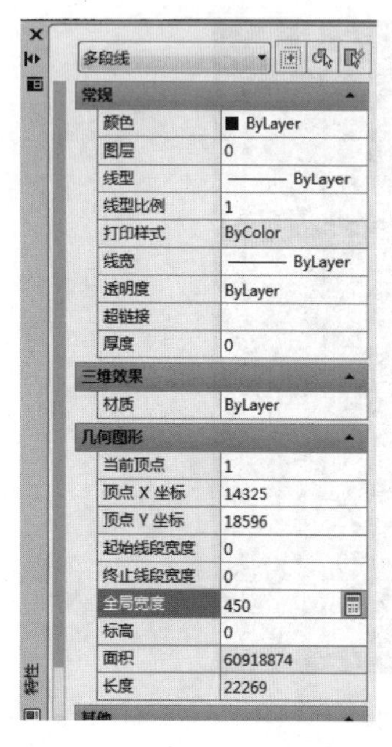

图 1-13　改多段线全局宽度

（2）当确定主梁次梁的布置正确后，输入命令“pe”，按照提示将 L 线变成多段线。用图层独立命令，把 450mm×1000mm 截面的图层独立出来，用鼠标全部框选，输入“ctrl+1”，选择“多段线”，在弹出的对话框中将“全局宽度”改为 450，如图 1-13 所示。用图层独立命令，把 300mm×700mm 截面的图层独立出来，用鼠标全部框选，输入“ctrl+1”，在弹出的对话框中将“全局宽度”改为 300，如图 1-14 所示。

（3）使用小插件或者“板王”中的粗线转墙，点击：模板图-粗线转墙，框选 PL 线，根据命令提示删除原对象，即完成了多段线转梁线，用探索者中的梁线将此墙线刷成探索者中的梁线图层，再点击：梁绘制/交线处理；布置柱子/交线处理，如图 1-15、图 1-16 所示，即可完成地下室顶板模板图的绘制；如图 1-17 所示。

（4）由于此地下室比较大，PKPM 计算时节点最大值有限值，不能完成计算，需要将此地下室划分为三个小模型，每个模型在相接部位重叠一跨，这样才能保证梁计算的准确性。

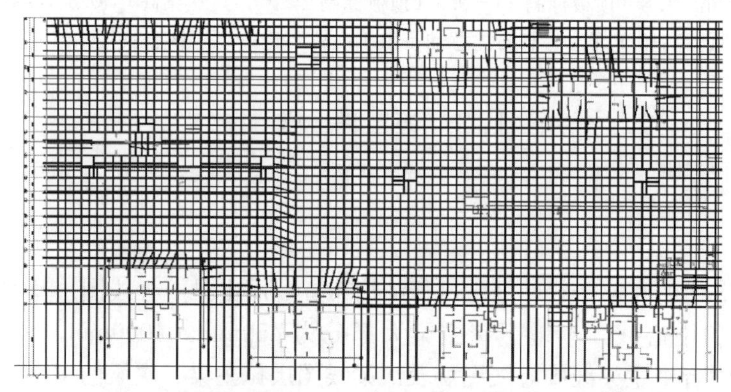

图 1-14　梁线变多段线

图 1-15　梁交线处理

图 1-16　柱交线处理

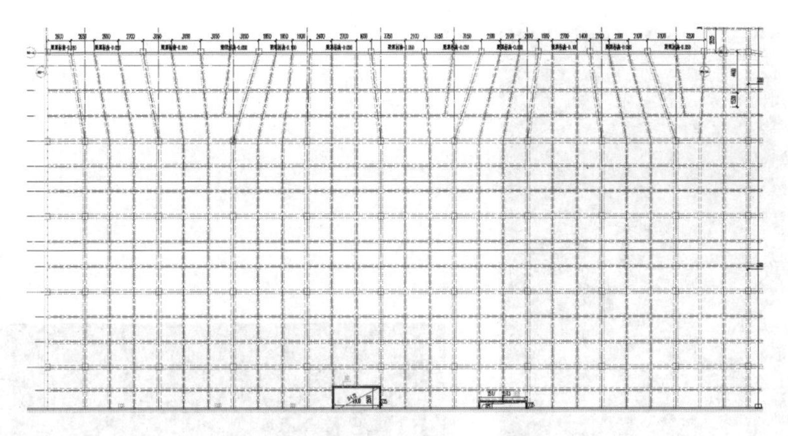

图 1-17　地下室模板图（局部）

（5）结构布置图完成后，可以用采用布局功能，将一个很大的地下室划分为几个可打印的图框范围的“小地下室”，并用 4 个矩形线框（有重叠）划分出“小地下室”的范围，如图 1-18、图 1-19 所示。

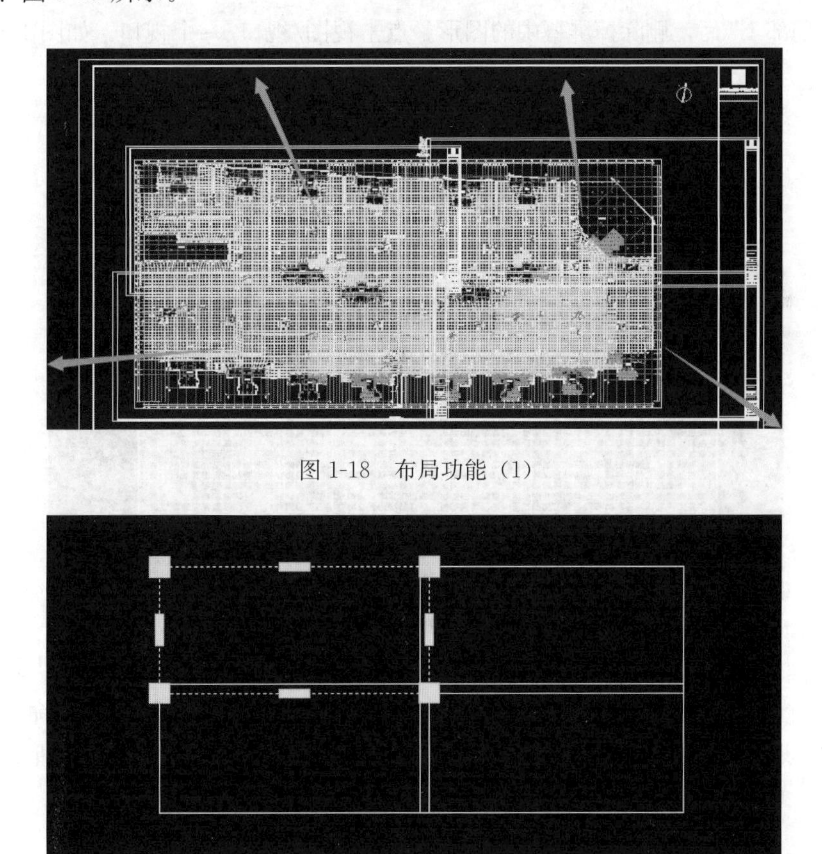

图 1-18　布局功能（1）

图 1-19　布局功能（2）

点击屏幕的左下方“局部 1”，进入“局部 1”的界面，单击右键，将名称改为“地下室顶板拆图”，如图 1-20、图 1-21 所示。

图 1-20　布局功能（3）

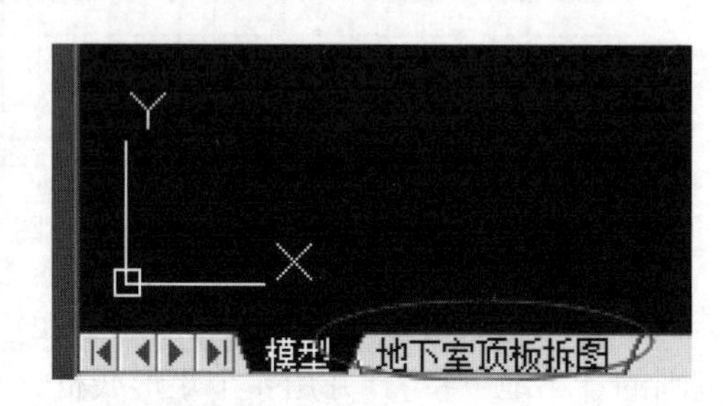

图 1-21　布局功能（4）

进入“局部 1”后，删除掉屏幕中的图形。点击视图/视口/一个视口，如图 1-22、图 1-23 所示。

图 1-22　布局功能（5）

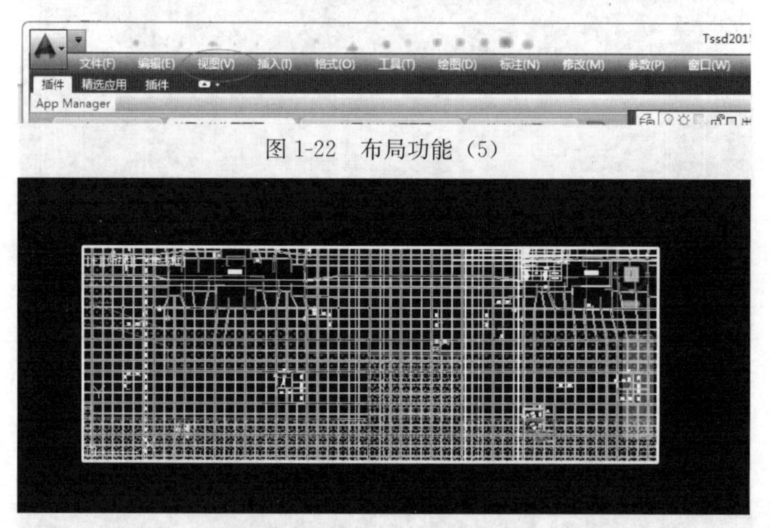

图 1-23　布局功能（6）

点击屏幕右下方的“模型”，把比例关系调为 1∶1 并上锁，再次点击“模型”，进入“图纸”操作模式，输入命令“S”，按照图 1-19 的线框进行拉伸，输入复制命令“C”，按照图 1-19 的线框进行拉伸，即可完成“布局”的操作，如图 1-24、图 1-25 所示。

图 1-24　布局功能（7）

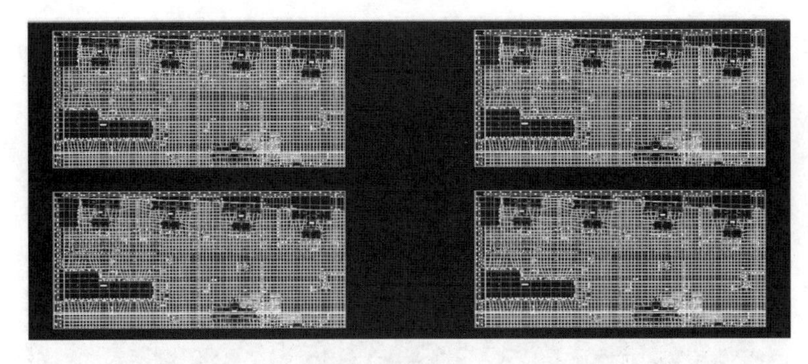

图 1-25　布局功能（8）

（6）完成结构布置图后，在导入 PKPM 之前应该将改布置图拆分为三个“小地下室”结构布置图，为了保证构件计算的准确性，应重叠一跨（PKPM 节点最大值有限值）。当一条直线上的人防墙厚度不一致时，应把结构布置图中的厚度不一致的墙按最小值调整并导入；定位好塔楼在结构布置图中的位置后，应将塔楼的墙柱删除（最后在楼层组装时用单层拼装功能将塔楼负一层拼装到指定位置，最后用衬图功能完成塔楼周边的梁布置，这样处理节点就不会混乱），然后再导入到 PKPM 模型中。可以将“结构布置图 1”导入 PKPM 模型。点击：结构/结构建模，即可进入结构建模菜单，工程名为 A，如图 1-26～图 1-28 所示。

图 1-26　结构建模

点击：DWG 转模型-装载 DWG 图-打开，即可进入“DWG 转模型”对话框，如图 1-29、图 1-30 所示。

在图 1-30 中的屏幕上方菜单中点击：轴网，再点击图中的轴网图层，点击：柱，再点击图中的柱子图层；点击：梁，再点击图中的梁图层；点击：墙，再点击图中的墙图层，最后点击：提取模型，进入提取模型对话框，如图 1-31 所示。

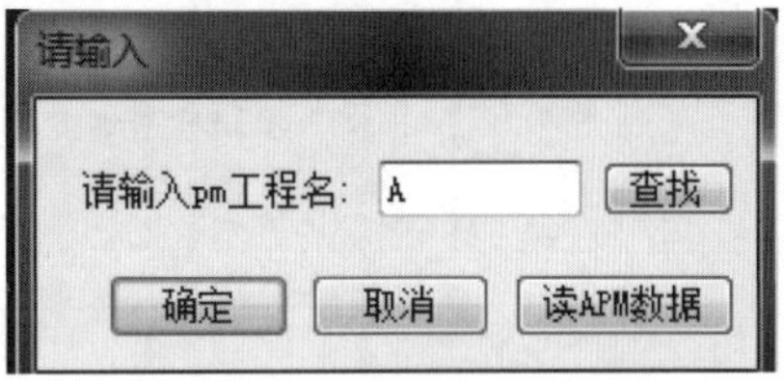

请输入
请输入pm工程名: A　查找
确定　取消　读APM数据

图 1-27　输入 PM 工程名

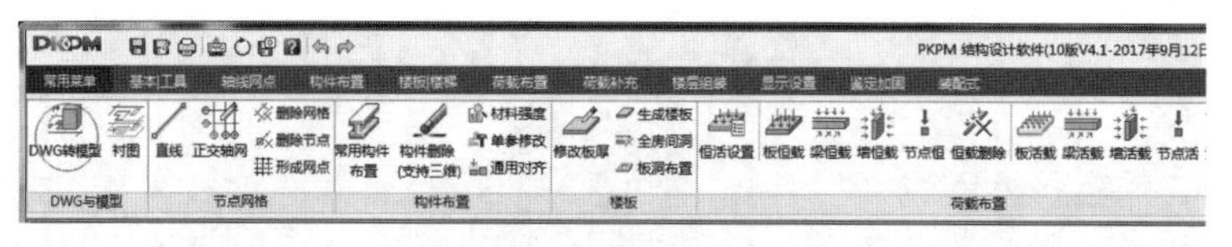

图 1-28　PM 菜单

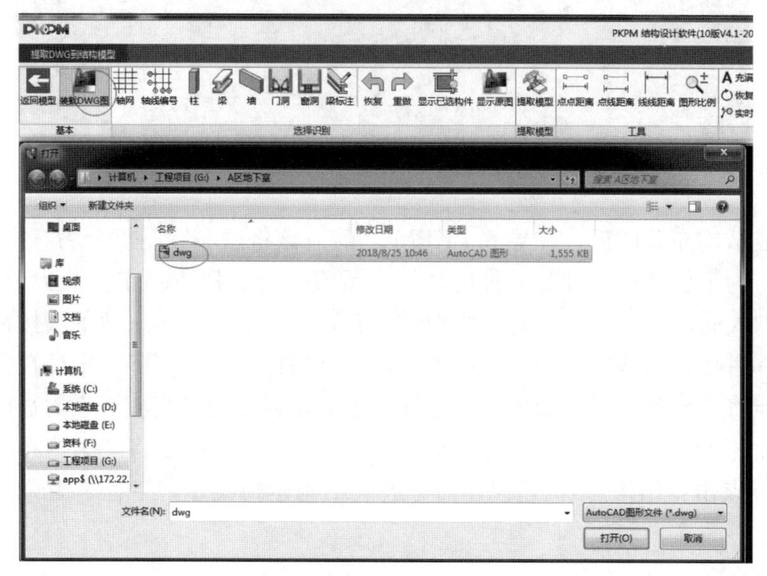

图 1-29　装载 DWG 图

图 1-30　装载 DWG 图（1）

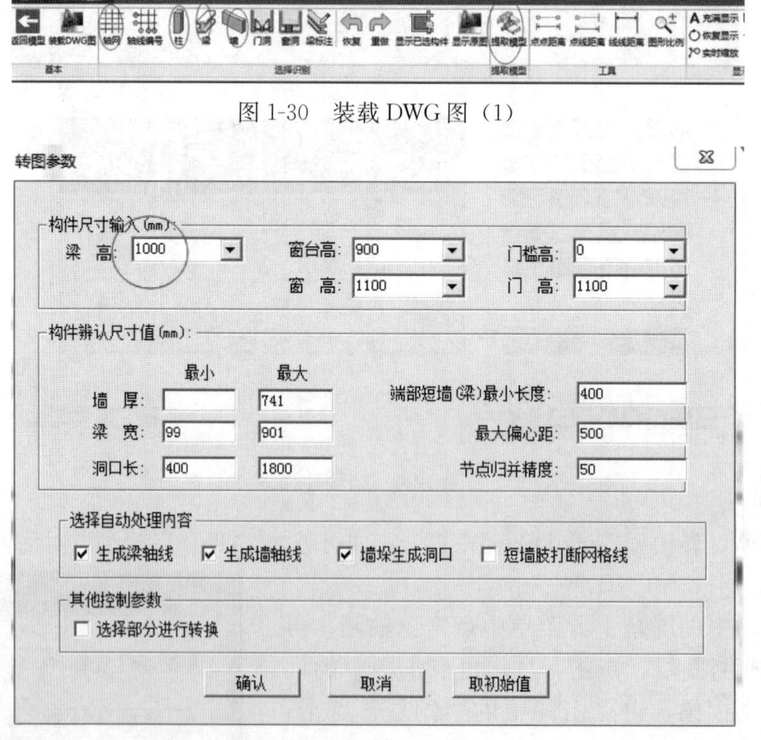

图 1-31　转图参数

注：可以将梁高输入 1000，其他参数按默认值。

按照程序提示，输入插件基准点，输入旋转角度等，即可完成模型的导入。点击：结构布置/梁布置，将 300mm×1000mm 的梁截面尺寸改为 300mm×700mm，最后完成其他梁截面尺寸、柱截面尺寸及墙截面尺寸的校核和修改（图 1-32）。在插入塔楼负一层模型之前，点击：构件布置-构件删除，删除塔楼周边一跨的梁等，点击：轴线网点-删除节点、删除网格，删除塔楼周边一跨的多余的网格线及节点。

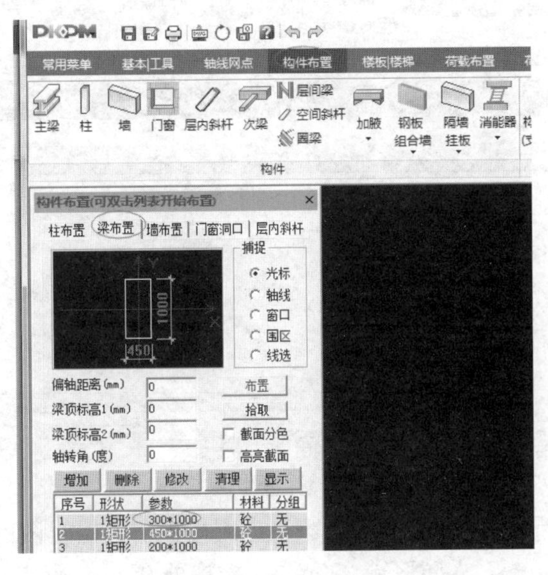

图 1-32　梁布置

（7）点击：楼层组装-单层拼装，选择塔楼的模型文件后，再选择插入的标准层（层高可以和地下室不一样，以地下室为准），选择整体拼装，输入“基准点”，输入旋转角度（如果有旋转角度，可以用角度测量命令测量角度，并按 CTRL+1，将角度精确到小数点后四位），最后输入插入点，即可将塔楼的负一层模型插入到地下室模型中，如图 1-33 所示。

图 1-33　插入模型

（8）点击：常用菜单—衬图，按照提示，将结构布置图衬图到模型中，完成塔楼周边梁及风井洞口、楼梯洞口等的布置，如图 1-34 所示。

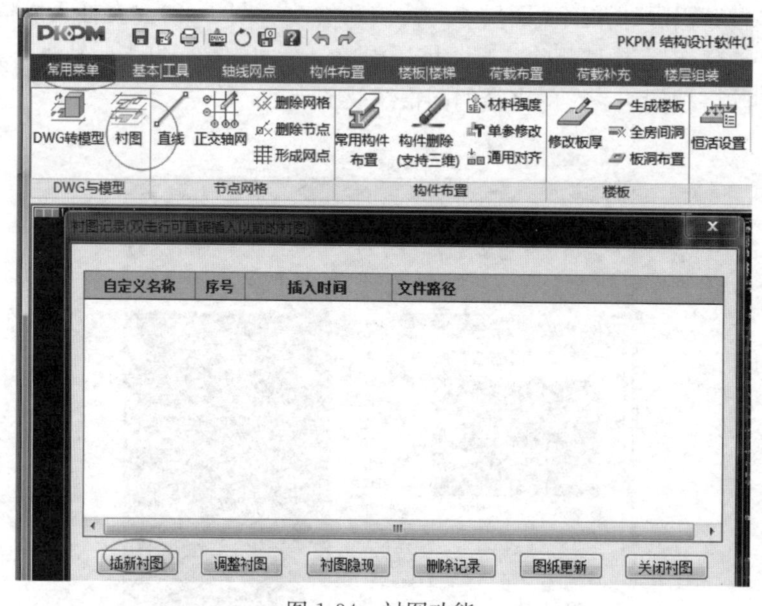

图 1-34　衬图功能

（9）完成构件布置后，点击：楼板/楼梯-生成楼板，根据衬图的参照，完成楼板厚度的布置，普通区域 180mm，人防区域 250mm；楼梯处 0mm；点击楼板/楼梯-全房间洞口（删除楼板），完成风井处的开洞。

（10）点击：荷载布置-恒活设置，勾选“自动计算板之重”；由于覆土 1.2m，局部堆载有 1.5m，局部还有景观混凝土的构架，还有消防车荷载，可以先输入 23，最后根据衬图功能完成其他荷载不一样地方的荷载的输入，如图 1-35、图 1-36 所示。点击：荷载布置-恒载-板，即可完成恒载的输入；点击荷载布置-活载-板，即可完成活载的输入；没有

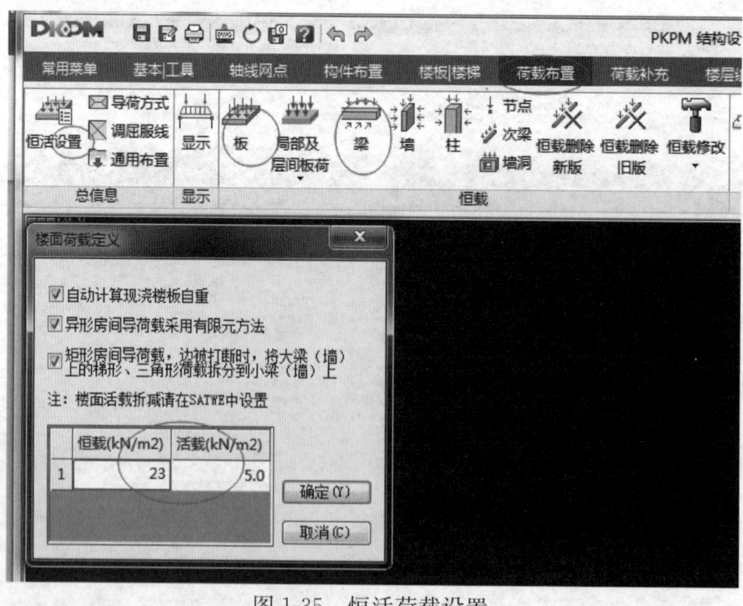

图 1-35　恒活荷载设置

消防车的区域，活荷载可输入5，有消防车的区域，由于有覆土1.2m，计算板时，活荷载可输入25（根据覆土厚度折减，计算板配筋），计算梁时可输入20(25×0.8)。

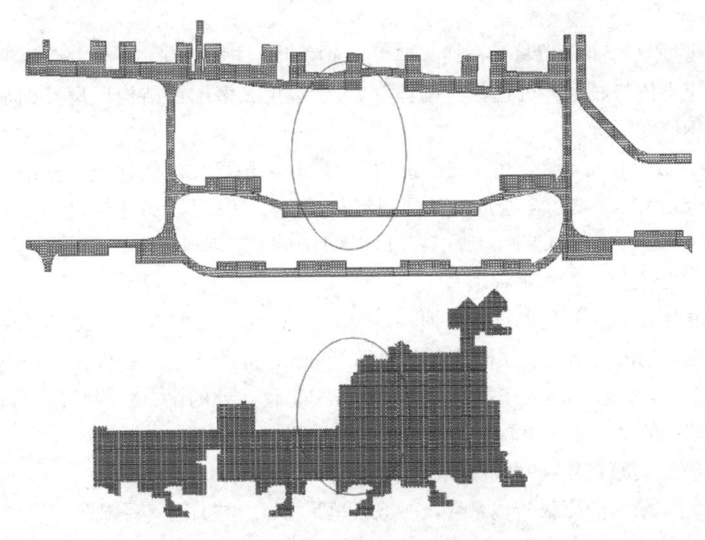

图1-36　消防车荷载范围及人防区域范围

注：地下室局部还有景观混凝土的构架时，可以根据建筑图画的范围，定点移动到结构布置图中去，最后利用衬图功能，布置景观混凝土的构架的板恒载。

（11）点击：荷载布置-恒载-梁，完成风井洞口，楼梯洞口、塔楼周边的梁上挡土墙线荷载的布置（挡土），本项目分别输入20kN/m，10kN/m，具体工程中可以根据挡土墙的高度与其上板自重计算去计算。挡土墙的高度，可以查看风井、楼梯等的建筑图，建筑图中画有混凝土挡土墙的终止高度。

（12）点击【楼层组装/设计参数】，弹出对话框，如图1-37～图1-41所示。

点击【总信息】，如图1-37所示。

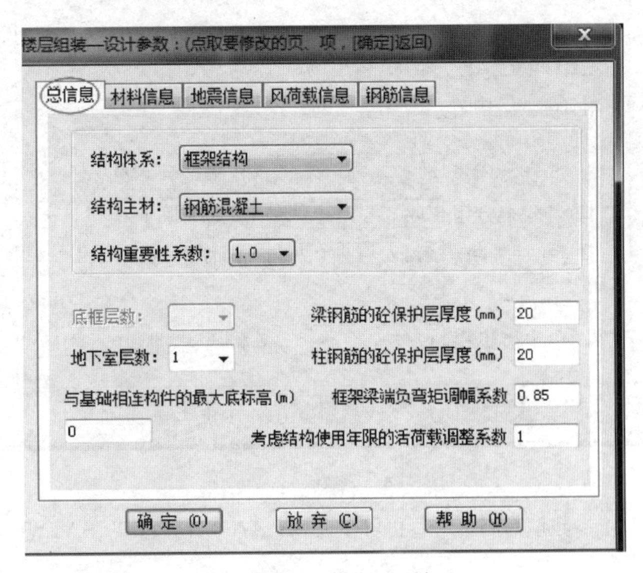

图1-37　总信息对话框

注：以上参数填写后，有些仍可以在SATWE中修改，以SATWE为准。

参数注释：

1. 结构体系：根据工程实际填写，本工程地下室为框架结构，选择框架结构，也可以在 SATWE 参数设置中修改。

2. 结构主材：根据实际工程填写。框架、框-剪、剪力墙、框筒、框支-剪力墙等混凝土结构可选择“钢筋混凝土”；对于砌体与底框，可选择“砌体”；对于单层、多层钢结构厂房及钢框架结构，可选择“砌体”，本工程为钢筋混凝土。

3. 结构重要性系数：1.1、1.0、0.9 三个选项，《建筑结构可靠度设计统一标准》GB 50068—2001 规定：对安全等级分别为一、二、三级或设计使用年限分别为 100 年及以上、50 年、5 年时，重要性安全系数分别不应小于 1.1、1.0、0.9，一般工程可填写 1.0；本工程填写 1.0。

4. 地下室层数：如实填写，本工程填写 1。

5. 梁、柱钢筋的混凝土保护层厚度：根据《混规》8.2.1、《混规》3.5.2 如实填写，对于普通的混凝土结构，梁、柱钢筋的混凝土保护层厚度一般可取 20mm，规范规定纵筋保护层厚度不应小于纵筋公称直径，20＋箍筋直径，一般都能大于纵筋公称直径，本工程此处的梁、柱保护层厚度主要是计算上部结构的，地下室外墙一般是单独用小软件计算。本工程填写 20mm。

6. 框架梁端负弯矩调幅系数：一般可填写 0.85，本工程填写 0.85。

7. 考虑结构使用年限的活荷载调整系数：一般可填写 1.0，本工程填写 1.0。

8. 与基础相连构件的最大底标高（m）：程序默认值为 0。某坡地框架结构，若局部基础顶标高分别为－2.00mm，－6.00mm，楼层组装时底标高为 0.00 时，则“与基础相连构件的最大底标高”填写 4.00m 时程序才能分析正确，程序会把低于此数值的构件节点设为嵌固，这样就能兼顾不同基础埋深的情况。如果楼层组装时底标高填写－6.00，则与基础相邻构件的最大底标高填写－2.00 才能分析正确。本工程填写 0。

点击【材料信息】，如图 1-38 所示。

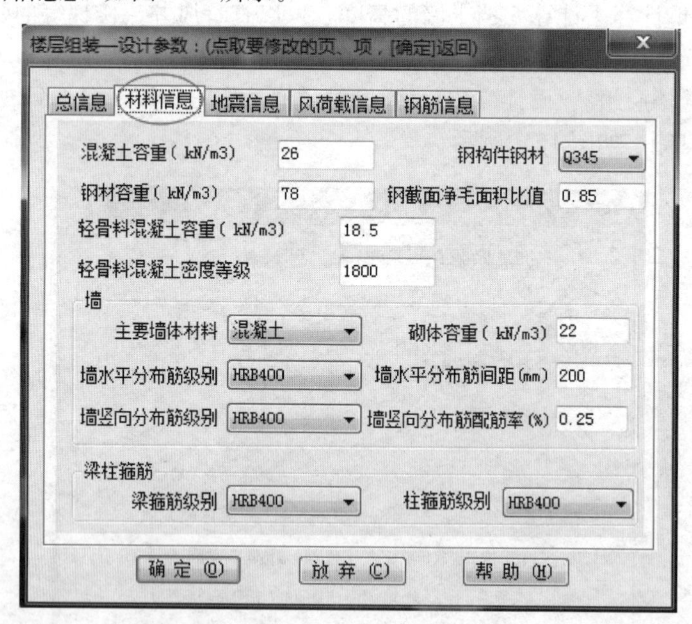

图 1-38　材料信息对话框

注：以上参数填写后，有些仍可以在 SATWE 中修改，以 SATWE 为准。

参数注释：

1. “混凝土土容重”：对于框架结构，可取 26，对于框-剪结构，可取 26.5，对于剪力墙结构，可取

27，本工程填写 26。

2. “墙”：“主要墙体材料”一般可填写混凝土；“墙水平分布筋类别、墙竖向分布筋类别”应按实际工程填写，一般可填写 HRB400；当结构为框架结构时，各个参数对框架结构不起控制作用，如框架结构中有少量的墙，应如实填写；本工程可按默认值。

3. “梁、柱箍筋类别”：应按设计院规定或当地习惯、市场购买情况填写；规范规定 HPP300 级钢筋为箍筋的最小强度等级；钢筋强度等级越低延性越好，强度等级越高，一般比较省钢筋。现多数设计院在设计时，梁、柱箍筋类别一栏填写 HRB400，有的设计院也习惯选取 HPB300，本工程不是由抗剪强度控制，填写 HPB300。

4. “钢构件钢材”：按实际工程填写。此参数对混凝土结构不起作用，本工程可按默认值。

5. “钢截面净毛面积比重”：按实际工程填写，一般可填写 0.85～1.0，此参数对混凝土结构不起作用；一般来说，为了安全，可以取 0.85，在实际工程中，由于钢结构开孔比较少，为了节省材料，可取 0.9；本工程按默认值。

6. “钢材容重”：按实际工程填写，此参数对混凝土结构不起作用。对于钢结构，可按默认值 78；本工程按默认值。

7. “轻骨料混凝土容重”、“轻骨料混凝土密度等级”、“砌体容重”：可按默认值，分别为 18.5、1800、22；

8. “墙水平分布筋间距”：一般可填写 200mm。此参数对框架结构不起作用，本工程可按默认值。

9. “墙竖向分布筋配筋率”：《抗规》6.4.3：一、二、三级抗震墙的竖向和横向分布钢筋最小配筋率均不应小于 0.25%，四级抗震墙分布钢筋最小配筋率不应小于 0.2%；需要注意的是，高度小于 24m 且剪压比很小的四级抗震墙，其竖向分布筋的最小配筋率允许按 0.15%采用，本工程可按填写 0.25%。

点击【地震信息】，如图 1-39 所示。

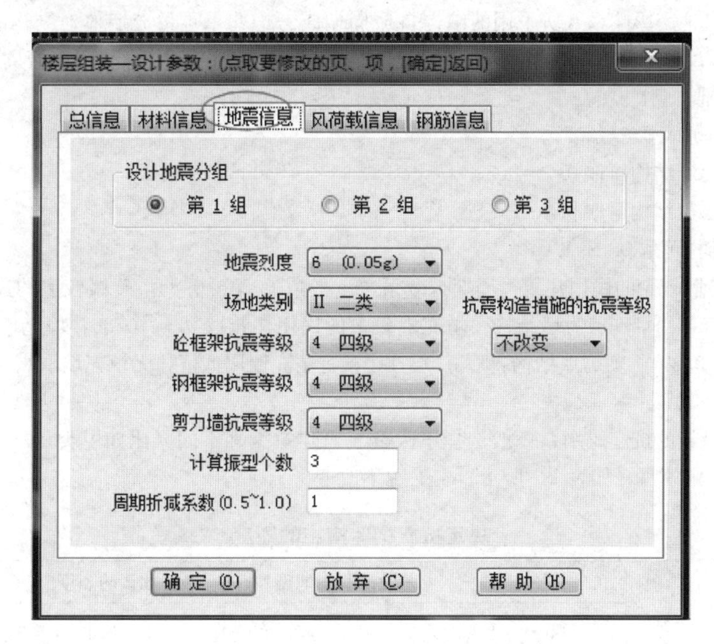

图 1-39 地震信息对话框

注：以上参数填写后，有些仍可以在 SATWE 中修改，以 SATWE 为准。

参数注释：

1. 设计地震分组：根据实际工程情况查看《抗规》附录 A；本工程为第一组。

2. 地震烈度：根据实际工程情况查看《抗规》附录A；本工程为6度设防。

3. 场地类别：根据《地质勘测报告》测试数据计算判定；本工程为Ⅱ类。

注：地震烈度度、设计地震分组、场地土类型三项直接决定了地震计算所采用的反应谱形状，对水平地震力的大小起到决定性作用。

4. 混凝土框架抗震等级、剪力墙抗震等级、钢框架抗震等级

丙类建筑按本地区抗震设防烈度计算，根据《抗规》表6.1.2或《高规》3.9.3选择。乙类建筑，(常见乙类建筑：学校、医院）按本地区抗震设防烈度提高一度查表选择。建筑分类见《建筑工程抗震设防分类标准》GB 50223—2008。

“混凝土框架抗震等级”“剪力墙抗震等级”根据实际工程情况查看《抗规》表6.1.2。本工程剪力墙抗震等级为四级。当地下室顶板作为上部结构的嵌固端时，地下一层及先关范围(“相关范围”在朱炳寅《建筑结构设计问答及分析》书中有说明，即距主楼两跨且不小于15m的范围。也可近似地计入沿主楼周边外扩二跨，或45°线延伸至底板范围内的竖向构件的抗侧刚度。）的抗震等级应于上部结构相同，地下一层以下抗震构造措施的抗震等级可逐层降低一级，且不低于四级。地下室中无上部结构的部分，可根据具体情况采用三级或四级；本工程均填写为四级，其中有的塔楼为幼儿园，商业的，塔楼及其周边两跨抗震等级需要提高为三级，可以最后点击：SATWE分析设计-特殊属性-抗震等级，将抗震等级改为三级。

5. 计算振型个数：地震力振型数至少取3，由于程序按三个振型一页输出，所以振型数最好为3的倍数。一般对于进行耦联计算的高层建筑，所选振型数不应小于9个，对于高层建筑应至少取15个；多塔结构计算振型数应取更多，但要注意此处的振型数不能超过结构的固有振型的总数（刚性楼板假定时)，比如一个规则的两层结构，采用刚性楼板假定，共6个有效自由度，此时振型个数最多取6，否则会造成地震力计算异常。对于复杂、多塔以及平面不规则的建筑计算振型个数要多选，一般要求有效质量数大于90%。振型数取得越多，计算一次时间越长。本工程取3。

6. 计算各振型地震影响系数所采用的结构自振周期应考虑非承重填充墙体对结构刚度增强的影响，采用周期折减予以反应。因此当承重墙体为填充砖墙时，高层建筑结构的计算自振周期折减系数可按《高规》4.3.17取值：

(1) 框架结构可取0.6～0.7；

(2) 框架-剪力墙结构可取0.7～0.8；

(3) 框架-核心筒结构可取0.8～0.9；

(4) 剪力墙结构可取0.8～1.0。

注：厂房和砖墙较少的民用建筑，周期折减系数一般取0.80～0.85，砖墙较多的民用建筑取0.6～0.7，(一般取0.65)。框架-剪力墙结构：填充墙较多的民用建筑取0.7～0.80，填充墙较少的公共建筑可取大些（0.80～0.85)。剪力墙结构：取0.9～1.0，有填充墙取低值，无填充墙取高值，一般取0.95。

本工程填写1.0。

7. 抗震构造措施的抗震等级：一般选择不改变。当建筑类别不同（比如甲类、乙类)，场地类别不同时，应按相关规定填写，如表1-1所示。本工程不改变。

决定抗震构造措施的烈度　　表1-1

建筑类别	场地类别	设计基本地震加速度（g）和设防烈度					
		0.05g 6度	0.1g 7度	0.15g 7度	0.2g 8度	0.3g 8度	0.4g 9度
甲、乙类	Ⅰ	6	7	7	8	8	9
	Ⅱ	7	8	8	9	9	9+
	Ⅲ、Ⅳ	7	8	8+	9	9+	9+

续表

建筑类别	场地类别	设计基本地震加速度（g）和设防烈度					
		0.05g 6度	0.1g 7度	0.15g 7度	0.2g 8度	0.3g 8度	0.4g 9度
丙类	Ⅰ	6	6	6	7	7	8
	Ⅱ	6	7	7	8	8	9
	Ⅲ、Ⅳ	6	7	8	8	9	9

点击【风荷载信息】，如图 1-40 所示。

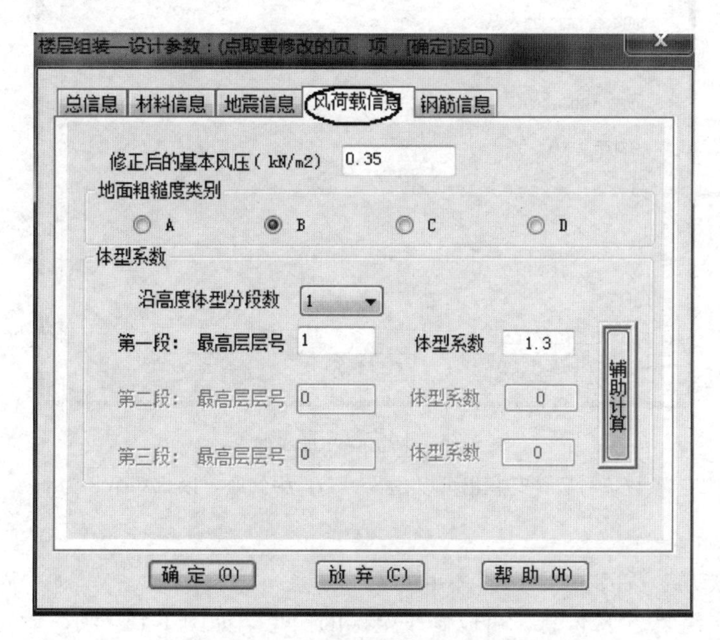

图 1-40　风荷载信息对话框

注：以上参数填写后，有些仍可以在 SATWE 中修改，以 SATWE 为准。

参数注释：

1. 修正后的基本风压

一般工程按荷载规范给出的 50 年一遇的风压采用（直接查荷载规范）；对于沿海地区或强风地带等，应将基本风压放大 1.1～1.2 倍；本工程为 0.35。

注：风荷载计算自动扣除地下室的高度。

2. 地面粗糙类别

该选项是用来判定风场的边界条件，直接决定了风荷载的沿建筑高度的分布情况，必须按照建筑物所处环境正确选择。相同高度建筑风荷载 A>B>C>D。本工程为B类；

A 类：近海海面，海岛、海岸、湖岸及沙漠地区。

B 类：指田野、乡村、丛林、丘陵及中小城镇和大城市郊区。

C 类：指有密集建筑群的城市市区。

D 类：指有密集建筑群且房屋较高的城市市区。

3. 体型分段数

默认 1，一般不改。现代多、高层结构立面变化较大，不同的区段内的体型系数可能不一样，程序限定体型系数最多可分三段取值。若建筑物立面体型无变化时填 1。对于（基础梁与上部结构共同分析计算的）多层框架或（地下室顶板不作为上部结构嵌固端的）高层当定义底层为地下室后，体形分段数应只考虑上部结构，程序会自动扣除地下室部分的风载。

点击【钢筋信息】，如图 1-41 所示。

楼层组装—设计参数：(点取要修改的页、项，[确定]返回)

总信息 | 材料信息 | 地震信息 | 风荷载信息 | 钢筋信息

钢筋级别	钢筋强度设计值 (N/mm2)
HPB300	270
HRB335/HRBF335	300
HRB400/HRBF400/RRB400	360
HRB500/HRBF500	435
冷轧带肋550	360
HPB235	210

确 定 (O) 放 弃 (C) 帮 助 (H)

图 1-41　钢筋信息对话框

注：以上参数填写后，有些仍可以在 SATWE 中修改，以 SATWE 为准。

参数注释：

一般可采用默认值，如图 1-41 所示，不用修改。

点击：楼层组装-全楼信息，可以修改全楼的信息，如图 1-42 所示。

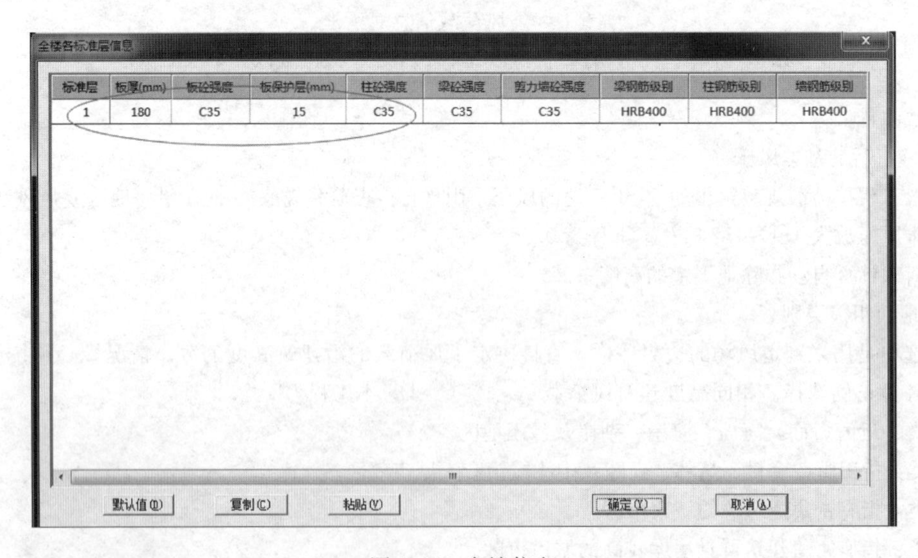

全楼各标准层信息

标准层	板厚(mm)	板砼强度	板保护层(mm)	柱砼强度	梁砼强度	剪力墙砼强度	梁钢筋级别	柱钢筋级别	墙钢筋级别
1	180	C35	15	C35	C35	C35	HRB400	HRB400	HRB400

默认值(D) 复制(C) 粘贴(V) 确定(Y) 取消(A)

图 1-42　全楼信息

点击【楼层组装/楼层组装】，弹出对话框，如图 1-43 所示。

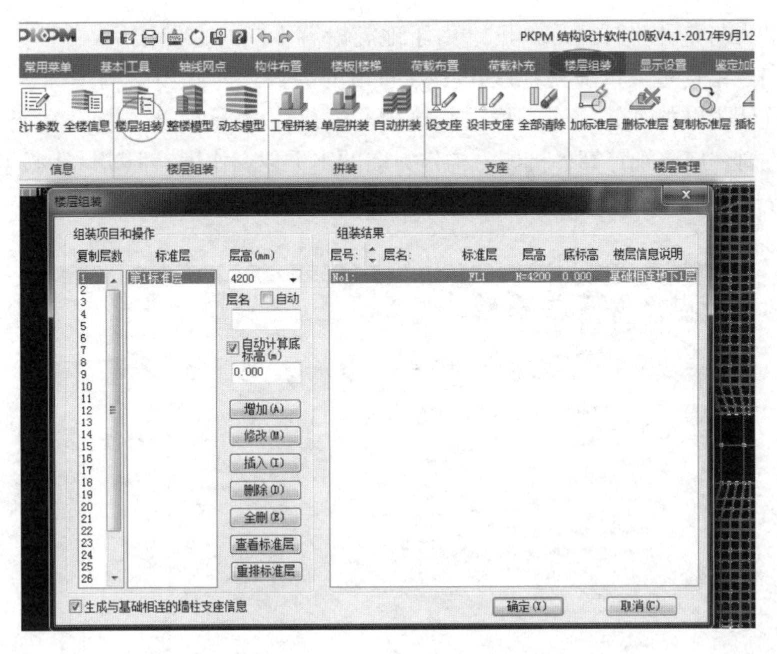

图 1-43　楼层组装对话框

注：1. 楼层组装的方法是：选择〈标准层〉号，输入层高，选择〈复制层数〉，点击〈增加〉，在右侧〈组装结果〉栏中显示组装后的自然楼层。需要修改组装后的自然楼层，可以点击〈修改〉、〈插入〉、〈删除〉等进行操作。为保证首层竖向构件计算长度正确，该层层高通常从基础顶面算起。结构标准层仅要求平面布置相同，不要求层高相同。

2. 普通楼层组装应选择〈自动计算底标高（m）〉，以便由软件自动计算各自然层的底标高，如采用广义楼层组装方式不选择该项。

3. 广义楼层组装时可以为每个楼层指定〈层底标高〉，该标高是相对于±0.000 标高，此时应不勾选〈自动计算底标高（m）〉，填写要组装的标准层相对于±0.000 标高。广义楼层组装允许每个楼层不局限于和唯一的上、下层相连，而可能上接多层或下连多层。广义楼层组装方式适用于错层多塔、连体结构的建模。

（13）最后点击“保存”，并退出 PMCAD。

1.3.2　SATWE 计算与分析

上部结构完成建模后，点击：SATWE 分析设计-参数定义，如图 1-44 所示。进入 SATWE 参数填写对话框，按照实际工程填写相关的参数，如图 1-45～图 1-54 所示。

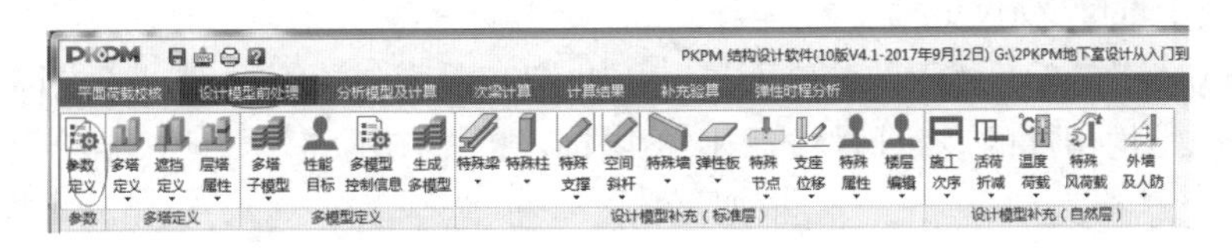

图 1-44　设计模型前处理

1. 总信息（图 1-45）

（1）水平力与整体坐标夹角

通常情况下，对结构计算分析，都是将水平地震沿结构 X、Y 两个方向施加，所以一般情况下水平力与整体坐标角取 0 度。由于地震沿着不同的方向作用，结构地震反应的大小一般也不同，结构地震反应是地震作用方向角的函数。因此当结构平面复杂（如 L 形、三角形）或抗侧力结构非正交时，根据《抗规》5.1.1-2 规定，当结构存在相交角大于 15°的抗侧力构件时，应分别计算各抗侧力构件方向的水平地震作用，但实际上按 0、45°各算一次即可；当程序给出最大地震力作用方向时，可按该方向角输入计算，配筋取三者的大值。

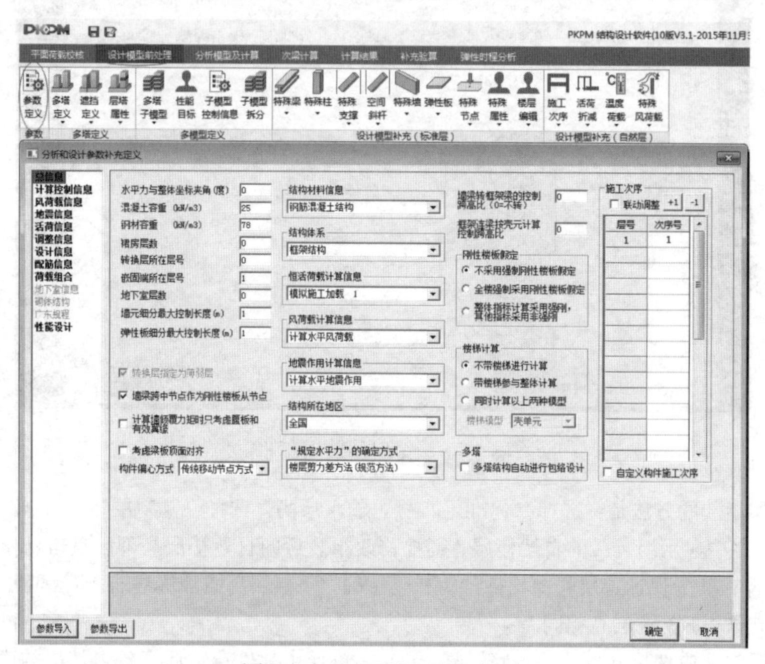

图 1-45　SATWE 总信息页

SATWE 软件对输入的不同角度进行计算所得到的结果不能自动取最不利情况，为了简化设计过程，可以把这个角度作为斜交抗侧力构件地震作用方向之一，即在“斜交抗侧力构件方向的附加地震数”参数项内，增填这个角度（最大地震作用方向大于 15°的角度）与 45°，附加地震数中输 3，进行结构整体分析，以提高结构的抗震安全性。

一般并不建议用户修改该参数，原因有三：①考虑该角度后，输出结果的整个图形会旋转一个角度，会给识图带来不便；②构件的配筋应按“考虑该角度”和“不考虑该角度”两次的计算结果做包络设计；③旋转后的方向并不一定是用户所希望的风荷载作用方向。综上所述，建议用户将“最不利地震作用方向角”填到“斜交抗侧力构件夹角”栏，这样程序可以自动按最不利工况进行包络设计。

（2）混凝土重度（kN/m^3）

由于建模时没有考虑墙面的装饰面层，因此钢筋混凝土计算重度，考虑饰面的影响应大于 25，不同结构构件的表面积与体积比不同饰面的影响不同，一般按结构类型取值：

结构类型	框架结构	框剪结构	剪力墙结构
重度	26	26～27	27

注：1. 中国建筑设计研究院姜学诗在“SATWE 结构整体计算时设计参数合理选取（一）”做了相关规定：钢筋混凝土容重应根据工程实际取，其增大系数一般可取 1.04～1.10，钢材容重的增大系数一般可取 1.04～1.18。即结构整体计算时，输入的钢筋混凝土材料的容重可取为 26～27.5。

2. PKPM 程序在计算混凝土重度时，没有扣除板、梁、柱、墙之间重叠的部分。

(3) 钢材重度（kN/m^3）

一般取78，不必改变。钢结构工程时要改，钢结构时因装修荷载钢材连接附加重量及防火、防腐等影响通常放大1.04～1.18，即取82～93。

(4) 裙房层数

按实际情况输入。《抗规》6.1.10条文说明指出：有裙房时，加强部位的高度也可以延伸至裙房以上一层。SATWE在确定剪力墙底部加强部位高度时，总是将裙房以上一层作为加强区高度判定的一个条件，如果不需要，直接将该层数填零即可。

SATWE软件规定，裙房层数应包括地下室层数（包括人防地下室层数）。例如，建筑物在±0.000以下有2层地下室，在±0.000以上有3层裙房，则在总信息的参数“裙房层数”项内应填5。

(5) 转换层所在层号

按实际情况输入。该指定只为程序决定底部加强部位及转换层上下刚度比的计算和内力调整提供信息，同时，当转换层号大于等于三层时，程序自动对落地剪力墙、框支柱抗震等级增加一级，对转换层梁、柱及该层的弹性板定义仍要人工指定。若有地下室，转换层号从地下室算起，假设地上第三层为转换层，地下2层，则转换层号填：5。

(6) 嵌固端所在层号

《抗规》6.1.3-3条规定了地下室作为上部结构嵌固部位时应满足的要求；6.1.10条规定剪力墙底部加强部位的确定与嵌固端有关；6.1.14条提出了地下室顶板作为上部结构的嵌固部位时的相关计算要求；《高规》3.5.2-2条规定结构底部嵌固层的刚度比不宜小于1.5。

当地下室顶板作为嵌固部位时，那么嵌固端所在层为地上一层，即地下室层数+1；而如果在基础顶面嵌固时，嵌固端所在层号为1。如果修改了地下室层数，应注意确认嵌固端所在层号是否需相应修改。

注：1. 一般可以认为嵌固端为力学概念，即约束所有自由度，嵌固部位是预期塑性铰出现的部位，其水平位移为零，规范和众多文章中对与嵌固端和嵌固部位的用词不做区分不是很合理，规范中确定剪力墙底部加强部位的嵌固端可以认为是嵌固部位。在设计时，地下一层与首层侧向刚度比不宜小于2，加上覆土的约束作用，预期塑性铰会出现在地下室顶板部位。

2. 满足刚度比时，不考虑覆土的作用，地下室水平位移比较小。覆土的作用是约束地下室的水平扭转变形，逐步“吃掉”上部结构的地震作用，不约束竖向位移和竖向转动。在设计时，我们要用程序模拟结构受力，就要符合程序计算的边界条件，程序是采用弹簧刚度法，将上部结构和地下室作为整体考虑，嵌固端取基础底板处，并在每层的地下室楼板处引入水平土弹簧刚度，反映回填土对地下室的约束作用，所以在实际设计中，嵌固端设在地下室顶板时，除了满足刚度比、板厚、梁板楼盖、水平力传递要连续的要求外，还要满足四周均有覆土，或者三面有覆土且基本上能约束住地下室部分的水平扭转变形的要求，某些局部构件的设计应进行包络设计（三面有覆土时，将嵌固端下移）。如果实际情况与程序计算的边界条件不符，应将嵌固端下移。

3. SATWE中有“嵌固端所在层号”此项重要参数，程序根据此参数实现以下功能：①确定剪力墙底部加强部位，延伸到嵌固层下一层。②根据《抗规》6.1.14和《高规》12.2.1条将嵌固端下一层的柱纵向钢筋相对上层相应位置柱纵筋增大10%；梁端弯矩设计值放大1.3倍。③按《高规》3.5.2.2条规定，当嵌固层为模型底层时，刚度比限值取1.5；④涉及“底层”的内力调整等，程序针对嵌固层进行调整。

4. 在计算地下一层与首层侧向刚度比比，可用剪切刚度计算，如用“地震剪力与地震层间位移比值（抗震规范方法）”，应将地下室层数填写0或将“土层水平抗力系数的比值系数”填为0。新版本的PKPM已在SATWE“结构设计信息”中自动输入“Ratx，Raty：X，Y方向本层塔侧移刚度与下一层相应塔侧移刚度的比值（剪切刚度）”，不必再人为更改参数设置。

规范规定：

《抗规》6.1.3-3：当地下室顶板作为上部结构的嵌固部位时，地下一层的抗震等级应与上部结构相同，地下一层以下抗震构造措施的抗震等级可逐层降低一级，但不应低于四级。地下室中无上部结构的部分，抗震构造措施的抗震等级可根据具体情况采用三级或四级。

《抗规》6.1.10：抗震墙底部加强部位的范围，应符合下列规定：

1）底部加强部位的高度，应从地下室顶板算起。

2）部分框支-抗震墙结构的抗震墙，其底部加强部位的高度，可取框支层加框支层以上两层的高度及落地抗震墙总高度的1/10二者的较大值。其他结构的抗震墙，房屋高度大于24m时，底部加强部位的高度可取底部两层和墙体总高度的1/10二者的较大值；房屋高度不大于24m时，底部加强部位可取底部一层。

3）当结构计算嵌固端位于地下一层的底板或以下时，底部加强部位尚宜向下延伸到计算嵌固端。

《抗规》6.1.3-14：地下室顶板作为上部结构的嵌固部位时，应符合下列要求：

1）地下室顶板应避免开设大洞口；地下室在地上结构相关范围的顶板应采用现浇梁板结构，相关范围以外的地下室顶板宜采用现浇梁板结构；其楼板厚度不宜小于180mm，混凝土强度等级不宜小于C30，应采用双层双向配筋，且每层每个方向的配筋率不宜小于0.25%。

2）结构地上一层的侧向刚度，不宜大于相关范围地下一层侧向刚度的0.5倍；地下室周边宜有与其顶板相连的抗震墙。

3）地下室顶板对应于地上框架柱的梁柱节点除应满足抗震计算要求外，尚应符合下列规定之一：

① 地下一层柱截面每侧纵向钢筋不应小于地上一层柱对应纵向钢筋的1.1倍，且地下一层柱上端和节点左右梁端实配的抗震受弯承载力之和应大于地上一层柱下端实配的抗震受弯承载力的1.3倍。

② 地下一层梁刚度较大时，柱截面每侧的纵向钢筋面积应大于地上一层对应柱每侧纵向钢筋面积的1.1倍；同时梁端顶面和底面的纵向钢筋面积均应比计算增大10%以上；

4）地下一层抗震墙墙肢端部边缘构件纵向钢筋的截面面积，不应少于地上一层对应墙肢端部边缘构件纵向钢筋的截面面积。

（7）地下室层数

此参数按工程实际情况填写。程序据此信息决定底部加强区范围和内力调整。当地下室局部层数不同时，以主楼地下室层数输入。地下室一般与上部共同作用分析；地下室刚度大于上部层刚度的2倍，可不采用共同分析。

（8）墙元细分最大控制长度

一般可按默认值1.0。长度控制越短计算精度越高，但计算耗时越多。当高层调方案时此参数可改为2，振型数可改小（如9个），地震分析方法可改为侧刚，当仅看参数而不用看配筋时“SATWE计算参数”，也可不选“构件配筋及验算”，以达到加快计算速度的目的。

（9）弹性板细分最大控制长度：可按默认值1m。

（10）转换层指定为薄弱层

默认不让选，填转换层后，默认勾选，不需要改。软件默认转换层不作为薄弱层，需要用户人工指定。此项打勾与在“调整信息”栏中“指定薄弱层号”中直接填写转换层号的效果一样。转换层不论层刚度比如何，都应强制指定为薄弱层。

（11）对所有楼层强制采用刚性楼板假定

“强制刚性楼板假定”和“刚性楼板假定”是两个相关但不等同的概念。“刚性楼板假定”指楼板平面内无限刚，平面外刚度为零的假定，每块刚性楼板有三个公共的自由度（两个平动，一个转角），而“强制刚性楼板假定”则不区分刚性板、弹性板，或独立的弹性节点，只要位于该层楼面处的所有节点，在计算时都将强制从属同一刚性板。

“强制刚性楼板假定”可能改变结构初始的分析模型，一般仅在计算位移比和周期比的时候采用，而在进行结构内力分析与配筋计算时，仍要遵循结构的真实模型，不再选择“强制刚性楼板假定”。

（12）地下室强制采用刚性楼板假定

一般可以勾选。如果地下室顶板开大洞，强制刚性板假定会使跃层柱的计算长度系数判断错误，从而影响柱内力及配筋。此时应取消勾选，由程序自动判断柱计算长度。本参数将影响周期、内力、长度系数等。如不勾选，则相当于旧版程序中“强制刚性板假定时保留弹性板面外刚度”。如已勾选“对所有楼层强制采用刚性楼板假定”，则本参数是否勾选已无意义。

（13）墙梁跨中节点作为刚性板楼板从节点

一般可按默认值勾选。如不勾选，则认为墙梁跨中结点为弹性结点，其水平面内位移不受刚性板约束，即类似于框架梁的算法，此时墙梁剪力一般比勾选时小，但相应结构整体刚度变小、周期加长，侧移加大。

（14）计算墙倾覆力矩时只考虑腹板和有效翼缘

一般应勾选，程序默认不勾选。此参数用来调整倾覆力矩的统计方式。勾选后，墙的无效翼缘部分内力计入框架部分，这使结构中框架、短肢墙、普通墙倾覆力矩结果更为合理。墙的有效翼缘定义见《混规》9.4.3条及《抗规》6.2.13条文说明。

规范规定：

《抗规》6.2.13条文说明：抗震墙应计入腹板与翼墙共同工作。对于翼墙的有效长度，89规范和2001规范有不同的具体规定，本次修订不再给出具体规定。2001规范规定：“每侧由墙面算起可取相邻抗震墙净间距的一半、至门窗洞口的墙长度及抗震墙总高度的15%三者的最小值”，可供参考。

（15）弹性板与梁变形协调

此参数应勾选。此参数相当于旧版程序中的“强制刚性板假定时保留弹性板面外刚度”。勾选后，程序在进行弹性板划分时自动实现梁、板边界变形协调，计算结果符合实际受力。

（16）参数导入、参数导出

此参数可以把参数设置导入或导出的制定文件，以便形成统一设计参数。

（17）结构材料信息

程序提供钢筋混凝土结构、钢与混凝土混合结构、钢结构、砌体结构共 4 个选项。应根据实际项目选择该选项，现在做的住宅、高层等一般都是钢筋混凝土结构。

（18）结构体系

软件共提供多个个选项，常用的是：框架、框-剪、框筒、筒中筒、剪力墙、砌体结构、底框结构、部分框支剪力墙结构等。对于装配式结构，程序提供了四个选项：装配整体式框架结构、装配整体式剪力墙结构、装配整体上部分框支剪力墙结构及装配整体式预制框架-现浇剪力墙结构。

（19）恒活荷载计算信息

1）一次性加载计算

主要用于多层结构，而且多层结构最好采用这种加载计算法。因为施工的层层找平对多层结构的竖向变位影响很小，所以不要采用模拟施工方法计算。对于框架-核心筒类结构，由于框架和核心筒的刚度相差较大，使核心筒承受较大的竖向荷载，导致二者之间产生较大的竖向位移差。这种位移差常会使结构中间支柱出现较大沉降，从而使上部楼层与之相连的框架梁端负弯矩很小或不出现负弯矩，造成配筋困难。一次性加载的计算方法仅适合用于低层结构或有上传荷载的结构，如吊柱以及采用悬挑脚手架施工的长悬臂结构等。

2）模拟施工方法 1 加载

按一般的模拟施工方法加载，对高层结构，一般都采用这种方法计算。但是对于“框架-剪力墙结构”，采用这种方法计算在导给基础的内力中剪力墙下的内力特别大，使得其下面的基础难于设计。于是就有了下一种竖向荷载加载法。

3）模拟施工方法 2 加载

这是在“模拟施工方法 1”的基础上将竖向构件（柱墙）的刚度增大 10 倍的情况下再进行结构的内力计算，也就是再按模拟施工方法 1 加载的情况下进行计算。采用这种方法计算出的传给基础的力比较均匀合理，可以避免墙的轴力远远大于柱的轴力的不合理情况。由于竖向构件的刚度放大，使得水平梁的两端的竖向位移差减少，从而其剪力减少，这样就削弱了楼面荷载因刚度不均而导致的内力重分配，所以这种方法更接近手工计算。在进行上部结构计算时采用“模拟施工方法 1”或“模拟施工方法 3”；在基础计算时，用“模拟施工方法 2”的计算结果。

4）模拟施工加载 3

采用分层刚度、分层加载型，适用于多高层无吊车结构，更符合工程实际情况，推荐适用；模拟施工加载 1 和 3 的比较计算表明，模拟施工加载 3 计算的梁端弯矩，角柱弯矩更大，因此，在进行结构整体计算时，如条件许可，应优先选择模拟施工加载 3 来进行结构的竖向荷载计算，以保证结构的安全。模拟施工加载 3 的缺点是计算工作量大。

（20）风荷载计算信息

SATWE 提供三类风荷载，一是程序依据《建筑结构荷载规范》GB 50009—2012 风荷载的公式在“生成 SATWE 数据和数据检查”时自动计算的水平风荷载；二是在“特殊风荷载定义”菜单中自定义的特殊风荷载，三是计算水平和特殊风荷载。

一般来说，大部分工程采用 SATWE 默认的“计算水平风荷载”即可，如需考虑更细致的风荷载，则可通过“特殊风荷载”实现或选择计算水平和特殊风荷载。

（21）地震作用计算信息

程序提供 4 个选项，分别是：不计算地震作用、计算水平地震作用、计算水平和规范简化方法竖向地震、计算水平和反应谱方法竖向地震。

不计算地震作用：对于不进行抗震设防的地区或者地震设防烈度为 6 度时的部分结构，《抗规》3.1.2 条规定可以不进行地震作用计算。《抗规》5.1.6 条规定：6 度时的部分建筑，应允许不进行截面抗震验算，但应符合有关的抗震措施要求。因此在选择“不计算地震作用”的同时，仍要在“地震信息”页中指定抗震等级，以满足抗震构造措施的要求。

计算水平地震作用：计算 X、Y 两个方向的地震作用。普通工程选择该项；

计算水平和规范简化方法竖向地震：按《抗规》5.3.1 条规定的简化方法计算竖向地震；

计算水平和反应谱方法竖向地震：《抗规》4.3.14 规定：跨度大于 24m 的楼盖结构、跨度大于 12m 的转换结构和连体结构，悬挑长度大于 5m 的悬挑结构，结构竖向地震作用效应标准值宜采用时程分析方法或振型分解反应谱方法进行计算。

（22）特征值求解方法

默认不让选，一般不用改，仅需计算反应谱法竖向时选；仅在选择了“计算水平和反应谱方法竖向地震”时，此参数才激活。当采用“整体求解”时，在“地震信息”栏中输入的振型数为水平与竖向振型数的总和；且“竖向地震参与振型数”选项为灰，用户不能修改。当采用“独立求解”时，在“地震信息”栏中需分别输入水平与竖向的振型个数。注意：计算用振型数一定要足够多，以使得水平和竖向地震的有效质量系数都满足 90%。振型数一定的情况下，选择“独立求解”可以有效克服“整体求解”无法得到足够竖向振动、竖向振动有效系数不够的问题。一般首选“独立求解”当选择“整体求解”时，与水平地震力振型相同给出每个振型的竖向地震力；而选择“独立求解方式”时，还给出竖向振型的各个周期值。计算后程序给出每个楼层、各塔的竖向总地震力，且在最后给出按《高规》4.3.15 条进行的调整信息。

（23）结构所在地区

一般选择全国，上海、广州的工程可采用当地的规范。B 类建筑选项和 A 类建筑选项只在鉴定加固版本中才选择。

（24）规定水平力的确定方式：

默认规范算法一般不改，仅楼层概念不清晰时改，规定水平力主要用于新规范中位移比和倾覆力矩的计算，详见《抗规》3.4.3 条、6.1.3 条和《高规》3.4.5 条、8.1.3 条；计算方法见《抗规》3.4.3-2 条文说明和《高规》3.4.5 条文说明。程序中“规范算法”适用于大多数结构；“CQC 算法”由 CQC 组合的各个有质量节点上的地震力，主要用于不规则结构，即楼层概念不清晰，剪力差无法计算的情况。

（25）施工次序/联动调整

程序默认不勾选，只当需要考虑构件及施工次序时才需要勾选。

2. 风荷载信息（图 1-46）

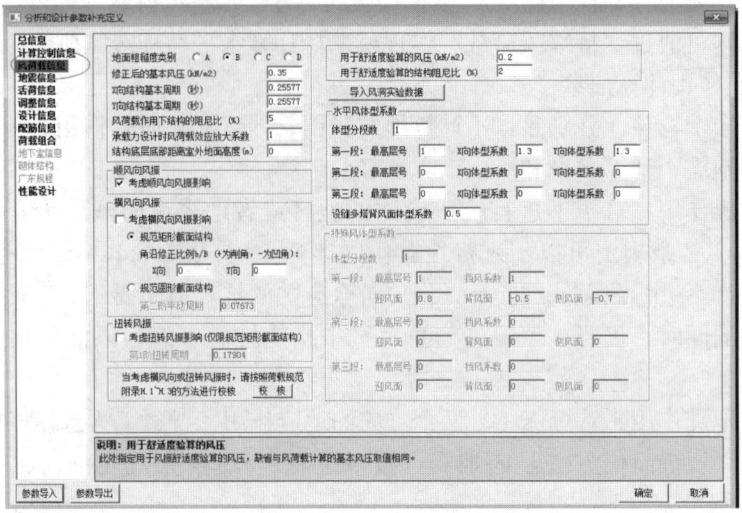

图 1-46　SATWE 风荷载信息页

（1）地面粗糙类别

该选项是用来判定风场的边界条件，直接决定了风荷载的沿建筑高度的分布情况，必须按照建筑物所处环境正确选择。相同高度建筑风荷载 A>B>C>D。

A 类：近海海面，海岛、海岸、湖岸及沙漠地区。

B 类：指田野、乡村、丛林、丘陵及中小城镇和大城市郊区。

C 类：指有密集建筑群的城市市区。

D 类：指有密集建筑群且房屋较高的城市市区。

（2）修正后的基本风压

修正后的基本风压主要考虑的是地形条件的影响，与楼层数直接关系不大。对于平地建筑修正系数为 1，即等于基本风压。对于山区的建筑应乘以修正系数。

一般工程按荷载规范给出的 50 年一遇的风压采用（直接查荷载规范），不用乘以修正系数；对于沿海地区或强风地带等，应将基本风压放大 1.1～1.2 倍，

注：风荷载计算自动扣除地下室的高度。

（3）X、Y 向结构基本周期

X、Y 向结构基本周期（秒）可以先按程序给定的默认值按《高规》近似公式对结构进行计算。计算完成后再将程序输出的第一平动周期值（可在 WZQ.OUT 文件中查询）填入再算一遍即可。风荷载计算与否并不会影响结构自振周期的大小。新版程序可以分别指定 X 向和 Y 向的基本周期，用于 X 向和 Y 向风载的详细计算。参照《高规》4.2 自振周期是：结构的振动周期；基本周期是：结构按照基本振型，完成一个振动的时间（周期）。

注：1. 此处周期值应为估（或计）算所得数值，而不应为考虑周期折减后的数值。可按《荷规》附录 E.2 的有关公式估算。

2. 另外需要注意的是，结构的自振周期应与场地的特征周期错开，避免共振造成灾害。

（4）风荷载作用下结构的阻尼比

程序默认为 5，一般情况取 5。

根据《抗规》5.1.5条1款及《高规》4.3.8条1款："混凝土结构一般取0.05（即5%）对有墙体材料填充的房屋钢结构的阻尼比取0.02；对钢筋混凝土及砖石砌体结构取0.05"。《抗规》8.2.2条规定："钢结构在多遇地震下的计算，高度不大于50m时可取0.04；高度大于50m且小于200m时，可取0.03；高度不小于200m时，宜取0.02；在罕遇地震下的分析，阻尼比可采0.05"。对于采用消能减振器的结构，在计算时可填入消能减震结构的阻尼比（消能减震结构的阻尼比＝原结构的阻尼比＋消能部件附加有效阻尼比）而不必改变特定场地土的特性值 α_{max}，程序会根据用户输入的阻尼比进行地震影响系数 α 的自动修正计算。

（5）承载力设计时风荷载效应放大系数

部分高层建筑在风荷载承载力设计和正常使用极限状态设计时，需要采用两个不同的风压值。《高规》4.2.2条：基本风压应按照现行国家标准《建筑结构荷载规范》GB 50009—2012的规定采用。对风荷载比较敏感的高层建筑，承载力设计时应按基本风压的1.1倍采用。

（6）结构底层底部距离室外地面高度

程序默认为地下室高度，也可以填写地下室的高度。此参数用于计算风荷载时准确计算其有效高度。当输入负值时，可用于高出地面的子结构风荷载计算。

（7）考虑顺风向风振影响

根据《荷规》8.4.1条，对于高度大于30m且高宽比大于1.5的房屋，及结构基本自振周期 T_1 大于0.25s的高耸结构，应考虑顺风向风振影响。当符合《荷规》第8.4.3条规定时，可采用风振系数法计算顺风向荷载。一般宜勾选。

（8）考虑横风向风振影响

根据《荷规》8.5.1条，对于高度超过150m或高宽比大于5的高层建筑，以及高度超过30m且高宽比大于4的构筑物，宜考虑横风向风振的影响。一般常规工程不应勾选。

（9）考虑扭转风振影响

根据《荷规》8.5.4条，一般不超过150m的高层建筑不考虑，超过150m的高层建筑也应满足《荷规》8.5.4条相关规定才考虑。

（10）用于舒适度验算的风压、阻尼比

《高规》3.7.6：房屋高度不小于150m的高层混凝土建筑结构应满足风振舒适度要求。在现行国家标准《建筑结构荷载规范》GB 50009—2012规定的10年一遇的风荷载标准值作用下，结构顶点的顺风向和横风向振动最大加速度计算值不应超过表3.7.6的限值。结构顶点的顺风向和横风向振动最大加速度可按现行行业标准《高层民用建筑钢结构技术规程》JGJ 99的有关规定计算，也可通过风洞试验结果判断确定，计算时结构阻尼比宜取0.01～0.02。

验算风振舒适度时结构阻尼比宜取0.01～0.02，程序缺省取0.02，"风压"则缺省与风荷载计算的"基本风压"取值相同，用户均可修改。

（11）导入风洞实验数据

方便与外部表格软件导入导出，也可以直接按文本方式编辑。

（12）体型分段数

默认1，一般不改。现代多、高层结构立面变化较大，不同的区段内的体型系数可能不一样，程序限定体型系数最多可分三段取值。若建筑物立面体型无变化时填 1。对于（基础梁与上部结构共同分析计算的）多层框架或（地下室顶板不作为上部结构嵌固端的）高层当定义底层为地下室后，体形分段数应只考虑上部结构，程序会自动扣除地下室部分的风载。

（13）最高层号

程序默认为最高层号，不需要修改，按各分段内各层的最高层层号填写。

（14）水平风体形系数

程序默认为 1.30，按《荷规》表 7.3.1 一般取 1.30。按《荷规》表 7.3.1 取值；规则建筑（高宽比 H/B 不大于 4 的矩形、方形、十字形平面建筑）取 1.3（详见《高规》3.2.5 条 3 款）处于密集建筑群中的单体建筑体型系数应考虑相互增大影响（详见《工程抗风设计计算手册》张相庭）。

（15）设缝多塔背风面体型系数

程序默认为 0.5，仅多塔时有用。该参数主要应用在带变形缝的结构关于风荷载的计算中。对于设缝多塔结构，用户可以在〈多塔结构补充定义〉中指定各塔的挡风面，程序在计算风荷载时会自动考虑挡风面的影响，并采用此处输入的背风面体型系数对风荷载进行修正。“挡风面”的定义方法参见《PKPM 新天地》2005 年 4 期中“关于‘遮挡定义’功能简介”一文。需要注意的是，如果用户将此参数填为 0，则表示背风面不考虑风荷载影响。对风载比较敏感的结构建议修正；对风载不敏感的结构可以不用修正。

注意：在缝隙两侧的网格长度及结构布置不尽相同时，为了较为准确地考虑遮挡范围，当遮挡位置在杆件中间时，在建模时人工在该位置增加一个节点，保证计算遮挡范围的准确性。

（16）特殊风体型系数

程序默认为灰色，一般不用更改。

3. 地震信息（图 1-47）

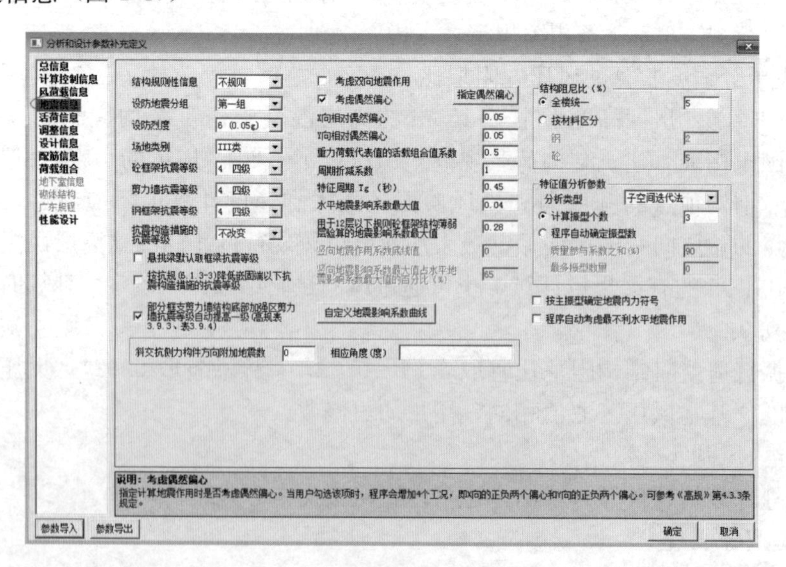

图 1-47　SATWE 地震信息页

(1) 结构规则性信息

根据结构的规则性选取。默认不规则，该参数在程序内部不起作用。

(2) 设防地震分组

根据实际工程情况查看《抗规》附录 A。

(3) 设防烈度

根据实际工程情况查看《抗规》附录 A。

(4) 场地类别

根据《地质勘测报告》测试数据计算判定。场地类别一般可分为四类：Ⅰ类场地土：岩石，紧密的碎石土；Ⅱ类场地土：中密、松散的碎石土，密实、中密的砾、粗、中砂；地基土容许承载力＞250kPa 的黏性土；Ⅲ类场地土：松散的砾、粗、中砂，密实、中密的细、粉砂，地基土容许承载力≤250kPa 的黏性土和≥130kPa 的填土；Ⅳ类场地土：淤泥质土，松散的细、粉砂，新近沉积的黏性土；地基土容许承载力＜130kPa 的填土。场地类别越高，地基承载力越低。

地震烈度、设计地震分组、场地土类型三项直接决定了地震计算所采用的反应谱形状，对水平地震力的大小起到决定性作用。

(5) 混凝土框架抗震等级、剪力墙抗震等级、钢框架抗震等级

丙类建筑按本地区抗震设防烈度计算，根据《抗规》表 6.1.2 或《高规》3.9.3 选择。乙类建筑，(常见乙类建筑：学校、医院) 按本地区抗震设防烈度提高一度查表选择。建筑分类见《建筑工程抗震设防分类标准》GB 50223—2008。

此处指定的抗震等级是全楼适用的。某些部位或构件的抗震等级可在前处理第二项菜单“特殊构件补充定义”进行单构件的补充指定。钢框架抗震等级应根据《抗规》8.1.3 条的规定来确定。

抗震等级不同，抗震措施也不同，在设计时，查看结构抗震等级时的烈度可参考表 1-2。

决定抗震措施的烈度 **表 1-2**

建筑类别	设计基本地震加速度 (g) 和设防烈度					
	0.05g 6 度	0.1g 7 度	0.15g 7 度	0.2g 8 度	0.3g 8 度	0.4g 9 度
甲、乙类	7	8	8	9	9	9+
丙类	6	7	7	8	8	9

注：“9+”表示应采取比 9 度更高的抗震措施，幅度应具体研究确定。

(6) 抗震构造措施的抗震等级

在某些情况下，抗震构造措施的抗震等级与抗震措施的抗震等级不一致，可在此指定抗震构造措施的抗震等级，在实际设计中可参考表 1-1。

本工程抗震构造措施的设防烈度还是 6 度，则“抗震构造措施的抗震等级”不改变。

(7) 中震或大震的弹性设计

依据《高规》3.11 节规定，SATWE 提供了中震（或大震）弹性设计、中震（或大震）不屈服设计两种方法。

无论选择弹性设计还是不屈服设计，均应在“地震影响系数最大值”中填入中震或大震的地震影响系数最大值，可参照表 1-3。

水平地震影响系数最大值 表 1-3

地震影响	6度	7度	7.5度	8度	8.5度	9度
多遇地震	0.04	0.08	0.12	0.16	0.24	0.32
基本烈度地震	0.11	0.23	0.33	0.46	0.66	0.91
罕遇地震	—	0.20	0.72	0.90	1.20	1.40

中震验算包括中震弹性验算和中震不屈服验算，在设计中的要求如表 1-4 所示。

中震弹性验算和中震不屈服验算的基本要求 表 1-4

设计参数	中震弹性	中震不屈服
水平地震影响系数最大值	按表 1-3 基本烈度地震	按表 1-3 基本烈度地震
内力调整系数	1.0（四级抗震等级）	1.0（四级抗震等级）
荷载分项系数	按规范要求	1.0
承载力抗震调整系数	按规范要求	1.0
材料强度取值	设计强度	材料标准值

建议：

在高烈度地区，对于结构中比较重要的抗侧力构件，比如框支剪力墙结构中的框支梁、框支柱和落地剪力墙、连体结构中与连体部分内侧相连的框架柱、剪力墙、各种结构形式中出现的跃层柱、框-筒结构中的角柱、宜进行中震弹性验算，其他竖向抗侧力构件宜进行中震不屈服验算。

（8）按主振型确定地震内力符号

一般可勾选。根据《抗规》5.2.3 条，考虑扭转耦联时计算得到的地震作用效应没有符号。SATWE 原有的符号确定原则为：每个内力分量取各振型下绝对值最大者的符号。现增加本参数，以解决原有方式可能导致个别构件内力符号不匹配的问题。

（9）按《抗规》（6.1.3-3）降低嵌固端以下抗震构造措施的抗震等级

一般可勾选。

（10）程序自动考虑最不利水平地震作用

如果勾选，则斜交抗侧力构件方向附加地震数可填写 0，相应角度可不填写。

（11）斜交抗侧力构件方向附加地震数，相应角度

可允许最多 5 组方向地震。附加地震数在 0～5 取值。相应角度填入各角度值。该角度是与 X 轴正方向的夹角，逆时针方向为正。SATWE 参数中增加“斜交抗侧力构件附加地震角度”与填写“水平与整体坐标夹角”计算结果有区别：水平力与整体坐标夹角不仅改变地震力而且改变风荷载的作用方向，而斜交抗侧力构件附加地震角度仅改变地震力方向。《抗规》5.1.1、各类建筑结构的地震作用，应符合下列规定：对于有斜交抗侧力构件的结构，当相交角度大于 15 度时，应分别计算各抗侧力构件方向的水平地震作用。此处所指交角是指与设计输入时，所选择坐标系间的夹角。对于主体结构中存在有斜向放置的梁、柱时，也要分别计算各抗力构件方向的水平地震力。结构的参考坐标系建立以后，所求的地震力、风力总是沿着坐标系的方向作用。

建议选择对称的多方向地震，因为风载并未考虑多方向，否则容易造成配筋不对称。如输入 45°和 225°，程序自动增加两个逆时针旋转 90°的角度（即 135°和 315°），并按这四

个角度进行地震力的计算，程序将计算每一对新增地震作用下的构件内力，并在构件设计时考虑进内力组合中，最后构件验算取最不利一组。

(12) 偶然偏心、考虑双向地震、用户指定偶然偏心

默认未勾选，一般可同时选择{偶然偏心}和{双向地震}，不再指定偶然偏心值。对“质量和刚度明显不对称的结构”可按取偶然偏心和双向地震两次计算结构的较大值，于是可以同时选择{偶然偏心}和{双向地震}，SATWE对两者取不利，结果不叠加。

“偶然偏心”：

是由于施工、使用或地震地面运动扭转分量等不确定因素对结构引起的效应，对于高层结构及质量和刚度不对称的多层结构，偶然偏心的影响是客观存在的，故一般应选择“偶然偏心”去计算高层结构及质量和刚度明显不对称的多层结构的“位移比”及高层结构的“配筋”(多层结构“配筋”时一般可不选择“偶然偏心”)。计算层间位移角时一般应选择刚性楼板，可不考虑偶然偏心、不考虑竖向地震作用。

考虑{偶然偏心}计算后，对结构的荷载（总重、风荷载)、周期、竖向位移、风荷载作用下的位移及结构的剪重比没有影响，对结构的地震力和地震下的位移（最大位移、层间位移、位移角等）有较大影响。

《高规》4.3.3条“计算单向地震作用时应考虑偶然偏心的影响（地震作用大小与配筋有关)”；《高规》3.4.5条，计算位移比时，必须考虑偶然偏心的影响；《高规》3.7.3条，计算层间位移角时可不考虑偶然偏心、不考虑双向地震，一般应选择强制刚性楼板假定。《抗规》3.4.3条的表3.4.3-1只注明了在规定水平力作用下计算结构的位移比，并没有说明是否考虑了偶然偏心。《抗规》3.4.4.2的条文说明里注明了计算位移比时候的规定水平力一般要考虑偶然偏心。

“考虑双向地震”：

“双向地震作用”是客观存在的，其作用效果与结构的平面形状的规则程度有很大的关系（结构越规则，双向地震作用越弱)，一般当位移比超过1.3时（有的地区规定为1.2，过于保守)，“双向地震作用”对结构的影响会比较大，则需要在总信息参数设置中考虑双向地震作用，不考虑偶然偏心。

双向地震作用计算，本质是对抗侧力构件承载力的一种放大，属于承载能力计算范畴，不涉及对结构扭转控制和对结构抗侧刚度大小的判别。一般当位移比超过1.3时（有的地区规定为1.2，过于保守）时选取“考虑双向地震”，程序会对地震作用放大，结构的配筋一般会加大，但位移比及周期比，不看“双向地震作用”的计算结果，而看“偶然偏心”作用下的计算结果。SATWE在进行底框计算时，不应选择地震参数中的{偶然偏心}和{双向地震}，否则计算会出错。

《抗规》5.1.1-3：质量和刚度分布明显不对称的结构，应计入双向水平地震作用下的扭转影响；其他情况，应允许采用调整地震作用效应的方法计入扭转影响。《高规》4.3.2-2：质量与刚度分布明显不对称的结构，应计算双向水平地震作用下的扭转影响；其他情况，应计算单向水平地震作用下的扭转影响。

(13) X向相对偶然偏心、Y向相对偶然偏心

默认0.05，一般不需要改。

（14）计算振型个数

地震力振型数至少取3，由于程序按三个振型一页输出，所以振型数最好为3的倍数。一般对于进行耦联计算的高层建筑，所选振型数不应小于9个，对于高层建筑应至少取15个；多塔结构计算振型数应取更多，但要注意此处的振型数不能超过结构的固有振型的总数（刚性楼板假定时），比如一个规则的两层结构，采用刚性楼板假定，共6个有效自由度，此时振型个数最多取6，否则会造成地震力计算异常。对于复杂、多塔以及平面不规则的建筑计算振型个数要多选，一般要求有效质量数大于90%。振型数取得越多，计算一次时间越长。

（15）活荷重力代表值组合系数

默认0.5，一般不需要改。该参数值改变楼层质量，不改变荷载总值（即对属相荷载作用下的内力计算无影响），应按《抗规》5.1.3条及《高规》4.3.6条取值。一般民用建筑楼面等效均布活荷载取0.5（对于藏书库、档案库、库房等建筑应特别注意，应取0.8）。调整系数只改变楼层质量，从而改变地震力的大小，但不改变荷载总值，即对竖向荷载作用下的内力计算无影响。

在WMASS.OUT中“各层的质量、质心坐标信息”项输出的“活载产生的总质量”为已乘上组合系数后的结果。在“地震信息”选项卡里修改本参数，则“荷载组合”选项卡中“活荷重力代表值系数”联动改变。在WMASS.OUT中“各楼层的单位面积质量分布”项输出的单位面积质量为“1.0恒＋0.5活”组合；而PM竖向导荷默认采用“1.2恒＋1.4活”组合，两者结果可能有差异。

（16）周期折减系数

计算各振型地震影响系数所采用的结构自振周期应考虑非承重填充墙体对结构刚度增强的影响，采用周期折减予以反应。因此当承重墙体为填充砖墙时，高层建筑结构的计算自振周期折减系数可按《高规》4.3.17取值：

1）框架结构可取0.6～0.7；

2）框架-剪力墙结构可取0.7～0.8；

3）框架-核心筒结构可取0.8～0.9；

4）剪力墙结构可取0.8～1.0。

对于其他结构体系或采用其他非承重墙时，可根据工程情况确定周期折减系数。具体折减数值应根据填充墙的多少及其对结构整体刚度影响的强弱来确定（如轻质砌体填充墙，周期折减系数可取大一些）。周期折减是强制性条文，但减多少不是强制性条文，这就要求在折减时慎重考虑，既不能太多，也不能太少，因为周期折减不仅影响结构内力，同时还影响结构的位移，当周期折减过多，地震作用加大，可能导致梁超筋。周期折减系数不影响建筑本身的周期，即WZQ文件中的前几阶周期，所以周期折减系数对于风荷载是没有影响的，风荷载在SATWE计算中与周期折减系数无关。周期折减系数只放大地震力，不放大结构刚度。

注：1. 厂房和砖墙较少的民用建筑，周期折减系数一般取0.80～0.85，砖墙较多的民用建筑取0.6～0.7，（一般取0.65）。框架-剪力墙结构：填充墙较多的民用建筑取0.7～0.80，填充墙较少的公共建筑可取大些（0.80～0.85）。剪力墙结构：取0.9～1.0，有填充墙取低值，无填充墙取高值，一般取0.95。

2. 空心砌块应少折减，一般可为0.8～0.9。

(17) 结构的阻尼比

对于一些常规结构，程序给出了结构阻尼的隐含值。除有专门规定外，钢筋混凝土高层建筑结构的阻尼比应取0.05；钢结构在多遇地震下的阻尼比，对不超过12层的钢结构可采用0.035，对超过12层的钢结构可采用0.02；在罕遇地震下的分析，阻尼比可采用0.05；对于钢一混凝土混合结构则根据钢和混凝土对结构整体刚度的贡献率取为0.025～0.035。

(18) 特征周期 T_g、地震影响系数最大值

特征周期 T_g：根据实际工程情况查看《抗规》(表1-5)。

特征周期值（s） **表 1-5**

设计地震分组	场地类别				
	I_0	I_1	Ⅱ	Ⅲ	Ⅳ
第一组	0.20	0.25	0.35	0.45	0.65
第二组	0.25	0.30	0.40	0.55	0.75
第三组	0.30	0.35	0.45	0.65	0.90

本工程填写0.35。

地震影响系数最大值：即“多遇地震影响系数最大值”，用于地震作用的计算时，无论多遇地震或中、大震弹性或不屈服计算时均应在此处填写“地震影响系数最大值”。

具体值可根据《抗规》表5.1.4-1来确定，如表1-6所示。

水平地震影响系数最大值 **表 1-6**

地震影响	6度	7度	8度	9度
多遇地震	0.04	0.08 (0.12)	0.16 (0.24)	0.32
罕遇地震	0.28	0.50 (0.72)	0.90 (1.20)	1.40

注：括号中数值分别用于设计基本地震加速度为0.15g和0.30g的地区。

(19) 用于12层以下规则混凝土框架结构薄弱层验算的地震影响系数最大值

此参数为“罕遇地震影响系数最大值”，仅用于12层以下规则混凝土框架结构的薄弱层验算，一般不需要改。

(20) 竖向地震作用系数底线值

该参数作用相当于竖向地震作用的最小剪重比。在WZQ.OUT文件中输出竖向地震作用系数的计算结果，如果不满足要求则自动进行调整。

本工程没有考虑竖向地震作用，此菜单为灰色。

(21) 自定义地震影响系数曲线

SATWE允许用户输入任意形状的地震设计谱，以考虑来自安评报告或其他情形的比规范设计谱更贴切的反应谱曲线。点击该按钮，在弹出的对话框中可查看按规范公式的地震影响系数曲线，并可在此基础上根据需要进行修改，形成自定义的地震影响系数曲线。其中“按规范定义的时间”项，代表该时间之前曲线采用规范值，之后采用自定义值。如填3s就代表前3s按规范反应谱取值。

4. 活载信息(图1-48)

(1) 柱墙设计时活荷载

程序默认为“不折减”。SATWE根据《荷规》第4.1.2条第2款设置此选项，点选

“折减”，程序会按照右侧输入的楼层折减系数进行活荷载折减，生成的墙、柱轴压比及配筋会比点选“不折减”稍微小一些。所以，当需要以结构偏安全性为先的时候，建议点选“不折减”；当需要以墙、柱尺寸和结构经济性为先的时候，建议点选“折减”。

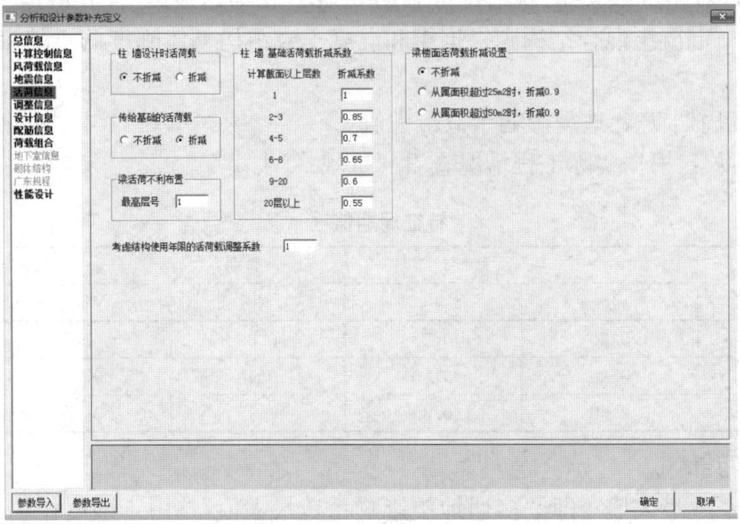

图 1-48 SATWE 活载信息页

如在 PMCAD 中考虑了梁的活荷载折减（荷载输入/恒活设置/考虑活荷载折减），则在 SATWE、TAT、PMSAP 中最好不要选择“柱墙活荷载折减”，以避免活荷载折减过多。对于带裙房的高层建筑，裙房不宜按主楼的层数取用活荷载折减系数。同理，顶部带小塔楼的结构、错层结构、多塔结构等，都存在同一楼层柱墙活荷载系数不同的情况，应按实际情况灵活处理。

注：PM 中的荷载设置楼面折减系数对梁不起作用，“柱墙设计时活荷载”对柱起作用。

（2）传给基础的活荷载

程序默认为“折减”，不需要改。SATWE 根据《荷规》第 4.1.2 条第 2 款设置此选项，点选“折减”，程序会按照右侧输入的楼层折减系数进行活荷载折减，生成传到底层的最大组合内力，但没有传到 JCCAD，JCCAD 读取的是程序计算后各工况的标准值。所以，当需要考虑传给基础的活荷载折减时，应到 JCCAD 的“荷载参数”中点选“自动按楼层折减活荷载”。

（3）活荷载不利布置（最高层号）

此参数若取 0，表示不考虑活荷载不利布置。若取>0 的数 NL，就表示 1～NL 各层均考虑梁活载的不利布置。考虑活载不利布置后，程序仅对梁活荷不利布置作用计算，对墙柱等竖向构件并不考虑活荷不利布置作用，而只考虑活荷一次性满布作用。偏于安全，一般多层混凝土结构应取全部楼层；高层宜取全部楼层。

《高规》5.1.8：高层建筑结构内力计算中，当楼面活荷载大于 4kN/m^2 时，应考虑楼面活荷载不利布置引起的结构内力的增大；当整体计算中未考虑楼面活荷载不利布置时，应适当增大楼面梁的计算弯矩。

在地下室设计时，一般不考虑“活荷载不利布置”，否则梁的配筋计算结果会很大。

（4）柱　墙　基础　活荷载折减系数

《建筑结构荷载规范》GB 50009—2012 第 5.1.2-2 条：

1）第 1（1）项应按表 1-7 规定采用；

活荷载按楼层的折减系数　　　　**表 1-7**

墙、柱、基础计算截面以上的层数	1	2～3	4～5	6～8	9～20	>20
计算截面以上各楼层活荷载总和的折减系数	1.00 (0.90)	0.85	0.70	0.65	0.60	0.55

注：当楼面梁的从属面积超过 25m² 时，应采用括号内的系数。

2）第 1（2）～7 项应采用与其楼面梁相同的折减系数；

3）第 8 项对单向板楼盖应取 0.5；

对双向板楼盖和无梁楼盖应取 0.8；

4）第 9～13 项应采用与所属房屋类别相同的折减系数。

注：楼面梁的从属面积应按梁两侧各延伸二分之一梁间距的范围内的实际面积确定。

SATWE 根据《荷规》第 4.1.2 条第 2 款设置此选项，《荷规》4.1.1 第 1（1）详按程序默认；第 1（2）～7 项按基础从属面积（因“柱　墙设计时活荷载”中梁、柱按不折减，此处仅考虑基础）超过 50m² 时取 0.9，否则取 1，一般多层可取 1，高层 0.9；第 8 项汽车通道及停车库可取 0.8。

此处的折减系数仅当“折减柱墙设计活荷载”或“折减传给基础的活荷载”勾选后才生效。

（5）考虑结构使用年限的活荷载调整系数

《高规》5.6.1 做了有关规定。在设计时，设计使用年限为 50 年时取 1.0，设计使用年限为 100 年时取 1.1。

（6）梁楼面活荷载折减设置

对于普通楼面（非汽车通道及客车停车库）一般可偏于安全不折减。也可以根据实际情况，按照《荷规》5.1.2-1 进行折减。此参数的设置，方便了汽车通道、消防车及客车停车库主梁、次梁的设计。

5. 调整信息（图 1-49）

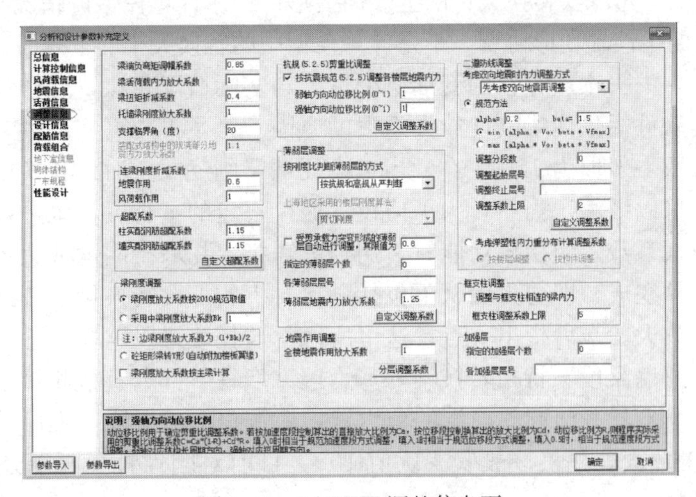

图 1-49　SATWE 调整信息页

（1）梁端负弯矩调幅系数

现浇框架梁0.8～0.9；装配整体式框架梁0.7～0.8。

框架梁在竖向荷载作用下梁端负弯矩调整系数，是考虑梁的塑性内力重分布。通过调整使梁端负弯矩减小，跨中正弯矩加大（程序自动加）。梁端负弯矩调整系数一般取0.85。

注：1. 程序隐含钢梁为不调幅梁；不要将梁跨中弯矩放大系数与其混淆。

2. 弯矩调幅法是考虑塑性内力重分布的分析方法，与弹性设计相对；弯矩调幅法可以求得结构的经济，充分挖掘混凝土结构的潜力和利用其优点；弯矩调幅法可以使得内力均匀。对于承受动力荷载、使用上要求不出现裂缝的构件，要尽量少调幅。

3. 调幅与“强柱弱梁”并无直接关系，要保证强柱弱梁，强度是关键，刚度不是关键，即柱截面承载能力要大于梁（满足规范要求），在地震灾害地区的很多房屋，并没有出现预期的“强柱弱梁”，反而是“强梁弱柱”，是因为忽略了楼板钢筋参与负弯矩分配，还有其他原因，比如：梁端配筋时内力所用截面为矩形截面，计算结果并T形截面大、习惯性放大梁支座配筋及跨中配筋的纵筋5%～10%、基于裂缝控制，两端配筋远大于计算配筋、未计入双筋截面及受压翼缘的有利影响，低估截面承载能力、施工原因。

（2）梁活荷载内力放大系数

用于考虑活荷载不利布置对梁内力的影响，将活荷载作用下的梁内力（包括弯矩、剪力、轴力）进行放大。一般工程建议取值1.1～1.2. 如果已考虑了活荷载不利布置，则应填1。

（3）梁扭矩折减系数

现浇楼板（刚性假定）取值0.4～1.0，一般取0.4；现浇楼板（弹性楼板）取1.0。本工程板端按简支考虑，梁扭矩折减系数可取1.0（偏于安全），在剪力墙结构中，可取0.4～1.0。

（4）托梁刚度放大系数

默认值：1，一般不需改，仅有转换结构时需修改。对于实际工程中“转换大梁上面托剪力墙”的情况，当用户使用梁单元模拟转换大梁，用壳单元模式的墙单元模拟剪力墙时，墙与梁之间的实际的协调工作关系在计算模型中不能得到充分体现。实际的结构受力情况是，剪力墙的下边缘与转换大梁的上表面变形协调。计算模型的情况是：剪力墙的下边缘与转换大梁的中性轴变形协调。于是计算模型中的转换大梁的上表面在荷载作用下将会与剪力墙脱开，失去本应存在的变形协调性。与实际情况相比，这样计算模型的刚度偏柔了。这就是软件提供墙梁刚度放大系数的原因。为了再现真实刚度，根据经验，托墙梁刚度放大系数一般取为100左右。当考虑托墙梁刚度放大时，转换层附近的超筋情况（若有）通常可以缓解。当然，为了使设计保持一定的富裕度，也可以不考虑或少考虑托墙梁刚度放大系数。使用该功能时，用户只需指定托墙梁刚度放大系数，托墙梁段的搜索由软件自动完成，即剪力墙（不包括洞口）下的那段转换梁，按此处输入的系数对抗弯刚度进行放大。最后指出一点，这里所说的“托墙梁段”在概念上不同于规范中的“转换梁”，“托墙梁段”特指转换梁与剪力墙“墙柱”部分直接相接、共同工作的部分，比如说转换梁上托开门洞或窗洞的剪力墙，对洞口下的梁段，程序就不看作“托墙梁段”，不作刚度放大。建议一般取默认值100。目前对刚性杆上托墙还不能进行该项识别。

（5）连梁刚度折减系数

一般工程剪力墙连梁刚度折减系数取 0.7，8、9 度时可取 0.5；位移由风载控制时取≥0.8；

连刚梁度折减系数主要是针对那些与剪力墙一端或两端平行连接的梁，由于连梁两端位移差很大，剪力会很大，很可能出现超筋，于是要求连梁在进入塑性状态后，允许其卸载给剪力墙。计算地震内力时，连梁刚度可折减；对如计算重力荷载、风荷载作用效应时，不易考虑折减。

注：连梁的跨高比大于等于 5 时，建议按框架梁输入。

（6）支撑临界角（度）

一般可以这样认为：当斜杠与 Z 轴夹角小于 20°时，按柱处理，大于 20°时按支撑处理。但有时候也不一定遵循以上准则，可以由用户根据工程需要自行指定。

（7）柱实配钢筋超配系数

默认值：1.15；不需改，只对一级框架结构或 9 度区起作用。对于 9 度设防烈度的各类框架和一级抗震等级的框架结构，剪力调整应按实配钢筋和材料强度标准值来计算。由于程序在接〈梁平法施工图〉前并不知道实际配筋面积，所以程序将此参数提供给用户，由用户根据工程实际情况填写。程序根据用户输入的超配系数，并取钢筋超强系数（材料强度标准值与设计值的比值）为 1.1（330/300MPa=1.1）。本参数只对一级框架结构或 9 度区框架起作用，程序可自动识别；当为其他类型结构时，也不需要用户手工修改为 1.0。

注：9 度及一级框架结构仅调整梁柱钢筋的超配系数是不全面的，按规范要求采用其他有效抗震措施。

（8）墙实配钢筋超配系数

一般可按默认值填写 1.15. 不用修改。

（9）自定义超配系数

可以分层号、分塔楼自行定义。

（10）梁刚度放大系数按 2010 规范取值

默认：勾选；一般不需改。考虑楼板作为翼缘对梁刚度的贡献时，每根梁，由于截面尺寸和楼板厚度有差异，其刚度放大系数可能各不相同，SATWE 提供了按 2010 规范取值选项，勾选此项后，程序将根据《混规》5.2.4 条的表格，自动计算每根梁的楼板有效翼缘宽度，按照 T 形截面与梁截面的刚度比例，确定每根梁的刚度系数。刚度系数计算结果可在“特殊构件补充定义”中查看，也可在此基础上修改。如果不勾选，仍按上一条所述，对全楼指定唯一的刚度系数。

（11）采用中梁刚度放大系数 B_k

默认：灰色不用选，一般不需改。根据《高规》5.2.2 条，“现浇楼面中梁的刚度可考虑翼缘的作用予以增大，现浇楼板取值 1.3～2.0”。通常现浇楼面的边框梁可取 1.5，中框梁可取 2.0；对压型钢板组合楼板中的边梁取 1.2，中梁取 1.5（详见《高钢标》5.1.3 条）。梁翼缘厚度与梁高相比较小时梁刚度增大系数可取较小值，反之取较大值，而对其他情况下（包括弹性楼板和花纹钢板楼面）梁的刚度不应放大。该参数对连梁不起作用，对两侧有弹性板的梁仍然有效；对于板柱结构，应取 1。梁刚度放大的主要目的，是为了考虑在刚性板假定下楼板刚度对结构的贡献。梁的刚度放大并非是为了在计算梁的内力和配筋时，将楼板作为梁的翼缘，按 T 形梁设计，以达到降低梁的内力和配筋的目的，而仅仅是为了近似考虑楼板刚度对结构的影响。该参数的大小对结构的周期、位移等均有影响。

SATWE 前处理"特殊构件补充定义"中的右侧菜单"特殊梁"下，用户可以交互指定楼层中各梁的刚度放大系数。在此处程序默认显示的放大系数，是没有搜索边梁的结果，即所有梁的刚度放大系数均按中梁刚度放大系数显示。但在后面计算时，SATWE 软件自动判断梁与楼板的连接关系，对于两侧都与楼板相连的梁，直接取交互指定的值来计算；对于仅有一侧与楼板相连的梁，梁刚度放大系数取（B_k+1)/2；对两侧都不与楼板相连的独立梁，不管交互指定的值为多少，均按 1.0 计算。梁刚度放大系数只影响梁的内力（即效应计算），在 SATWE 里不影响梁的配筋计算（即抗力计算），在 PMSAP 里会影响梁的配筋计算。因为 SATWE 计算承载力是按矩形截面的，而 PMSAP 可以选择按 T 形截面。

（12）混凝土矩形梁转 T 形（自动附加楼板翼缘）

勾选后，程序自动搜索与梁相邻的楼板，将矩形梁转成 T 形或 L 形梁进行内力和配筋计算，同时梁刚度放大系数和梁扭矩折减系数应取 1。需要注意的是，10、11、12 只可同时选择一个。一般可选择 10。

本工程选择"梁刚度放大系数按 2010 规范取值"，则程序自动不选择"采用中梁刚度放大系数 B_k"与"混凝土矩形梁转 T 形（自动附加楼板翼缘）"。当配筋由较为偶然且数值较大的荷载组合（如人防、消防车）控制时，可以勾选。

（13）部分框支剪力墙结构底部加强区剪力墙抗震等级自动提高一级

根据《高规》表 3.9.3、表 3.9.4，部分框支剪力墙结构底部加强区和非底部加强区的剪力墙抗震等级可能不同，但在实际设计中，都是先在"地震信息"页"剪力墙抗震等级"中填入部分框支剪力墙结构中一般部位剪力墙的抗震等级，若勾选该项，则程序将自动对底部加强区的剪力墙抗震等级提高一级。程序默认勾选，当为框支剪力墙时可勾选，当不是时可不勾选。

（14）调整与框支柱相连的梁内力

一般不应勾选，不调整（按实际工程选），因为程序对框支柱的弯矩、剪力调整系数往往很大，若此时调整与框支柱相连的梁内力，会出现异常。

《高规》10.2.17 条：框支柱剪力调整后，应相应调整框支柱的弯矩及柱端框架梁（不包括转换梁）的剪力、弯矩，但框支梁的剪力、弯矩和框支柱轴力可不调整。由于框支柱的内力调整幅度较大，若相应调整框架梁的内力，则有可能使框架梁设计不下来。

（15）框支柱调整上限

框支柱的调整系数值可能很大，用户可设置调整系数的上限值，框支柱调整上限为 5.0。一般可按默认值，不用修改。

（16）指定的加强层个数、层号

默认值：0，一般不需改。各加强层层号，默认值：空白，一般不填。加强层是新版 SATWE 新增参数，由用户指定，程序自动实现如下功能：

1）加强层及相邻层柱、墙抗震等级自动提高一级；

2）加强层及相邻轴压比限制减小 0.05；依据见《高规》10.3.3 条（强条）；

3）加强层及相邻层设置约束边缘构件；

多塔结构还可在“多塔结构构件定义”菜单分塔指定加强层。

（17）《抗规》第 5.2.5 条调整各层地震内力

默认：勾选；不需改。用于调整剪重比，详见《抗规》5.2.5 条和《高规》4.3.12 条。抗震验算时，结构任一楼层的水平地震的剪重比不应小于《抗规》中表 5.2.5 给出的最小地震剪力系数 λ。当结构某楼层的地震剪力小得过多，地震剪力调整系数过大（调整系数大于 1.2 时）说明该楼层结构刚度过小，其地震作用主要不是地震加速度而是地震地面运动速度和位移引起的。此时应先调整结构布置和相关构件的截面尺寸，提高结构刚度，使计算的剪重比能自然满足规范要求；其次才考虑调整地震力。而根据《抗规》5.2.5 条文说明：只要求底部总剪力不满足要求，则结构各楼层的剪力均需要调整，继而原先计算的倾覆力矩、内力和位移均需相应调整。

按抗震规范第 5.2.5 条规定，抗震验算时，结构任一楼层的水平地震的剪重比不应小于表 1-8 给出的最小地震剪力系数 λ。

楼层最小地震剪力系数 **表 1-8**

类别	6 度	7 度	8 度	9 度
扭转效应明显或基本周期小于 3.5s 的结构	0.008	0.016(0.024)	0.032(0.048)	0.064
基本周期大于 5.0s 的结构	0.006	0.012(0.018)	0.024(0.036)	0.048

注：1. 基本周期介于 3.5s 和 5s 之间的结构，按插入法取值；
2. 括号内数值分别用于设计基本地震加速度为 0.15g 和 0.30g 的地区。

弱轴方向动位移比例：

默认值：0，剪重比不满足时按实际改。

强轴方向动位移比例：

默认值：0，剪重比不满足时按实际改。

按照《抗规》5.2.5 的条文说明，在剪重比调整时，根据结构基本周期采用相应调整，即加速度段调整、速度段调整和位移段调整。弱轴方向即结构第一平动周期方向，强轴方向即结构第二平动周期方向一般可根据结构自振周期 T 与场地特征周期 T_g 的比值来确定：当 $T<T_g$ 时，属加速度控制段，参数取 0；当 $T_g<T<5T_g$ 时，属速度控制段，参数取 0.5；当 $T>5T_g$ 时，属位移控制段，参数取 1。按照《抗规》5.2.5 的条文说明，在减重比调整时，根据结构基本周期采用相应调整，即加速度段调整、速度段调整和位移段调整。

（18）按刚度比判断薄弱层的方式

应根据工程项目实际情况选用（高层还是多层）。分为“按《抗规》和《高规》从严判断”、“仅按《抗规》判断”、“仅按《高规》判断”和“不自动判断”四个选项，可由用户选择判断标准。旧版软件是《抗规》和《高规》同时执行，并从严控制。

规范规定：

《抗规》3.4.4-2：平面规则而竖向不规则的建筑，应采用空间结构计算模型，刚度小的楼层的地震剪力应乘以不小于 1.15 的增大系数，其薄弱层应按本规范有关规定进行弹塑性变形分析，并应符合下列要求：

1）竖向抗侧力构件不连续时，该构件传递给水平转换构件的地震内力应根据烈度高低和水平转换构件的类型、受力情况、几何尺寸等，乘以1.25～2.0的增大系数；

2）侧向刚度不规则时，相邻层的侧向刚度比应依据其结构类型符合本规范相关章节的规定；

3）楼层承载力突变时，薄弱层抗侧力结构的受剪承载力不应小于相邻上一楼层的65%。

《高规》3.5.8：侧向刚度变化、承载力变化、竖向抗侧力构件连续性不符合本规程第3.5.2、3.5.3、3.5.4条要求的楼层，其对应于地震作用标准值的剪力应乘以1.25的增大系数。

(19）指定薄弱层个数及相应的各薄弱层层号

薄弱层个数默认值为：0，一般不改。各层薄弱层层号，默认值为：空白，一般不填。

SATWE自动按刚度比判断薄弱层并对薄弱层进行地震内力放大，但对竖向构件不连续结构形成的薄弱层、对承载力突变形成的薄弱层（比如“层间受剪承载力比”不满足规范要求时）、对有转换构件形成的薄弱层不能自动判断为薄弱层，需要用户在此指定。输入各层号时以逗号或空格隔开。

一般应根据实际工程填写，本工程“薄弱层个数默认值”：0，“薄弱层层号”可不填写，即空白。

(20）薄弱层调整（自定义调整系数）

可以自己根据实际工程分层号、分塔号、分X、Y方向定义不同的调整系数。

(21）薄弱层地震内力放大系数

应根据工程实际情况（多层还是高层）填写该参数。《抗规》规定薄弱层的地震剪力增大系数不小于1.15，《高规》规定薄弱层的地震剪力增大系数不小于1.25。SATWE对薄弱层地震剪力调整的做法是直接放大薄弱层构件的地震作用内力。程序缺省值为1.25。

竖向不规则结构的薄弱层有三种情况：①楼层侧向刚度突变；②层间受剪承载力突变；③竖向构件不连续。

(22）全楼地震作用放大系数

通过此参数来放大地震作用，提高结构的抗震安全度，其经验取值范围是1.0～1.5。在实际设计时，对于超高层建筑，用时程分析判断出结构的薄层部位后，可以用“全楼地震作用放大系数”或“分层调整系数”来提高结构的抗震安全度。

(23）地震作用调整/分层调整系数

地震作用放大系数可以自己根据实际工程分层号、分塔号、分X、Y方向定义。

(24）$0.2V_0$分段调整

程序开放了两道防线控制参数，允许取小值或者取大值，程序默认为min。

此处指定$0.2V_0$调整的分段数，每段的起始层号和终止层号，以空格或逗号隔开。如果不分段，则分段数填1。如不进行$0.2V_0$调整，应将分段数填为0。

$0.2V_0$调整系数的上限值由参数“$0.2V_0$调整上限”控制，如果将起始层号填为负值，则不受上限控制。用户也可点取“自定义调整系数”，分层分塔指定$0.2V_0$调整系数，但仍应在参数中正确填入$0.2V_0$调整的分段数和起始、终止层号，否则，自定义调整系数将不起作用。程序缺省$0.2V_0$调整上限为2.0，框支柱调整上限为5.0，可以自行修改。

注：1. 对有少量柱的剪力墙结构，让框架柱承担 20%的基底剪力会使放大系数过大，以致框架梁、柱无法设计，所以 20%的调整一般只用于主体结构。

2. 电梯机房，不属于调整范围。

(25) 上海地区采用的楼层刚度算法

在上海地区，一般情况下采用等效剪切刚度计算侧向刚度，对于带支撑的结构可采用剪弯刚度。在选择上海地区且薄弱层判断方式考虑抗震以后，该选项生效。

6. 设计信息（图 1-50）

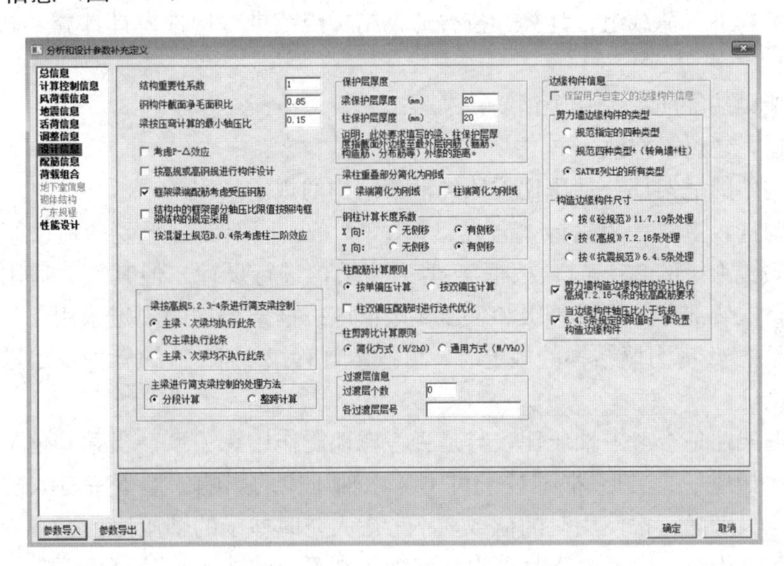

图 1-50　SATWE 设计信息页

(1) 结构重要性系数

应按《混规》第 3.3.2 条来确定。当安全等级为二级，设计使用年限 50 年，取 1.00。

(2) 钢构件截面净毛面积比

净面积是构件去掉螺栓孔之后的截面面积，毛面积就是构件总截面面积，此值一般为 0.85～0.92。轻钢结构最大可以取到 0.92，钢框架的可以取到 0.85。

(3) 梁按压弯计算的最小轴压比

程序默认值为 0.15，一般可按此默认值。梁类构件，一般所受轴力均较小，所以日常计算中均按照受弯构件进行计算（忽略轴力作用），若结构中存在某些梁轴力很大时，再按此法计算不尽合理，本参数则是按照梁轴压比大小来区分梁计算方法。

(4) 考虑 P-Δ 效应（重力二阶效应）

对于常规的混凝土结构，一般可不勾选。通常混凝土结构可以不考虑重力二阶效应，钢结构按《抗规》8.2.3 条的规定，应考虑重力二阶效应。是否考虑重力二阶效应可以参考 SATWE 输出文件 WMASS.OUT 中的提示，若显示“可以不考虑重力二阶效应”，则可以不选择此项，否则应选择此项。

注：① 建筑结构的二阶效应由两部分组成：P-δ 效应和 P-Δ 效应。P-δ 效应是指由于构件在轴向压力作用下，自身发生挠曲引起的附加效应，可称之为构件挠曲二阶效应，通常指轴向压力在产生了挠曲变形的构件中引起的附加弯矩，附加弯矩与构件的挠曲形态有关，一般中间大，两端小。P-Δ 效应是指由于结构的水平变形引起的重力附加效应，可称之为重力二阶效应，结构在水平力（风荷载或水平地震

力）作用下发生水平变形后，重力荷载因该水平变形而引起附加效应，结构发生的水平侧移绝对值较大，P-Δ 效应越显著，若结构的水平变形过大，可能因重力二阶效应而导致结构失稳。

② 一般来说，7 度以上抗震设防的建筑，其结构刚度由地震或风荷载作用的位移控制，只要满足位移要求，整体稳定性自动满足，可不考虑 P-Δ 效应。SATWE 软件采用的是等效几何刚度的有限元算法，修正结构总刚，考虑 P-Δ 效应后结构周期不变。

（5）按《高规》或者《高钢标》进行构件设计

点取此项，程序按《高规》进行荷载组合计算，按《高钢标》进行构件设计计算，否则，按多层结构进行荷载组合计算，按普通钢结构规范进行构件设计计算。高层建筑一般都勾选。

（6）框架梁端配筋考虑受压钢筋：

默认勾选，建议不修改。

（7）结构中的框架部分轴压比按照纯框架结构的规定采用

默认不勾选，主要是为执行《高规》8.1.3-4 条：框架部分承受的地震倾覆力矩大于结构总地震倾覆力矩的 80%时，按框架-剪力墙结构进行设计，但其最大适用高度宜按框架结构采用，框架部分的抗震等级和轴压比限值应按框架结构的规定采用。当结构的层间位移角不满足框架-剪力墙结构的规定时，可按本规程第 3.11 节的有关规定进行结构抗震性能分析和论证。

地下室框架柱是否考虑轴压比，与是否考虑地震作用有关系，当某些地下室不考虑地震作用时（比如地下 2 层），框架柱子可不考虑轴压比的影响。地下室有人防荷载时，一般柱子轴压比只考虑正常使用时的荷载，不考虑人防时柱子的轴压比。

计算上部结构时，由于上部是剪力墙结构，则不应勾选。在计算地下室框架柱子的轴压比时，由于地下室一层时，不是由轴压比控制，一般轴压比按框架结构，还是剪力墙结构都能通过。本工程不勾选。

（8）剪力墙构造边缘构件的设计执行《高规》7.2.16-4 条

对于非连体结构、错层结构以及 B 级高度高层建筑结构中的剪力墙（筒体），一般可不勾选。《高规》7.2.16-4 条规定：抗震设计时，对于连体结构、错层结构以及 B 级高度高层建筑结构中的剪力墙（筒体），其构造边缘构件的最小配筋率应按照要求相应提高。

勾选此项时，程序将一律按《高规》7.2.16-4 条的要求控制构造边缘构件的最小配筋，即对于不符合上述条件的结构类型，也进行从严控制；如不勾选，则程序一律不执行此条规定。

（9）当边缘构件轴压比小于《抗规》6.4.5 条规定的限值时一律设置构造边缘构件

一般可勾选。《抗规》6.4.5：抗震墙两端和洞口两侧应设置边缘构件，边缘构件包括暗柱、端柱和翼墙，并应符合下列要求：

对于抗震墙结构，底层墙肢底截面的轴压比不大于表 1-9 规定的一、二、三级抗震墙及四级抗震墙，墙肢两端可设置构造边缘构件，构造边缘构件的配筋除应满足受弯承载力要求外，并宜符合表 1-10 的要求。

抗震墙设置构造边缘构件的最大轴压比 **表 1-9**

抗震等级或烈度	一级（9 度）	一级（7、8 度）	二、三级
轴压比	0.1	0.2	0.3

抗震墙构造边缘构件的配筋要求 **表 1-10**

抗震等级	底部加强部位			其他部位		
	纵向钢筋最小量（取较大值）	箍筋		纵向钢筋最小量（取较大值）	拉筋	
		最小直径（mm）	沿竖向最大间距（mm）		最小直径（mm）	沿竖向最大间距（mm）
一	$0.010A_c$，6ϕ16	8	100	$0.008A_c$，6ϕ14	8	150
二	$0.008A_c$，6ϕ14	8	150	$0.006A_c$，6ϕ12	8	200
三	$0.006A_c$，6ϕ12	6	150	$0.005A_c$，4ϕ12	6	200
四	$0.005A_c$，4ϕ12	6	200	$0.004A_c$，4ϕ12	6	250

注：1. A_c 为边缘构件的截面面积；

2. 其他部位的拉筋，水平间距不应大于纵筋间距的 2 倍；转角处宜采用箍筋；

3. 当端柱承受集中荷载时，其纵向钢筋、箍筋直径和间距应满足柱的相应要求。

本工程勾选。

（10）按《混规》B. 0. 4 条考虑柱二阶效应

默认不勾选，一般不需要改，对排架结构柱，应勾选。对于非排架结构，如认为《混规》6. 2. 4 条的配筋结果过小，也可勾选；勾选该参数后，相同内力情况下，柱配筋与旧版程序基本相当。

（11）次梁设计执行《高规》5. 2. 3-4 条

程序默认为勾选。《高规》5. 2. 3-4：在竖向荷载作用下，可考虑框架梁端塑性变形内力重分布对梁端负弯矩乘以调幅系数进行调幅，并应符合下列规定：截面设计时，框架梁跨中截面正弯矩设计值不应小于竖向荷载作用下按简支梁计算的跨中弯矩设计值的 50%。

（12）柱剪跨比计算原则

程序默认为简化方式。在实际设计中，两种方式均可以，均能满足工程的精度要求。

（13）指定的过渡层个数及相应的各过渡层层号

默认为 0，不修改。《高规》7. 2. 14-3 条规定：B 级高度高层建筑的剪力墙，宜在约束边缘构件层与构造边缘构件层之间设置 1～2 层过渡层。程序不能自动判断过渡层，用户可在此指定。

（14）梁、柱保护层厚度

应根据工程实际情况查《混规》表 8. 2. 1。《混规》中有说明，保护层厚度指截面外边缘至最外层钢筋（箍筋、构造筋、分布筋等）外缘的距离。

（15）梁柱重叠部分简化为刚域

一般不选；大截面柱和异形柱应考虑选择该项；考虑后，梁长变短，刚度变大，自重变小，梁端负弯矩变小。

（16）钢柱计算长度系数

该参数仅对钢结构有效，对混凝土结构不起作用，通常钢结构宜选择“有侧移”，如不考虑地震、风作用时，可以选择“无侧移”。

无侧移与填充墙无关，与支撑的抗侧刚度有关。钢结构建筑满足《抗规》相应要求，而层间位移不大于 1/1000 时，方可考虑按无侧移方法取计算长度系数。有支撑就认为结构无侧移的说法也是不对的。填充墙更不能作为考虑无侧移的条件。桁架计算长度是按无侧移取的。

(17) 柱配筋计算原则

默认为按单偏压计算，一般不需要修改。{单偏压} 在计算 X 方向配筋时不考虑 Y 向钢筋的作用，计算结果具有唯一性，详见《混规》7.3 节；而 {双偏压} 在计算 X 方向配筋时考虑了 Y 向钢筋的作用，计算结果不唯一，详见《混规》附录 F。建议采用 {单偏压} 计算，采用 {双偏压} 验算。《高规》6.2.4 条规定：“抗震设计时，框架角柱应按双向偏心受力构件进行正截面承载力设计”。如果用户在〈特殊构件补充定义〉中“特殊柱”菜单下指定了角柱，程序对其自动按照 {双偏压} 计算。对于异形柱结构，程序自动按 {双偏压} 计算异形柱配筋。

注：1. 角柱是指建筑角部柱的两个方向各只有一根框架梁与之相连的框架柱，故建筑凸角处的框架柱为角柱，而凹角处框架柱并非角柱。

2. 全钢结构中，指定角柱并选《高钢标》验算时，程序自动按《高钢标》5.3.4 条放大角柱内力 30%。一般单偏压计算，双偏压验算；考虑双向地震时，采用单偏压计算；对于异形柱，结构程序自动采用双偏压计算。

7. 配筋信息（图 1-51）

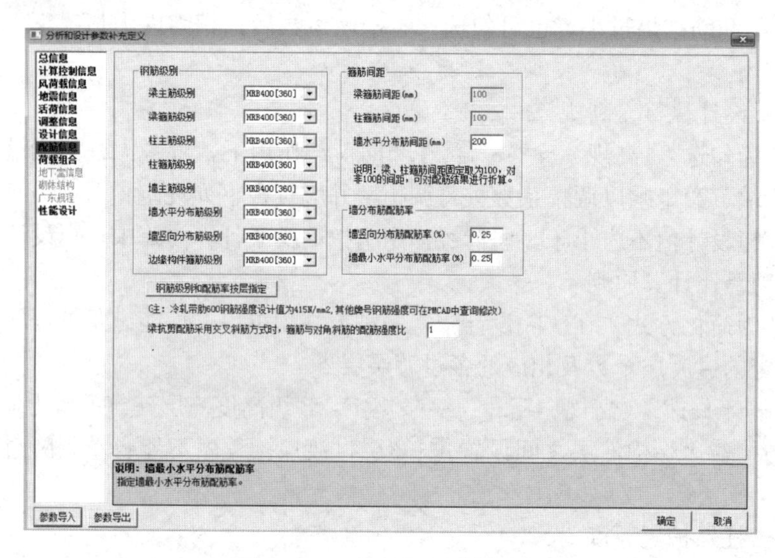

图 1-51　SATWE 配筋信息页

(1) 梁主筋级别、梁箍筋级别、柱主筋级别、柱箍筋级别、墙主筋级别、墙水平分布筋级别、墙竖向分布筋级别、边缘构件箍筋级别

一般应根据实际工程填写，主筋一般都填写为 HRB4000，箍筋也以 HRB400 居多。

(2) 梁、柱箍筋间距

程序默认为 100mm，不可修改。

(3) 墙水平分布筋间距

抗震墙的竖向和横向分布钢筋的间距不宜大于 300mm，部分框支抗震墙结构的落地抗震墙底部加强部位，竖向和横向分布钢筋的间距不宜大于 200mm。

在实际设计中一般填写 200mm。

(4) 墙竖向分布筋配筋率

一、二、三级抗震墙的竖向和横向分布钢筋最小配筋率均不应小于 0.25%，四级抗震墙分布钢筋最小配筋率不应小于 0.20%。高度小于 24m 且剪压比很小的四级抗震墙，其竖向分布筋的最小配筋率应允许按 0.15%采用。部分框支抗震墙结构的落地抗震墙底部加强部位，竖向和横向分布钢筋配筋率均不应小于 0.3%。

（5）墙最小水平分布筋配筋率

一、二、三级抗震墙的竖向和横向分布钢筋最小配筋率均不应小于 0.25%，四级抗震墙分布钢筋最小配筋率不应小于 0.20%。部分框支抗震墙结构的落地抗震墙底部加强部位，竖向和横向分布钢筋配筋率均不应小于 0.3%。

（6）梁抗剪配筋采用交叉斜筋方式时，箍筋与对角斜筋的配筋强度比一般可按默认值 1.0 填写。《混规》11.7.10 对此作了相关的规定。其属性可在“特殊梁”中指定。当采用“交叉斜筋”方式时，需要用户指定“箍筋与对角斜筋的配筋强度比”参数，一般可取 0.6～1.2，详见《混规》第 11.7.10-1 条。经计算后，程序会给出 A_{sd}面积，单位 cm^2。

（7）钢筋级别与配筋率按层指定

可以分层指定构件纵筋、箍筋的级别、墙竖向、墙水平方向纵筋配筋率。

8. 荷载组合（图 1-52）

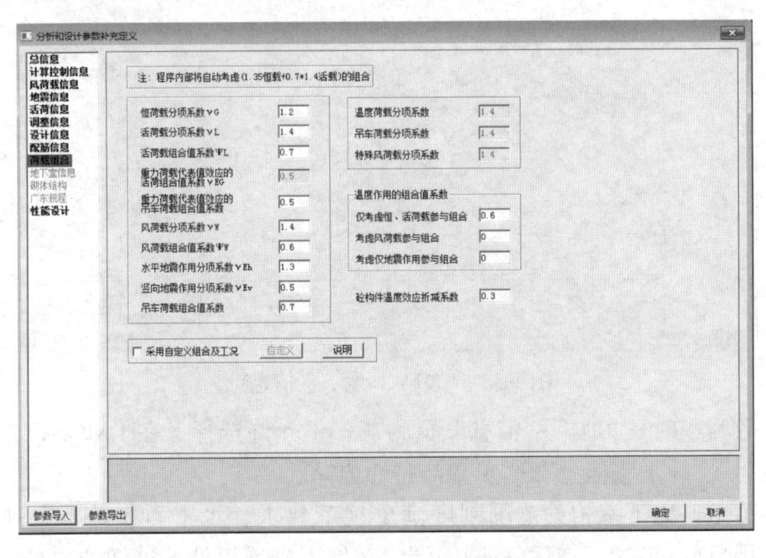

图 1-52　SATWE 荷载组合页

（1）一般来说，本页中的这些系数是不用修改的，因为程序在做内力组合时是根据规范的要求来处理的。只有在有特殊需要的时候，一定要修改其组合系数的情况下，才有必要根据实际情况对相应的组合系数做修改。

《荷规》第 3.2.5 条

基本组合的荷载分项系数，应按下列规定采用：

1）永久荷载的分项系数：

① 当其效应对结构不利时

—对由可变荷载效应控制的组合，应取 1.2；

—对由永久荷载效应控制的组合，应取 1.35；

② 当其效应对结构有利时的组合，应取 1.0。

2）可变荷载的分项系数：

一般情况下取 1.4；

对标准值大于 4kN/m^2 的工业房屋楼面结构的活荷载取 1.3。

（2）采用自定义组合及工况

点取｛采用自定义组合及工况｝按钮，程序弹出对话框，用户可自定义荷载组合。首次进入该对话框，程序显示缺省组合，用户可直接对组合系数进行修改，或者通过下方的按钮增加、删除荷载组合。删除荷载组合时，需首先点击要删除的组合号，然后点删除按钮。用户修改的信息保存在 SAT _ LD. PM 和 SAT _ LF. PM 文件中，如果要恢复缺省组合，删除这两个文件即可。

9. 地下室信息（图 1-53）

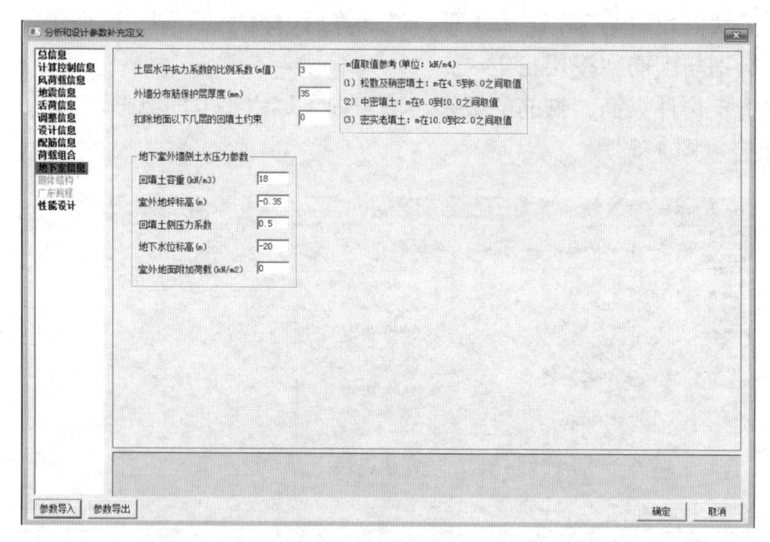

图 1-53　SATWE 地下室信息页

地下室层数为零时，“地下室信息”页为灰，不允许选择；在 PMCAD 设计信息中填入地下室层数时，“地下室信息”页变亮，允许选择。

当四周有覆土、地下室相关范围刚度满足规范要求、水平力在地下室顶板处传递连续、板厚满足规范要求时，一般可将嵌固端定在地下室顶板处，这样的模型比较理想，也比较经济。地下室部分刚度大时（满足规范要求），地下室顶板处水平位移较小，同时若地下室四周覆土约束住了地下室水平扭转变形，地下室部分可不考虑地震作用。当不是四周有覆土时，比如三面有覆土，且地下室形状比较规则，地震作用下地下室扭转变形较小时，我们应该“抓大放小”，较准确地模拟结构的边界条件，将嵌固端定位地下室顶板处，但是用该上述边界条件模拟整个结构受力会对某些构件不利，此时应该分别取不同的嵌固端，进行包络设计。当地下室覆土较小且地下室最终的扭转变形较大时，应当满足结构的实际受力情况，将嵌固端下移。地下室设计时，有两个关键要点，第一是刚度比约束水平位移，第二是四周覆土约束水平扭转变形。

（1）土层水平抗力系数的比值系数（m 值）

默认值为 3，需修改。土层水平抗力系数的比例系数 m，其计算方法即是土力学中水平力计算常用的 m 法。m 值的大小随土类及土状态而不同。对于松散及稍密填土，m 在

4.5～6.0取值；对于中密填土，m在6.0～10.0取值；对于密实老填土，m在10.0～22.0取值。需要注意的是，负值仍保留原有版本的意义，即为绝对嵌固层数。该值≤地下室层数，如果有2层地下室，该值填写－2，则表示2层地下室无水平位移。

土层水平抗力系数的比例系数m，用m值求出的地下室侧向刚度约束呈三角形分布，在地下室顶层处为0，并随深度增加而增加。

（2）外墙分布筋保护层厚度

默认值为35，一般可根据实际工程填写，比如南方地区，当做了防水处理措施时，可取30mm。根据《混规》表8.2.1选择，环境类别见表3.5.2。在地下室外围墙平面外配筋计算时用到此参数。外墙计算时没有考虑裂缝问题；外墙中的边框柱也不参与水土压力计算。《混规》8.2.2-4条：对地下室墙体采取可靠的建筑防水做法或防护措施时，与土层接触一侧钢筋的保护层厚度可适当减少，但不应小于25mm。《耐久性规范》3.5.4条：当保护层设计厚度超过30mm时，可将厚度取为30mm计算裂缝最大宽度。

（3）扣除地面以下几层的回填土约束

默认值为0，一般不改。该参数的主要作用是由设计人员指定从第几层地下室考虑基础回填土对结构的约束作用，比如某工程有3层地下室，“土层水平抗力系数的比例系数”填10，若设计人员将此项参数填为1，则程序只考虑地下3层和地下2层回填土对结构有约束作用，而地下1层则不考虑回填土对结构的约束作用。

（4）回填土重度

默认值为18，一般不改。该参数用来计算回填土对地下室侧壁的水平压力。建议一般取18.0。

（5）室外地坪标高（m）

默认值为－0.45，一般按实际情况填写。当用户指定地下室时，该参数是指以结构地下室顶板标高为参照，高为正、低位负（目前的《用户手册》及其他相关资料中对该项参数的描述均有误）；当没有指定地下室时，则以柱（或墙）脚标高为准。单建式地下室的室外地坪标高一般均为正值。建议一般按实际情况填写。

（6）回填土侧压力系数：

默认值为0.5，建议一般不改。

该参数用来计算回填土对地下室外墙的水平压力。由于地下车库外墙在净高范围内的土压力由于墙顶部的位移可认为等于0，因此应按静止土压力计算。根据《2003技术措施》中2.6.2条，“地下室侧墙承受的土压力宜取静止土压力”，而静止土压力的系数可近似按$K_0=1-\sin\varphi$（土的内摩擦角＝30°）计算。建议一般取默认值0.5。当地下室施工采用护坡桩时，该值可乘以折减系数0.66后取0.33。

注：手算时，回填土的侧压力宜按恒载考虑，分项系数根据荷载效应的控制组合取1.2或1.35。

（7）地下水位标高（m）

该参数标高系统的确定基准同{室外地坪标高}，但应满足≤0。建议一般按实际情况填写。若勘察未提供防水设计水位和抗浮设计水位时，宜从填土完成面（设计室外地坪）满水位计算。上海地区，一般情况可按设计室外地坪以下0.5m计算。

（8）室外地面附加荷载

该参数用来计算地面附加荷载对地下室外墙的水平压力。建议一般取5.0kN/m^2，详见《2009 技术措施-结构体系》F. 1-4 条 7)。

10. 计算控制信息（图 1-54）

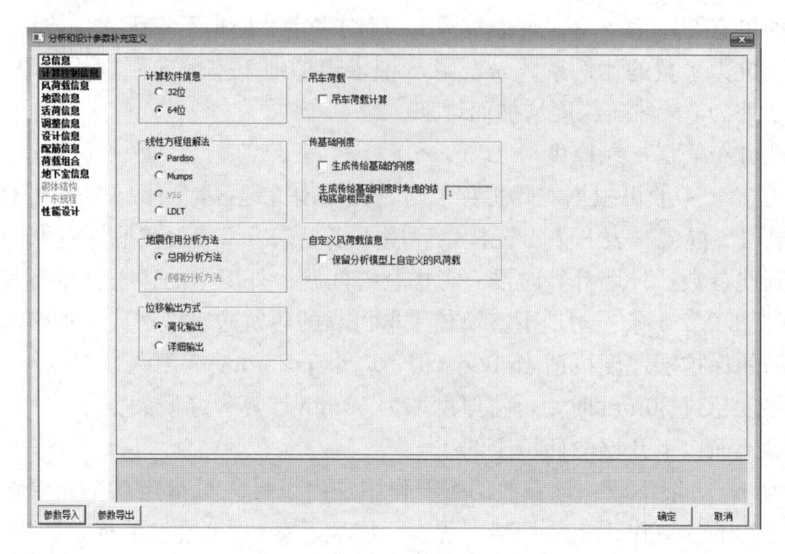

图 1-54　计算控制参数

（1）地震作用分析方法

1）侧刚分析方法

“侧刚分析方法”是一种简化计算方法，只适用于采用楼板平面内无限刚假定的普通建筑和采用楼板分块平面内无限刚假定的多塔建筑。对于这类建筑，每层的每块刚性楼板只有两个独立的平动自由度和一个独立的转动自由度。“侧刚计算方法”的应用范围是有限，对于定义有较大范围的弹性楼板、有较多不与楼板相连的构件（如错层结构、空旷的工业厂房、体育馆所等）或有较多的错层构件的结构，“侧刚分析方法”不适用，而应采用“总刚分析方法”。

大多数工程一般都在刚性楼板假定下计算查看位移比、周期比，再用总刚分析方法进行结构整体内力分析与计算。

2）总刚分析方法

“总刚分析方法”就是直接采用结构的总刚和与之相应的质量阵进行地震反应分析。“总刚”的优点是精度高，适用方法广，可以准确分析出结构每层每根构件的空间反应。通过分析计算结果，可以发现结构的刚度突变部位、连接薄弱的构件以及数据输入有误的部位等。其不足之处是计算量大，比“侧刚”计算量大数倍。这是一种真实的结构模型转化成的结构刚度模型。

对于没有定义弹性楼板且没有不与楼板相连构件的工程，“侧刚”与“总刚”的计算结果是一致的。对于定义了弹性楼板的结构（如使用 SATWE 进行空旷厂房的三维空间分析时，定义轻钢屋面为“弹性膜”），应使用“总刚分析方法”进行结构的地震作用分析。鉴于目前的电脑运行速度已经较快，故建议对所有的结构均采用“总刚模型”进行计算。

结构整体计算时选择总刚分析方法，则结构本身的周期、振型等固有特性，即周期值和各周期振型的平动系数和扭转系数不会改变，但平动系数在两个方向的分量会有所改变。而侧刚模型是为减少结构的自由度而采取的一种简化计算方法，结构旋转一定角度后，结构简化模型的侧向刚度将随之改变，结构的周期和振型都会发生变化。因此建议在结构整体计算时，在各种情况下均应采用总刚模型，不应采用侧刚模型。

（2）线性方程组解法

程序默认为 pardiso。“VSS 向量稀疏求解器”是一种大型稀疏对称矩阵快速求解方法；“LDLT 三角分解”是通常所用的非零元素下的三角求解方法。“VSS 向量稀疏求解器”在求解大型、超大型方程时要比“LDLT 三角分解”方法快很多。

（3）位移输出方式［简化输出］或［详细输出］

当选择“简化”时，在 WDISP. OUT 文件中仅输出各工况下结构的楼层最大位移值，不输出各节点的位移信息。按“总刚”进行结构的振动分析后，在 WZQ. OUT 文件中仅输出周期、地震力，不输出各振型信息。若选择“详细”时，则在前述的输出内容的基础上，在 WDISP. OUT 文件中还输出各工况下每个节点的位移，WZQ. OUT 文件中还输出各振型下每个节点的位移。

（4）生成传给基础的刚度

勾选后，上部结构刚度与基础共同分析，更符合实际受力情况，即上下部共同工作，一般也会更经济。如果基础计算不采用 JCCAD 程序进行，则选与不选都没关系。JCCAD 中有个参数，需要上部结构的刚度凝聚。详见 JCCAD 的用户手册。

1.3.3 SATWE 计算参数控制（图 1-55）

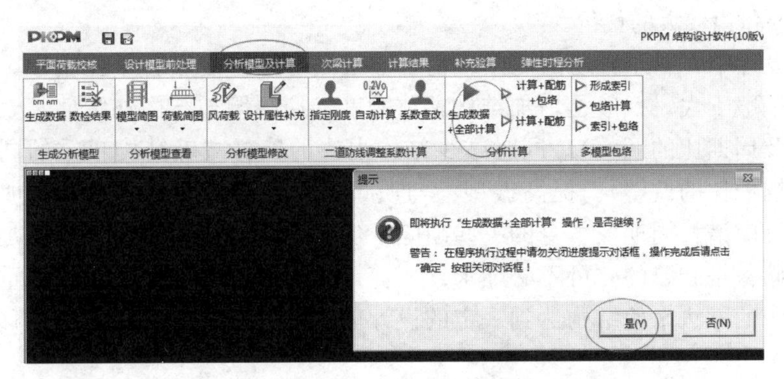

图 1-55　SATWE 计算控制

点击【SATWE 分析设计/生成数据＋全部计算】，弹出“SATWE 计算参数”对话框，如图 1-55 所示。

1.3.4 “刚性楼板”与“弹性楼板”

1. 刚性楼板

刚性楼板是指平面内刚度无限大，平面外刚度为 0，内力计算时不考虑平面内外变形，与板厚无关，程序默认楼板为刚性楼板。

2. 弹性楼板

弹性楼板必须以房间为单元进行定义，与板厚有关，分以下三种情况：

弹性楼板 6：程序真实考虑楼板平面内、外刚度对结构的影响，采用壳单元，原则上适用于所有结构。但采用弹性楼板 6 计算时，楼板和梁共同承担平面外弯矩，梁的配筋偏小，计算时间长，因此该模型仅适用板柱结构。

弹性楼板 3：程序设定楼板平面内刚度为无限大，真实考虑平面外刚度，采用壳单元，因此该模型仅适用厚板结构。

弹性膜：程序真实考虑楼板平面内刚度，而假定平面外刚度为零。采用膜剪切单元，因此该模型适用钢楼板结构。

1.3.5 SATWE 计算结果分析与调整

1. 剪重比

剪重比即最小地震剪力系数 λ，主要是控制各楼层最小地震剪力，尤其是对于基本周期大于 3.5s 的结构，以及存在薄弱层的结构。

剪重比的本质是地震影响系数与振型参数系数。对于普通的多层结构，一般均能满足最小剪重比要求，对于高层结构，当结构自振周期在 0.1s～特征周期之间时，地震影响系数不变。广州容柏生建筑结构设计事务所廖耘、柏生、李盛勇在《剪重比的本质关系推导及其对长周期超高层建筑的影响》一文中做了相关阐述：对剪重比影响最大的是振型参与系数，该参数与建筑体型分布，各层用途有关，与该振型各质点的相对位移及相对质量有关。当结构总重量恒定时，振型相对位移较大处的重量越大，则该振型的振型参与质量系数越大，但对抗震不利。保持质量分布不变的前提下，直接减小结构总质量可以加大计算剪重比，但这很困难。在保持质量不变的前提下，直接加大结构刚度也可以加大计算剪重比，但可能要付出较大的代价。

在实际设计中，对于普通的高层结构，如果底部某些楼层剪重比偏小，改变结构层高的可能性一般不大，一般是增加结构整体刚度（往往增加结构外围墙长，更有利于抗扭，位移比及周期比的调整），同时减少结构内边的墙（减轻结构自重的同时，更有利于位移比、周期比的调整）。提高振型参与质量系数的最好办法，还是增加结构整体刚度。考虑到反应谱长周期段本身的一些缺陷，保证长周期超高层建筑具有足够的抗震承载力和刚度储备是必要的。可不必强求计算剪重比，而应考虑采用放大剪重比并通过修改反应谱曲线的方法来使结构达到一定的设计剪重比，或采用更严格的位移限值来控制结构变形。

（1）规范规定

《抗规》5.2.5：抗震验算时，结构任一楼层的水平地震剪力应符合下式要求：

$$V_{\mathrm{eki}} > \lambda \sum_{j=i}^{n} G_j \tag{1-1}$$

式中 V_{eki}——第 i 层对应于水平地震作用标准值的楼层剪力；

λ——剪力系数，不应小于楼层最小地震剪力系数值，对竖向不规则结构的薄弱层，尚应乘以 1.15 的增大系数；

G_j——第 j 层的重力荷载代表值。

（2）计算结果查看

【SATWE 分析设计/计算结果/文本查看/旧版文本查看】→【周期、振型、地震力（WZQ.OUT）】，最终查看结果如图 1-56、图 1-57 所示。

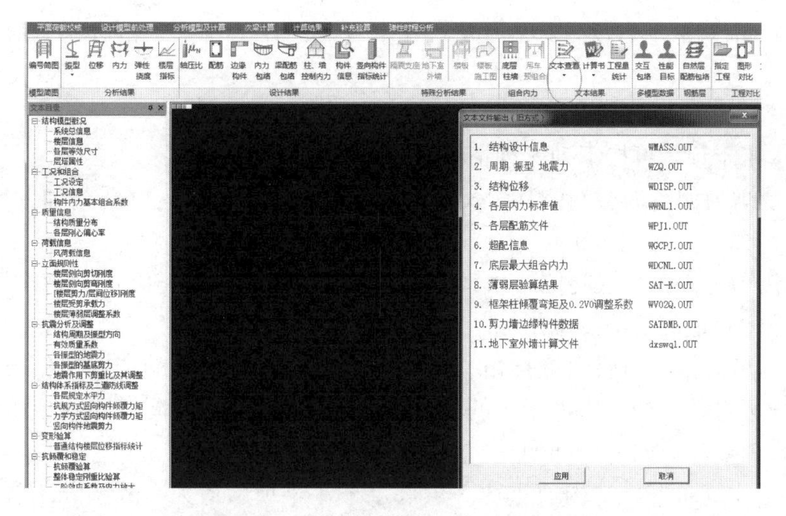

图 1-56 计算结果/旧版文本查看

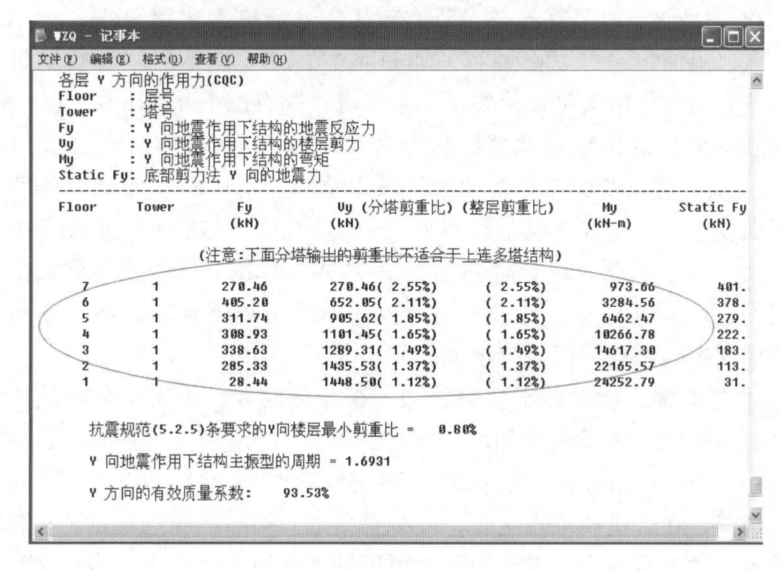

WZQ - 记事本

文件(F) 编辑(E) 格式(O) 查看(V) 帮助(H)

各层 Y 方向的作用力(CQC)
Floor : 层号
Tower : 塔号
Fy : Y 向地震作用下结构的地震反应力
Vy : Y 向地震作用下结构的楼层剪力
My : Y 向地震作用下结构的弯矩
Static Fy: 底部剪力法 Y 向的地震力

Floor	Tower	Fy (kN)	Vy (分塔剪重比) (kN)	(整层剪重比)	My (kN-m)	Static Fy (kN)
(注意:下面分塔输出的剪重比不适合于上连多塔结构)						
7	1	270.46	270.46(2.55%)	(2.55%)	973.66	401.
6	1	405.20	652.05(2.11%)	(2.11%)	3284.56	378.
5	1	311.74	905.62(1.85%)	(1.85%)	6462.47	279.
4	1	308.93	1101.45(1.65%)	(1.65%)	10266.78	222.
3	1	338.63	1289.31(1.49%)	(1.49%)	14617.30	183.
2	1	285.33	1435.53(1.37%)	(1.37%)	22165.57	113.
1	1	28.44	1448.50(1.12%)	(1.12%)	24252.79	31.

抗震规范(5.2.5)条要求的Y向楼层最小剪重比 = 0.80%

Y 向地震作用下结构主振型的周期 = 1.6931

Y 方向的有效质量系数: 93.53%

图 1-57 剪重比计算书

（3）剪重比不满足规范规定时的调整方法

1）程序调整

在 SATWE 的“调整信息”中勾选“按抗震规范 5.2.5 调整各楼层地震内力”后，SATWE 按《抗规》5.2.5 自动将楼层最小地震剪力系数直接乘以该层及以上重力荷载代表值之和，用以调整该楼层地震剪力，以满足剪重比要求。

调整信息中提供了强、弱轴方向动位移比例，当剪重比满足规范要求时，可不对此参数进行设置。若不满足就分别用 0，0.5，1.0 这几个规范指定的调整系数来调整剪重比。如果平动周期<特征周期，处于加速度控制段，则各层的剪力放大系数相同，此时动位移比例填 0；如果特征周期≤平动周期≤5 倍特征周期，处于速度控制段，此时动位移比例可填 0.5；如果平动周期>5 倍特征周期，处于位移控制段，此时动位移比例可填 1。

注：弱轴就是指结构长周期方向，强轴指短周期方向，分别给定强、弱轴两个系数，方便对两个方

向采用有可能不同的调整方式，对于多塔的情况，比较复杂，只能通过自定义调整系数的方式来进行剪重比调整。

2）人工调整

如果需人工干预，可按下列三种情况进行调整：

① 当地震剪力偏小而层间侧移角又偏大时，说明结构过柔，宜适当加大墙、柱截面，提高刚度；

② 当地震剪力偏大而层间侧移角又偏小时，说明结构过刚，宜适当减小墙、柱截面，降低刚度以取得合适的经济技术指标；

③ 当地震剪力偏小而层间侧移角又恰当时，可在SATWE的“调整信息”中的“全楼地震作用放大系数”中输入大于1的系数增大地震作用，以满足剪重比要求。

（4）设计时要注意的一些问题

① 对高层建筑而言，结构剪重比一般底层最小，顶层最大，故实际工程中，结构剪重比一般由底层控制。

② 剪重比不满足要求时，首先要检查有效质量系数是否达到90%。剪重比是反映地震作用大小的重要指标，它可以由“有效质量系数”来控制，当“有效质量系数”大于90%时，可以认为地震作用满足规范要求，若没有，则有以下几个方法：a. 查看结构空间振型简图，找到局部振动位置，调整结构布置或采用强制刚性楼板，过滤掉局部振动；b. 由于有局部振动，可以增加计算振型数，采用总刚分析；c. 剪重比仍不满足时，对于需调整楼层层数较少（不超过楼层总数的15%），且剪重比与规范限值相差不大（地震剪力调整系数不大于1.17）时，可以通过选择SATWE的相关参数来达到目的，也可以提前和审图公司沟通，看他们可接受多少层剪重比不满足规范要求。剪重比不满足规范要求，还应检查周期折减系数是否取值正确。

③ 控制剪重比的根本原因在于建筑物周期很长的时候，由振型分解法所计算出的地震效应会偏小。剪重比与抗震设防烈度、场地类别、结构形式和高度有关，对于一般多、高层建筑，最小的剪重比值往往容易满足，高层建筑，由于结构布置原因，可能出现底部剪重比偏小的情况，在满足规范规定时，没必要刻意去提高，规范规定剪重比主要是增加结构的安全储备。地下室楼层，无论地下室顶板是否作为上部结构的嵌固部位，均不需要满足规范的地震剪力系数要求。非结构意义上的地下室除外。

④ 4%左右的剪重比对多层框架结构应该是合理的。结构体系对剪重比的计算数值影响较大，矮胖型的钢筋混凝土框架结构一般剪重比比较大，体型纤细的长周期高层建筑一般剪重比会比较小。

⑤ 周期比调整的过程中，减法很重要，剪重比调整的过程中，也可以采用这种方法。实在没有办法时，现在好多设计单位都玩数字游戏，比如减小周期折减系数，填写：水平力与整体坐标夹角。

2. 周期比

（1）规范规定

《高规》3.4.5：结构扭转为主的第一自振周期 T_t 与平动为主的第一自振周期 T_1 之比，A级高度高层建筑不应大于0.9，B级高度高层建筑、超过A级高度的混合结构及本规程第10章所指的复杂高层建筑不应大于0.85。

（2）计算结果查看

【SATWE 分析设计/计算结果/文本查看/旧版文本查看】→【周期、振型、地震力（WZQ. OUT）】，最终查看结果如图 1-58 所示。

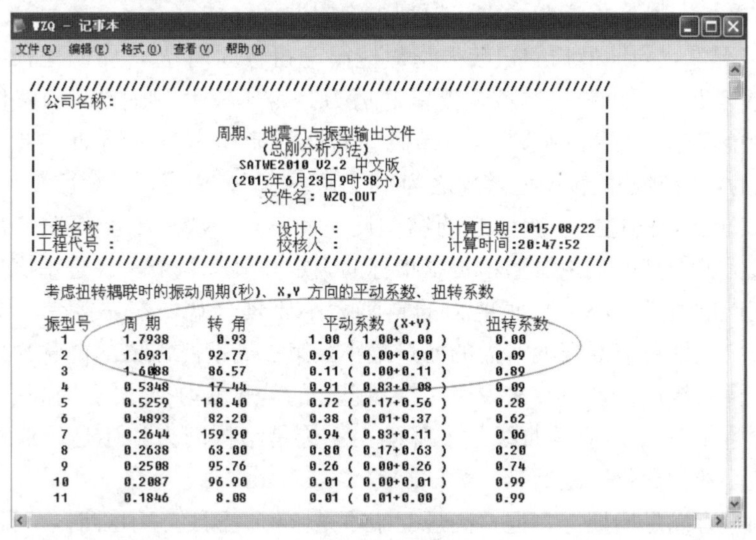

WZQ - 记事本

文件(F) 编辑(E) 格式(O) 查看(V) 帮助(H)

公司名称:

周期、地震力与振型输出文件
（总刚分析方法）
SATWE2010_V2.2 中文版
(2015年6月23日9时38分)
文件名: WZQ.OUT

工程名称 : 设计人 : 计算日期:2015/08/22
工程代号 : 校核人 : 计算时间:20:47:52

考虑扭转耦联时的振动周期(秒)、X,Y 方向的平动系数、扭转系数

振型号	周 期	转 角	平动系数 (X+Y)	扭转系数
1	1.7938	0.93	1.00 (1.00+0.00)	0.00
2	1.6931	92.77	0.91 (0.00+0.90)	0.09
3	1.6088	86.57	0.11 (0.00+0.11)	0.89
4	0.5348	17.44	0.91 (0.83+0.08)	0.09
5	0.5259	118.40	0.72 (0.17+0.56)	0.28
6	0.4893	82.20	0.38 (0.01+0.37)	0.62
7	0.2644	159.90	0.94 (0.83+0.11)	0.06
8	0.2638	63.00	0.80 (0.17+0.63)	0.20
9	0.2508	95.76	0.26 (0.00+0.26)	0.74
10	0.2087	96.90	0.01 (0.00+0.01)	0.99
11	0.1846	8.08	0.01 (0.01+0.00)	0.99

图 1-58　周期数据计算书

（3）周期比不满足规范规定时的调整方法

① 程序调整：SATWE 程序不能实现。

② 人工调整：人工调整改变结构布置，提高结构的扭转刚度。总的调整原则是加强结构外围墙、柱或梁的刚度（减小第一扭转周期），适当削弱结构中间墙、柱的刚度（增大第一平动周期）。周边布置要均匀、对称、连续，有较大凹凸的部位加拉梁等（减小变形）。

③ 当不满足周期比时，若层位移角控制潜力较大，宜减小结构内部竖向构件刚度，增大平动周期；当不满足周期比时，且层位移角控制潜力不大，应检查是否存在扭转刚度特别小的楼层，若存在则应加强该楼层（构件）的抗扭刚度；当周期比不满足规范要求且层位移角控制潜力不大，各层抗扭刚度无突变时，则应加大整个结构的抗扭刚度。

（4）设计时要注意的一些问题

① 控制周期比主要是为了控制当相邻两个振型比较接近时，由于振动耦联，结构的扭转效应增大。期比不满足要求时，一般只能通过调整平面布置来改善，这种改变一般是整体性的。局部小的调整往往收效甚微。周期比不满足要求，说明结构的扭转刚度相对于侧移刚度较小，调整原则是加强结构外部，或者虚弱内部，由于是虚弱内部的刚度，往往起到事半功倍的效果。

② 周期比是控制侧向刚度与扭转刚度之间的一种相对关系，而非其绝对大小，它的目的是使抗侧力构件的平面布置更有效、更合理，使结构不至于出现过大的扭转效应，控制周期比不是要求结构是否足够结实，而是要求结构承载布局合理。多层结构一般不要求控制周期比，但位移比和刚度比要控制，避免平面和竖向不规则，以及进行薄弱层验算。位移比本质是扭转变形，傅学怡《实用高层建筑结构设计》（第二版）指出：位移比指标是扭转变形指标，而周期比是扭转刚度指标。但周期比的本质其实也是扭转变形，因为扭转刚度指标在某些特殊情况下（比如偏心荷载作用下），也会产生扭转变形。扭转变形也

是相对扭转变形，对于复杂建筑，比如蝶形建筑，有时候蝶形一侧四周应加长墙去形成“稳”的盒子，多个盒子稳固了，则无论平面多复杂，一般需要较小的代价就能满足周期比、位移比，否则不形成“稳”的盒子，需要利用到相当刚度与相对扭转变形的概念，平面的不规则，质心与刚心偏心距太大，模型很难调过。

③ 一般情况下，周期最长的扭转振型对应第一扭转周期 T_t，周期最长的平动振型对应第一平动周期 T_1，但也要查看该振型基底剪力是否比较大，在“结构整体空间振动简图”中，是否能引起结构整体振动，局部振动周期不能作为第一周期。当扭转系数大于0.5时，可认为该振型是扭转振型，反之为平动振型。

④ 对于某个特定的地震作用引起的结构反应而言，一般每个参与振型都有着一定的贡献，贡献最大的振型就是主振型；贡献指标的确定一般有两个，一是基底剪力的贡献大小，二是应变能的贡献大小。基底剪力的贡献大小比较直观，容易接受。结构动力学认为，结构的第一周期对应的振型所需的能量最小，第二周期所需要的能量次之，依次往后推，而由反应谱曲线可知，一般来说第一振型引起的基底反力都比第二振型引起的基底反力要小，因为过了 T_g，反应谱曲线是下降的。无论是结构动力学还是反应谱曲线分析方法，都是花最小的“代价”激活第一周期。

多层结构，宜满足周期比，但《高规》中不是限值。满足有困难时，可以不满足，但第一振型不能出现扭转。高层结构：应满足周期比。在一定的条件下，也可以突破规范的限值。当层间位移角不大于规范限值的40%，位移角小于1.2时，其限值可以适当放松，但不应超过0.95。平动成分超过80%就是比较纯粹的平动。

⑤ 周期比其实是小震不坏，大震不倒的一个抗震措施。对于小震可以按弹性计算，对于大震无法按弹性计算，通常只有通过这些措施来控制结构的大震不倒。小震时如果位移比过大，并且扭转周期比过大，在大震的时候就容易出现边跨构件位移过大而破坏，风荷载的计算机理完全是另外一种方法，是实实在在荷载，按弹性状态来进行设计的。周期比是抗震的控制措施，非抗震时可不用控制。

⑥ 对于位移比和周期等控制应尽量遵循实事，而不是一味要求“采用刚性板假定”。不用刚性板假定，实际周期可能由于局部振动或构比较弱，周期可能较长，周期比也没有意义，但不代表有意义的比值就是真实周期体现。在设计时，可以采用弹性板计算结构的周期，但要区分哪些是局部振动或较弱构件的周期，因为其意义不大。当然也可以采用刚性楼板假定去过滤掉那些局部振动或较弱构件的周期，前提条件是结构楼板的假定符合刚性楼板假定，当不符合时，应采用一定的构造措施符合。

3. 位移比

（1）规范规定

《高规》3.4.5：结构平面布置应减少扭转的影响。在考虑偶然偏心影响的规定水平地震力作用下，楼层竖向构件最大的水平位移和层间位移，A级高度高层建筑不宜大于该楼层平均值的1.2倍，不应大于该楼层平均值的1.5倍；B级高度高层建筑、超过A级高度的混合结构及本规程第10章所指的复杂高层建筑不宜大于该楼层平均值的1.2倍，不应大于该楼层平均值的1.4倍。

注：当楼层的最大层间位移角不大于本规程第3.7.3条规定的限值的40%时，该楼层竖向构件的最大水平位移和层间位移与该楼层平均值的比值可适当放松，但不应大于1.6。

(2) 计算结果查看

【SATWE 分析设计/计算结果/文本查看/旧版文本查看】→【结构位移(WDISP.OUT)】,最终查看结果如图 1-59 所示,位移比小于 1.4,满足规范要求。

```
WDISP - 记事本
文件(F)  编辑(E)  格式(O)  查看(V)  帮助(H)
 === 工况   7 === X 方向风荷载作用下的楼层最大位移

 Floor  Tower    Jmax     Max-(X)     Ave-(X)    Ratio-(X)      h
                 JmaxD    Max-Dx      Ave-Dx     Ratio-Dx    Max-Dx/h    DxR/Dx    Ratio_AX
   7      1       441      5.07        4.78       1.06         3600.
                  454      0.25        0.23       1.08       1/9999.     87.7%       1.00
   6      1       423      4.83        4.56       1.06         3600.
                  391      0.46        0.43       1.06       1/7888.     43.6%       1.45
   5      1       371      4.37        4.13       1.06         3600.
                  371      0.66        0.62       1.06       1/5452.     27.5%       1.57
   4      1       318      3.71        3.50       1.06         3600.
                  318      0.84        0.80       1.06       1/4270.     22.1%       1.55
   3      1       263      2.87        2.68       1.07         3600.
                  228      1.04        0.97       1.07       1/3470.      7.3%       1.32
   2      1       206      1.83        1.71       1.07         5600.
                  206      1.73        1.62       1.07       1/3228.     78.4%       1.09
   1      1       109      0.10        0.09       1.05         1500.
                  109      0.10        0.09       1.05       1/9999.     99.3%       0.20

  X方向最大层间位移角:                    1/3228.(第  2层第 1塔)
  X方向最大位移与层平均位移的比值:           1.07(第  2层第 1塔)
  X方向最大层间位移与平均层间位移的比值:     1.08(第  7层第 1塔)

 === 工况   8 === Y 方向风荷载作用下的楼层最大位移

 Floor  Tower    Jmax     Max-(Y)     Ave-(Y)    Ratio-(Y)      h
                 JmaxD    Max-Dy      Ave-Dy     Ratio-Dy    Max-Dy/h    DyR/Dy    Ratio_AY
   7      1       469     11.35       10.50       1.08         3600.
```

图 1-59　位移比和位移角计算书

(3) 位移比不满足规范规定时的调整方法

① 程序调整:SATWE 程序不能实现。

② 人工调整:改变结构平面布置,加强结构外围抗侧力构件的刚度,减小结构质心与刚心的偏心距。点击【SATWE/分析结果图形和文本显示/文本文件输出/结构位移】,找出看到的最大的位移比,记住该位移比所在的楼层号及对应的节点编号。点击【SATWE/分析结果图形和文本显示/各层配筋构件编号简图】,在右边菜单中点击【换层显示】,切换到最大位移比所在的楼层号,然后点击【搜索构件/节点】,输入记下的编号,程序会自动显示该节点的位置,再加强该节点对应的墙、柱等构件的刚度。

(4) 设计时要注意的一些问题

① 位移比即楼层竖向构件的最大水平位移与平均水平位移的比值。层间位移比即楼层竖向构件的最大层间位移角与平均层间位移角的比值;最大位移 Δ_u 以楼层最大的水平位移差计算,不扣除整体弯曲变形。位移比是考察结构扭转效应,限制结构实际的扭转的量值。扭转所产生的扭矩,以剪应力的形式存在,一般构件的破坏准则通常是由剪切决定的,所以扭转比平动危害更大。

② 刚心质心的偏心大小并不是扭转参数是否能调合理的主要因素。判断结构扭转参数的主要因素不是刚心质心是否重合,而是由结构抗扭刚度和因刚心质心偏心产生的扭转效应的比值来决定的。换而言之,就是虽然刚心质心偏心比较大,但结构的抗扭刚度更大,足以抵抗刚心质心偏心产生的扭转效应。所以调整结构的扭转参数的重点不是非要把刚心和质心调完全重合(实际工程这种可能性是比较小的),重点在于调整结构抗扭刚度和因刚心质心偏心产生的扭转效应的比值,同时兼顾调整刚心和质心的偏心。

③ 验算位移比时一般应选择“强制刚性楼板假定”,但目的是为了有一个量化参考标

准，而不是这样的概念才是正确，软件设置需要一个包络设计，能涵盖大部分结构工程，而且符合规范要求。做设计时，应尽量遵循实事求是的原则，而不是一味要求"采用刚性板假定"，对于有转换层等复杂高层建筑，由于采用刚性楼板假定可能会失真，不宜采用刚性楼板的假定。当结构凸凹不规则或楼板局部不连续时，应采用符合楼板平面内实际刚度变化的计算模型或者采取一定的构造措施符合刚性楼板假定。位移比应考虑偶然偏心、不考虑双向地震作用。验算位移比应之前，周期需要按 WZQ 重新输入，并考虑周期折减系数。

④ 位移比其实是小震不坏，大震不倒的一个抗震措施。对于小震可以按弹性计算，对于大震无法按弹性计算，通常只有通过这些措施来控制结构的大震不倒。小震时如果位移比过大，并且扭转周期比过大，在大震的时候就容易出现边跨构件位移过大而破坏，风荷载的计算机理完全是另外一种方法，是实实在在荷载，按弹性状态来进行设计的，位移比大也可能（一般不用管风荷载作用下的位移比），算出来边跨结构构件的力就大，构件相应满足计算要求就是。位移比是抗震的控制措施，非抗震时可不用控制。

⑤《抗规》3.4.3 和《高规》3.4.5 对"扭转不规则"采用"规定水平力"定义，其中《抗规》条文："在规定水平力下楼层的最大弹性水平位移或（层间位移），大于该楼层两端弹性水平位移（或层间位移）平均值的 1.2 倍"。根据 2010 版抗震规范，楼层位移比不再采用根据 CQC 法直接得到的节点最大位移与平均位移比值计算，而是根据给定水平力下的位移计算。CQC-Complete Quaddratic Combination，即完全二次项组合方法，其不光考虑到各个主振型的平方项，而且还考虑到耦合项，将结构各个振型的响应在概率的基础上采用完全二次方开方的组合方式得到总的结构响应，每一点都是最大值，可能出现两端位移大，中间位移小，所以 CQC 方法计算的结构位移比可能偏小，有时不能真实地反映结构的扭转不规则。

⑥ 两端（X 方向或 Y 方向）刚度接近（均匀）或外部刚度相对于内部刚度合理位移比才小，在实际设计中，位移比可不超过 1.4 并且允许两个不规则，对于住宅来说，位移比控制在 1.2 以内一般难度较大，3 个或 3 个以上不规则，就要做超限审查。由于规范控制的位移比是基于弹性位移，位移比的定义初衷，主要是避免刚心和质量中心不在一个点上引起的扭转效应，而风荷载与地震作用都能引起扭转效应，所以风荷载作用下的位移比也应该考虑，做沿海项目时经常会遇到风荷载作用下的位移比较大的情况（如果从另一个角度考虑，地震作用下考虑位移比的初衷如果是：位移比大于 1.4 时，在中震、大震的作用下，结构受力很不好，破坏严重，则风荷载作用下可不考虑位移比。因为最大风压为固定值，没有"中震""大震"这一说法，由于初衷无法考察，姑且考虑风荷载作用下的位移比偏保守）。

当位移比超限时，可以在 SATWE 找到位移大的节点位置，通过增加墙长（建筑允许）、加局部剪力墙、柱截面（建筑允许）或加梁高（建筑允许）减小该节点的位移，此时还应加大与该节点相对一侧墙、柱的位移（减墙长）、柱截面及梁高。当位移比超限时，可以根据位移比的大小调整加墙长的模数，一般，墙身模数至少 200mm，翼缘 100mm，如果位移比超限值不大，按以上模数调整模型计算分析即可，如果位移比超出限值很大，可以按更大的模数，比如 500～1000mm，此模数的选取，还可以先按建筑给定的最大限值取，再一步一步减小墙长，应特别注意的是，布置剪力墙时尽量遵循以下原则：外围、均匀、双向、适度、集中、数量尽可能少。

4. 弹性层间位移角

(1) 规范规定

《高规》3.7.3：按弹性方法计算的风荷载或多遇地震标准值作用下的楼层层间最大水平位移与层高之比 Δ_u/h 宜符合下列规定：

高度不大于 150m 的高层建筑，其楼层层间最大位移与层高之比 Δ_u/h 不宜大于表 1-11 的限值。

楼层层间最大位移与层高之比的限值 **表 1-11**

结构体系	Δ_u/h 限值
框架	1/550
框架-剪力墙、框架-核心筒、板柱-剪力墙	1/800
筒中筒、剪力墙	1/1000
除框架结构外的转换层	1/1000

(2) 计算结果查看

【SATWE 分析设计/计算结果/文本查看/旧版文本查看】→【结构位移（WDISP. OUT)】，可查看计算结果。

(3) 弹性层间位移角不满足规范规定时的调整方法

弹性层间位移角不满足规范要求时，位移比、周期比等也可能不满足规范要求，可以加强结构外围墙、柱或梁的刚度，同时减弱结构内部墙、柱或梁的刚度或直接加大侧向刚度很小的构件的刚度。

(4) 设计时要注意的一些问题

① 限制弹性层间位移角的目的有两点，一是保证主体结构基本处于弹性受力状态，避免混凝土墙柱出现裂缝，控制楼面梁板的裂缝数量、宽度。二是保证填充墙、隔墙、幕墙等非结构构件的完好，避免产生明显的损坏。

② 当结构扭转变形过大时，弹性层间位移角一般也不满足规范要求，可以通过提高结构的抗扭刚度减小弹性层间位移角。

③ 高层剪力墙结构弹性层间位移角一般控制在 1/1100 左右（10%的余量)，不必刻意追求此指标，关键是结构布置要合理。

④“弹性层间位移角”计算时只需考虑结构自身的扭转耦联，不考虑偶然偏心与双向地震作用，《高规》并没有强制规定层间位移角一定要是刚性楼板假定下的，但是对于一般的结构采用现浇钢筋混凝土楼板和有现浇面层的预制装配式楼板，在无削弱的情况下，均可视为无限刚性楼板，弹性板与刚性板计算弹性层间位移角对于大多数工程，差别不大（弹性板计算时稍微偏保守)，选择刚性楼板进行计算，首先理论上有所保证，其次计算速度快，第三经过大量工程检验。弹性方法计算与采用弹性楼板假定进行计算完全不是一个概念，弹性方法就是构件按弹性阶段刚度，不考虑塑性变形，其得到的位移也就是弹性阶段的位移。

5. 轴压比

(1) 基本概念

柱子轴压比：柱组合的轴压力设计值与柱的全截面面积和混凝土轴心抗压强度设计值乘积之比值。

墙肢轴压比：重力荷载代表值作用下墙肢承受的轴压力设计值与墙肢的全截面面积和混凝土轴心抗压强度设计值乘积之比值。

（2）规范规定

《抗规》6.3.6：柱轴压比不宜超过表1-12的规定；建造于Ⅳ类场地且较高的高层建筑，柱轴压比限值应适当减小。

柱轴压比限值 **表1-12**

结构类型	抗震等级			
	一	二	三	四
框架结构	0.65	0.75	0.85	0.90
框架-抗震墙，板柱-抗震墙、框架-核心筒及筒中筒	0.75	0.85	0.90	0.95
部分框支抗震墙	0.6	0.7	—	

注：1. 轴压比指柱组合的轴压力设计值与柱的全截面面积和混凝土轴心抗压强度设计值乘积之比值；对本规范规定不进行地震作用计算的结构，可取无地震作用组合的轴力设计值计算；
2. 表内限值适用于剪跨比大于2、混凝土强度等级不高于C60的柱；剪跨比不大于2的柱，轴压比限值应降低0.05；剪跨比小于1.5的柱，轴压比限值应专门研究并采取特殊构造措施；
3. 沿柱全高采用井字复合箍且箍筋肢距不大于200mm、间距不大于100mm、直径不小于12mm，或沿柱全高采用复合螺旋箍、螺旋间距不大于100mm、箍筋肢距不大于200mm、直径不小于12mm，或沿柱全高采用连续复合矩形螺旋箍、螺旋净距不大于80mm、箍筋肢距不大于200mm、直径不小于10mm，轴压比限值均可增加0.10；上述三种箍筋的最小配箍特征值均应按增大的轴压比由本规范表6.3.9确定；
4. 在柱的截面中部附加芯柱，其中另加的纵向钢筋的总面积不少于柱截面面积的0.8%，轴压比限值可增加0.05；此项措施与注3的措施共同采用时，轴压比限值可增加0.15，但箍筋的体积配箍率仍可按轴压比增加0.10的要求确定；
5. 柱轴压比不应大于1.05。

《高规》7.2.13：重力荷载代表值作用下，一、二、三级剪力墙墙肢的轴压比不宜超过表1-13的限值。

剪力墙墙肢轴压比限值 **表1-13**

抗震等级	一级（9度）	一级（6、7、8度）	二、三级
轴压比限值	0.4	0.5	0.6

注：墙肢轴压比是指重力荷载代表值作用下墙肢承受的轴压力设计值与墙肢的全截面面积和混凝土轴心抗压强度设计值乘积之比值。

（3）计算结果查看

【SATWE分析设计/计算结果/文本查看/旧版文本查看】→【弹性挠度、柱轴压比、墙边缘构件简图】，最终查看结果如图1-60所示。

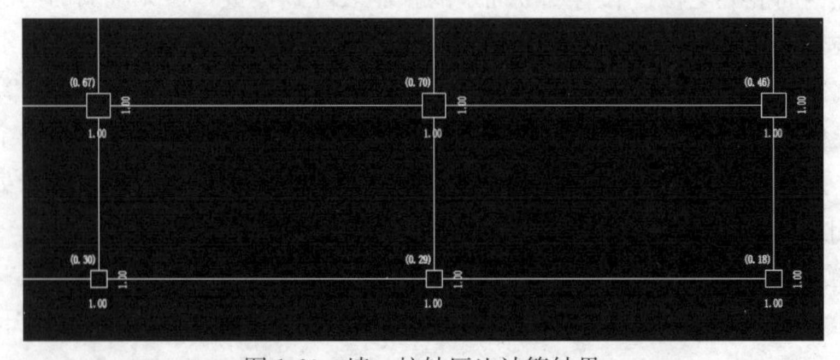

图1-60　墙、柱轴压比计算结果

(4) 轴压比不满足规范规定时的调整方法

① 程序调整：SATWE程序不能实现。

② 人工调整：增大该墙、柱截面或提高该楼层墙、柱混凝土强度等级，箍筋加密等。

(5) 设计时要注意的一些问题

① 抗震等级越高的建筑结构或构件，其延性要求也越高，对轴压比的限制也越严格，比如框支柱、一字形剪力墙等。抗震等级低或非抗震时可适当放松对轴压比的限制，但任何情况下不得小于1.05。

② 通常验算底截面墙柱的轴压比，当截面尺寸或混凝土强度等级变化时，还应验算该位置的轴压比。试验证明，混凝土强度等级，箍筋配置的形式与数量，均与柱的轴压比有密切的关系，因此，规范针对不同的情况，对柱的轴压比限值作了适当的调整。

③ 柱轴压比的计算在《高规》和《抗规》中的规定并不完全一样，《抗规》第6.3.6条规定，计算轴压比的柱轴力设计值既包括地震组合，也包括非地震组合，而《高规》第6.4.2条规定，计算轴压比的柱轴力设计值仅考虑地震作用组合下的柱轴力。软件在计算柱轴压比时，当工程考虑地震作用，程序仅取地震作用组合下的柱轴力设计值计算，而对于非地震组合产生的轴力设计值则不予考虑；当该工程不考虑地震作用时，程序才取非地震作用组合下的柱轴力设计值计算，这也是在设计过程中有时会发现程序计算轴压比的轴力设计值不是最大轴力的主要原因。

从概念上讲，轴压比仅适用于抗震设计，当为非抗震设计时，剪力墙在PKPM中显示的轴压比为“0”。当结构恒载或活载比较大时，地震组合下轴压比有可能小于非抗震组合下的轴压比，所以在设计时，对于地震组合内力不起控制作用时，特别是那些恒载或活载比较大的结构，框架柱轴压比要留有余地。

④ 柱截面种类不宜太多是设计中的一个原则，在柱网疏密不均的建筑中，某根柱或为数不多的若干根柱由于轴力大而需要较大截面，如果将所有柱截面放大以求统一，会增加柱用钢量，可以对个别柱的配筋采用加芯柱、加大配箍率甚至加大主筋配筋率以提高其轴压比，从而达到控制其截面的目的。

⑤ 程序计算柱轴压比时，有时候数字按规范要求并没有超限，但是程序也显示红色，这是因为随着柱的剪跨比的不同或降低，轴压比限值也要降低。

6. 楼层侧向刚度比

(1) 规范规定

《高规》3.5.2：抗震设计时，高层建筑相邻楼层的侧向刚度变化应符合下列规定：

1) 对框架结构，楼层与其相邻上层的侧向刚度比λ_1可按式(1-2)计算，且本层与相邻上层的比值不宜小于0.7，与相邻上部三层刚度平均值的比值不宜小于0.8。

$$\lambda_1 = \frac{V_i \Delta_{i+1}}{V_{i+1} \Delta_i} \tag{1-2}$$

式中　λ_1——楼层侧向刚度比；

V_i、V_{i+1}——第i层和$i+1$层的地震剪力标准值(kN)；

Δ_i、Δ_{i+1}——第i层和$i+1$层在地震作用标准值作用下的层间位移(m)。

2) 对框架-剪力墙、板柱-剪力墙结构、剪力墙结构、框架-核心筒结构、筒中筒结构、楼层与其相邻上层的侧向刚度比λ_2可按式(1-3)计算，且本层与相邻上层的比值不宜小于 0.9；当本层层高大于相邻上层层高的 1.5 倍时，该比值不宜小于 1.1；对结构底部嵌固层，该比值不宜小于 1.5。

$$\lambda_2 = \frac{V_i \Delta_{i+1}}{V_{i+1} \Delta_i} \frac{h_i}{h_{i+1}} \tag{1-3}$$

式中　λ_2——考虑层高修正的楼层侧向刚度比。

《高规》5.3.7：高层建筑结构整体计算中，当地下室顶板作为上部结构嵌固部位时，地下一层与首层侧向刚度比不宜小于 2。

《高规》10.2.3：转换层上部结构与下部结构的侧向刚度变化应符合本规程附录 E 的规定。

当转换层设置在 1、2 层时，可近似采用转换层与其相邻上层结构的等效剪切刚度比 γ_{e1} 表示转换层上、下层结构刚度的变化，γ_{e1} 宜接近 1，非抗震设计时 γ_{e1} 不应小于 0.4，抗震设计时 γ_{e1} 不应小于 0.5。γ_{e1} 可按下列公式计算：

$$\gamma_{e1} = \frac{G_1 A_1}{G_2 A_2} \times \frac{h_2}{h_1} \tag{1-4}$$

$$A_i = A_{w,i} + \sum_j C_{i,j} A_{ci,j} \quad (i = 1,2) \tag{1-5}$$

$$C_{i,j} = 2.5 \left(\frac{h_{ci,j}}{h_i}\right)^2 \quad (i = 1,2) \tag{1-6}$$

式中　G_1、G_2——分别为转换层和转换层上层的混凝土剪变模量；

A_1、A_2——分别为转换层和转换层上层的折算抗剪截面面积；

$A_{w,i}$——第 i 层全部剪力墙在计算方向的有效截面面积（不包括翼缘面积）；

$A_{ci,j}$——第 i 层、第 j 根柱的截面面积；

h_i——第 i 层的层高；

$h_{ci,j}$——第 i 层、第 j 根柱沿计算方向的截面高度；

$C_{i,j}$——第 i 层、第 j 根柱截面面积折算系数，当计算值大于 1 时取 1。

当转换层设置在第 2 层以上时，按《高规》式（12-2）计算的转换层与其相邻上层的侧向刚度比不应小于 0.6。

当转换层设置在第 2 层以上时，尚宜采用《高规》图 E 所示的计算模型按《高规》公式（12-7）计算转换层下部结构与上部结构的等效侧向刚度比 γ_{e2}。γ_{e2} 宜接近 1，非抗震设计时 γ_{e2} 不应小于 0.5，抗震设计时 γ_{e2} 不应小于 0.8。

$$\gamma_{e2} = \frac{\Delta_2 H_1}{\Delta_1 H_2} \tag{1-7}$$

（2）计算结果查看

【SATWE 分析设计/计算结果/文本查看/旧版文本查看】→【文本文件输出/结构设计信息 WMASS.OUT】，最终查看结果如图 1-61 所示。

（3）楼层侧向刚度比不满足规范规定时的调整方法

① 程序调整：如果某楼层刚度比的计算结果不满足要求，SATWE 自动将该楼层定义为薄弱层，并按《高规》3.5.8 将该楼层地震剪力放大 1.25 倍。

② 人工调整：如果还需人工干预，可适当降低本层层高和加强本层墙、柱或梁的刚度，适当提高上部相关楼层的层高或削弱上部相关楼层墙、柱或梁的刚度，减小相邻上层墙、柱的截面尺寸。

```
WMASS - 记事本
文件(F) 编辑(E) 格式(O) 查看(V) 帮助(H)
 Xstif=     33.1390(m)      Ystif=     14.2903(m)      Alf  =    45.0000(Degree)
 Xmass=     33.4828(m)      Ymass=     14.4627(m)      Gmass(活荷折减)=  2219.3350(  2030.0293)(t)
 Eex  =      0.0154         Eey  =      0.0077
 Ratx =      1.0000         Raty =      1.0000
 Ratx1=      1.6992         Raty1=      2.0502
 Ratx2=      1.3216         Raty2=      1.5946  薄弱层地震剪力放大系数= 1.00
 RJX1 = 2.7607E+06(kN/m)  RJY1 = 2.7607E+06(kN/m)  RJZ1 = 0.0000E+00(kN/m)
 RJX3 = 4.3794E+05(kN/m)  RJY3 = 4.6469E+05(kN/m)  RJZ3 = 0.0000E+00(kN/m)
 RJX3*H = 1.5766E+06(kN)  RJY3*H = 1.6729E+06(kN)  RJZ3*H = 0.0000E+00(kN)
------------------------------------------------------------------------------
 Floor No.   7      Tower No.   1
 Xstif=     33.6901(m)      Ystif=     14.3473(m)      Alf  =    45.0000(Degree)
 Xmass=     39.2501(m)      Ymass=     15.0258(m)      Gmass(活荷折减)=  1087.9868(  1061.5267)(t)
 Eex  =      0.2470         Eey  =      0.0301
 Ratx =      0.9673         Raty =      0.9673
 Ratx1=      1.0000         Raty1=      1.0000
 Ratx2=      1.0000         Raty2=      1.0000  薄弱层地震剪力放大系数= 1.00
 RJX1 = 2.6704E+06(kN/m)  RJY1 = 2.6704E+06(kN/m)  RJZ1 = 0.0000E+00(kN/m)
 RJX3 = 3.6818E+05(kN/m)  RJY3 = 3.2378E+05(kN/m)  RJZ3 = 0,0000E+00(kN/m)
 RJX3*H = 1.3254E+06(kN)  RJY3*H = 1.1656E+06(kN)  RJZ3*H = 0.0000E+00(kN)
------------------------------------------------------------------------------
X方向最小刚度比:  0.8734(第  2层第 1塔)
Y方向最小刚度比:  0.8321(第  2层第 1塔)

==============================================================================
结构整体抗倾覆验算结果
==============================================================================
```

图 1-61　楼层侧向刚度比计算书

（4）设计时要注意的问题

结构楼层侧向刚度比要求在刚性楼板假定条件下计算，对于有弹性板或板厚为零的工程，应计算两次，先在刚性楼板假定条件下计算楼层侧向刚度比并找出薄弱层，再选择“总刚”完成结构的内力计算。

7. 刚重比

（1）概念

结构的侧向刚度与重力荷载设计值之比称为刚重比。它是影响重力二阶效应的主要参数，且重力二阶效应随着结构刚重比的降低呈双曲线关系增加。高层建筑在风荷载或水平地震作用下，若重力二阶效应过大则会引起结构的失稳倒塌，所以要控制好结构的刚重比。

（2）规范规定

《高规》5.4.1：当高层建筑结构满足下列规定时，弹性计算分析时可不考虑重力二阶效应的不利影响。

1）剪力墙结构、框架-剪力墙结构、板柱剪力墙结构、筒体结构：

$$EJ_{\mathrm{d}} \geqslant 2.7H^2 \sum_{i=1}^{n} G_i \tag{1-8}$$

2）框架结构

$$D_i \geqslant 20 \sum_{j=i}^{n} G_j / h_i \quad (i = 1, 2, \cdots, n) \tag{1-9}$$

式中　EJ_{d}——结构一个主轴方向的弹性等效侧向刚度，可按倒三角形分布荷载作用下结构顶点位移相等的原则，将结构的侧向刚度折算为竖向悬臂受弯构件的等效侧向刚度；

H——房屋高度；

G_i、G_j——分别为第 i、j 楼层重力荷载设计值，取 1.2 倍的永久荷载标准值与 1.4 倍的楼面可变荷载标准值的组合值；

h_i——第 i 楼层层高；

D_i——第 i 楼层的弹性等效侧向刚度，可取该层剪力与层间位移的比值；

n——结构计算总层数。

《高规》5.4.4：高层建筑结构的整体稳定性应符合下列规定

1）剪力墙结构、框架-剪力墙结构、筒体结构应符合下式要求：

$$EJ_{\mathrm{d}} \geqslant 1.4H^2 \sum_{j=i}^{n} G_i \tag{1-10}$$

2）框架结构应符合下式要求：

$$D_i \geqslant 10 \sum_{j=i}^{n} G_j / h_i \quad (i = 1, 2, \cdots, n) \tag{1-11}$$

（3）计算结果查看

【SATWE分析设计/计算结果/文本查看/旧版文本查看】→【结构设计信息WMASS.OUT】，最终查看结果如图1-62所示。

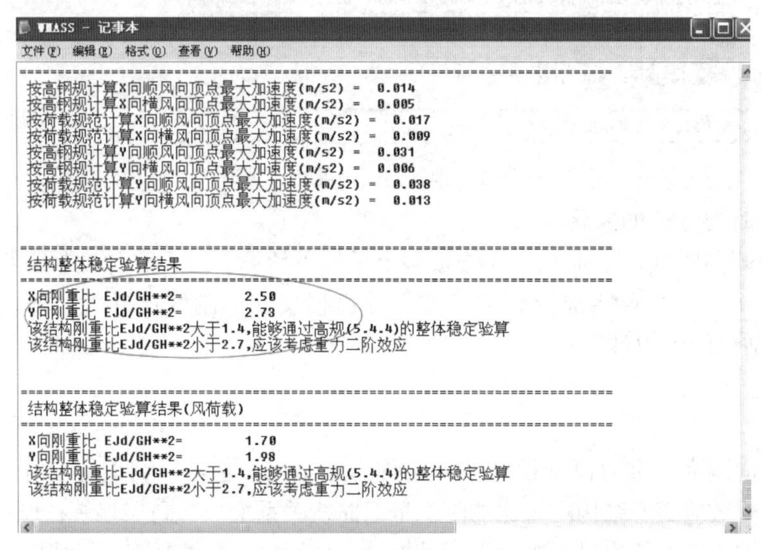

图1-62　刚重比计算书

（4）刚重比不满足规范规定时的调整方法

① 程序调整：SATWE程序不能实现。

② 人工调整：调整结构布置，增大结构刚度，减小结构自重。

（5）设计时要注意的问题

高层建筑的高宽比满足限值时，一般可不进行稳定性验算，否则应进行。结构限制高宽比主要是为了满足结构的整体稳定性和抗倾覆，当超出规范中高宽比的限值时要对结构进行整体稳定和抗倾覆验算。

8. 受剪承载力比

（1）规范规定

《高规》3.5.3：A级高度高层建筑的楼层抗侧力结构的层间受剪承载力不宜小于其相邻上一层受剪承载力的80%，不应小于其相邻上一层受剪承载力的65%；B级高度高层建筑的楼层抗侧力结构的层间受剪承载力不应小于其相邻上一层受剪承载力的75%。

注：楼层抗侧力结构的层间受剪承载力是指在所考虑的水平地震作用方向上，该层全部柱、剪力墙、斜撑的受剪承载力之和。

（2）计算结果查看

【SATWE分析设计/计算结果/文本查看/旧版文本查看】→【结构设计信息WMASS.OUT】，最终查看结果如图1-63所示。

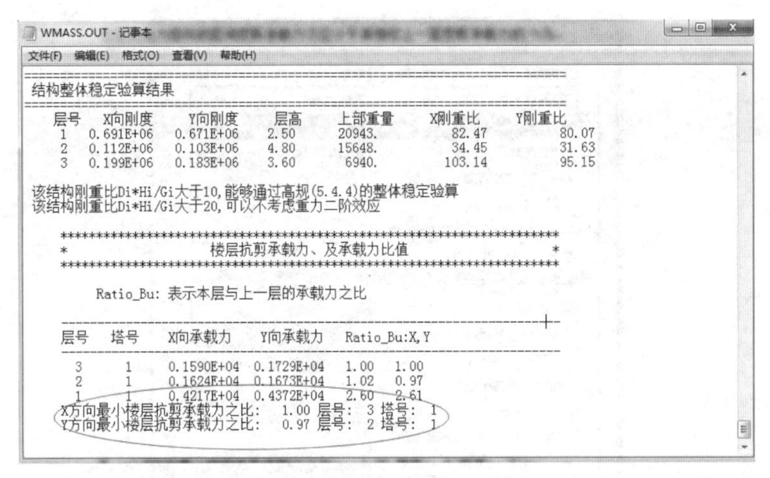

图 1-63　楼层受剪承载力计算书

（3）层间受剪承载力比不满足规范规定时的调整方法

① 程序调整：在 SATWE 的“调整信息”中的“指定薄弱层个数”中填入该楼层层号，将该楼层强制定义为薄弱层，SATWE 按《高规》3.5.8 将该楼层地震剪力放大1.25 倍。

② 人工调整：适当提高本层构件强度（如增大配筋、提高混凝土强度或加大截面）以提高本层墙、柱等抗侧力构件的承载力，或适当降低上部相关楼层墙、柱等抗侧力构件的承载力。

1.4　施工图绘制

1.4.1　地下室顶板梁平法施工图绘制

1. 软件操作

点击：混凝土结构施工图-梁-参数-设计参数，如图 1-64、图 1-65 所示。

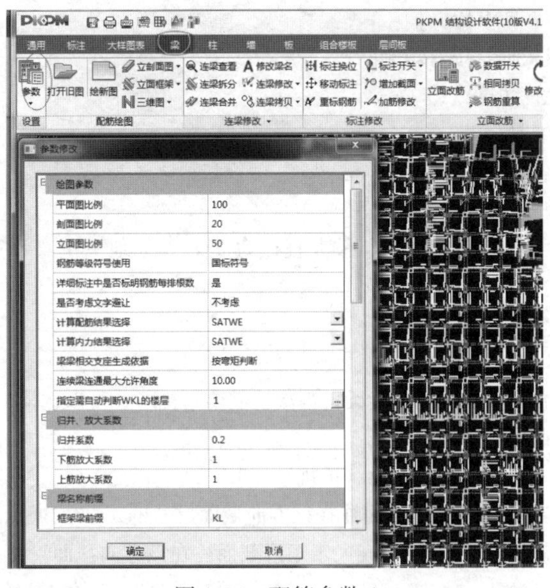

图 1-64　配筋参数 1

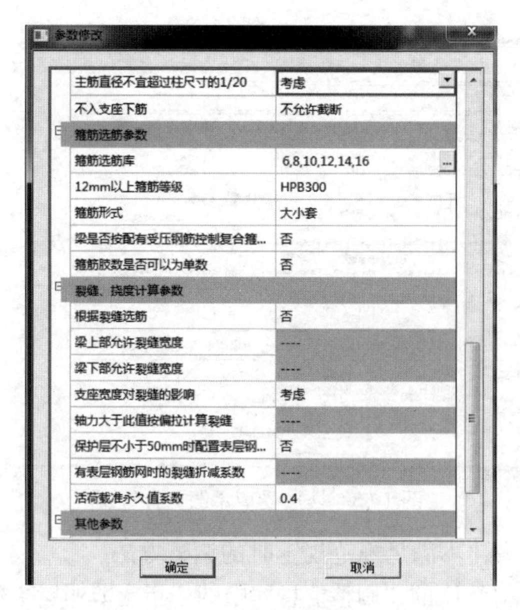

图 1-65 配筋参数 2

注：梁平法施工图参数需要准确填写的原因是因为现在很多设计院都利用 PKPM 自动生成的梁平法施工图作为模板，再用“拉伸随心”小软件移动标注位置，最后修改小部分不合理的配筋即可。

参数注释：

1. 平面图比例：1∶100；当修改平面比例为 1∶150 时，梁平法施工图中的字高会增大 150/100＝1.5 倍，用此菜单可以修改字高；

2. 剖面图比例：1∶20；

3. 立面图比例：1∶50；

4. 钢筋等级符号使用：国标符号；

5. 是否考虑文字避让：考虑；

6. 计算配筋结果选择：SATWE；

7. 计算内力结果选择：SATWE；

8. 梁梁相交支座生成依据：按弯矩判断；

9. 连续梁连通最大允许角度：10.0；

10. 归并系数：一般可取 0.1；

11. 下筋放大系数：一般可取 1.05；

12. 上筋放大系数：一般可取 1.0；

13. 柱筋选筋库：一般最小直径为 14、最大直径为 25，如果地下室梁计算配筋太大，施工有条件时，最大直径可允许做到 28；

14. 下筋优选直径：25；

15. 上筋优选直径：14；

16. 至少两根通长上筋：可以选择所有梁；当次梁需要搭接时，可以选择“仅抗震框架梁”；

17. 选主筋允许两种直径：是；

18. 主筋直径不宜超过柱尺寸的 1/20：《抗规》6.3.4-2：一、二、三级框架梁内贯通中柱的每根纵向钢筋直径，对框架结构不应大于矩形截面柱在该方向截面尺寸的 1/20，或纵向钢筋所在位置圆形截面柱弦长的 1/20；对其他结构类型的框架不宜大于矩形截面柱在该方向截面尺寸的 1/20，或纵向钢筋所在位置圆形截面柱弦长的 1/20；

19. 箍筋选筋库：6、8/10/12；

20. 根据裂缝选筋：一般可选择否；由于现在计算裂缝采用准永久组合，裂缝计算值比较小，有的设计院规定也可以采用根据裂缝选筋；

21. 支座宽度对裂缝的影响：考虑；

22. 最小腰筋直径：可以填写 10；

23. 其他按默认值。

点击【设置钢筋层】，可按程序默认的方式，如图 1-66 所示。

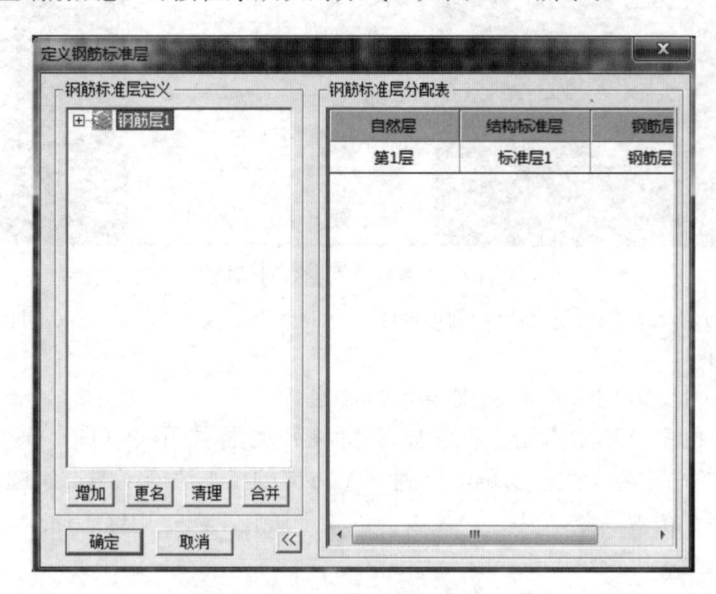

图 1-66　定义钢筋标准层

注：钢筋层的作用是对同一标准层中的某些连续楼层进行归并。

点击【梁挠度图】，弹出“挠度计算参数”对话框，如图 1-67 所示。

图 1-67　挠度计算参数对话框

注：1. 一般可勾选“将现浇板作为受压翼缘”；

2. 挠度如果超过规范要求，梁最大挠度值会显示红色。

点击【梁裂缝图】，弹出“裂缝计算参数”对话框，如图 1-68 所示。

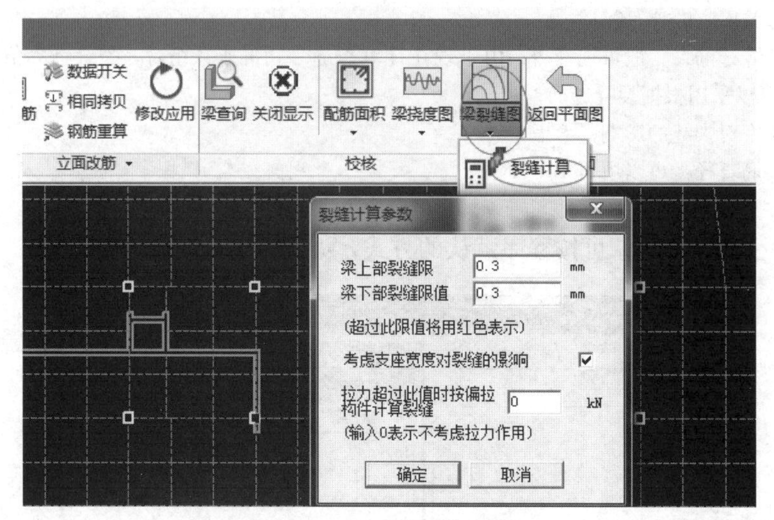

图 1-68　裂缝计算参数对话框

注：1. 对于地下室顶板梁，其裂缝控制也可按 0.3mm 控制，或 0.2～0.3mm。可以勾选“考虑支座宽度对裂缝的影响”。

2. 裂缝如果超过规范要求，梁最大裂缝值会显示红色。

在屏幕上方的主菜单中点击：标注修改-标注开关-标注开关（图 1-69），勾选“水平梁”，则水平梁的平法施工图被隐藏，只剩下 Y 方向的梁平法施工图；勾选“竖直梁”，则竖直梁的平法施工图被隐藏，只剩下 X 方向的梁平法施工图；用这个命令，可以避免平法施工图字太密，挤不下的情况。

在屏幕左上方点击【DWG】，如图 1-70 所示。

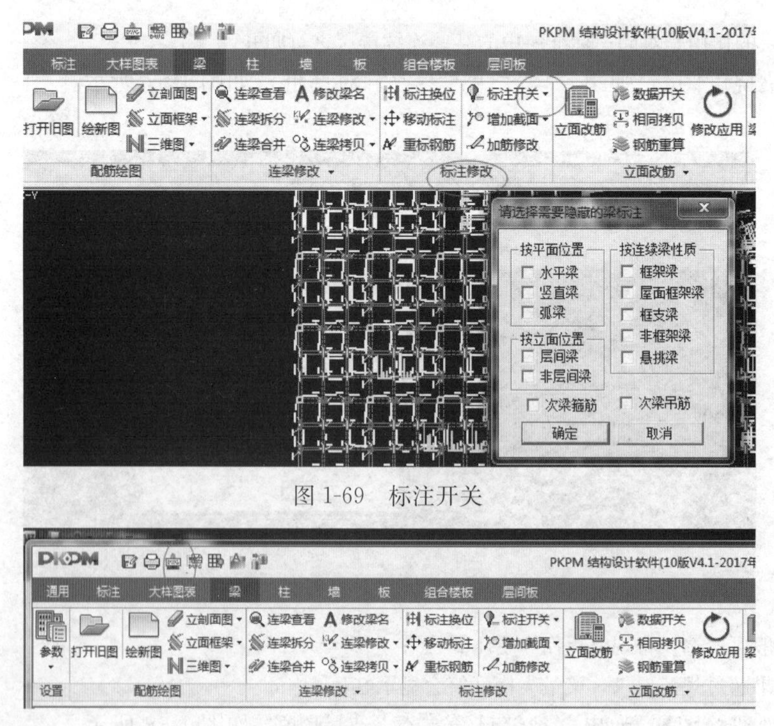

图 1-69　标注开关

图 1-70　梁平法施工图转 DWG 图

注：1.“第一层梁平法施工图”转换“DWG图”时，可存放在PKPM模型文件中的“施工图”文件夹下。

2.一般可以在网上下载“平法之拉移随心”，来移动梁平法施工图中文字的位置。

2. 画或修改梁平法施工图时应注意的问题

（1）梁纵向钢筋

1）规范规定

《混凝土结构设计规范》GB 50010—2010第9.2.1条（以下简称《混规》）：梁的纵向受力钢筋应符合下列规定：

① 入梁支座范围内的钢筋不应少于2根。

② 梁高不小于300mm时，钢筋直径不应小于10mm；梁高小于300mm时，钢筋直径不应小于8mm。

③ 梁上部钢筋水平方向的净间距不应小于30mm和1.5d；梁下部钢筋水平方向的净间距不应小于25mm和d。当下部钢筋多于2层时，2层以上钢筋水平方向的中距应比下面2层的中距增大一倍；各层钢筋之间的净间距不应小于25mm和d，d为钢筋的最大直径。

④ 在梁的配筋密集区域宜采用并筋的配筋形式。

《混规》9.2.6：梁的上部纵向构造钢筋应符合下列要求：

① 当梁端按简支计算但实际受到部分约束时，应在支座区上部设置纵向构造钢筋。其截面面积不应小于梁跨中下部纵向受力钢筋计算所需截面面积的1/4，且不应少于2根。该纵向构造钢筋自支座边缘向跨内伸出的长度不应小于$l_0/5$，l_0为梁的计算跨度。

② 对架立钢筋，当梁的跨度小于4m时，直径不宜小于8mm；当梁的跨度为4～6m时，直径不应小于10mm；当梁的跨度大于6m时，直径不宜小于12mm。

《高规》6.3.2：框架梁设计应符合下列要求：

① 抗震设计时，计入受压钢筋作用的梁端截面混凝土受压区高度与有效高度之比值，一级不应大于0.25，二、三级不应大于0.35。

② 纵向受拉钢筋的最小配筋百分率ρ_{min}（%），非抗震设计时，不应小于0.2和45f_t/f_y二者的较大值；抗震设计时，不应小于表1-14规定的数。

梁纵向受拉钢筋最小配筋百分率ρ_{min}（%） **表1-14**

抗震等级	位置	
	支座（取较大值）	跨中（取较大值）
一级	0.40和80f_t/f_y	0.30和65f_t/f_y
二级	0.30和65f_t/f_y	0.25和55f_t/f_y
三、四级	0.25和55f_t/f_y	0.20和45f_t/f_y

③ 抗震设计时，梁端截面的底面和顶面纵向钢筋截面面积的比值，除按计算确定外，一级不应小于0.5，二、三级不应小于0.3。

《高层建筑混凝土结构技术规程》JGJ 3—2010第6.3.3条（以下简称《高规》）梁的纵向钢筋配置，尚应符合下列规定：

① 抗震设计时，梁端纵向受拉钢筋的配筋率不宜大于2.5%，不应大于2.75%；当梁端受拉钢筋的配筋率大于2.5%时，受压钢筋的配筋率不应小于受拉钢筋的一半。

② 沿梁全长顶面和底面应至少各配置两根纵向配筋，一、二级抗震设计时钢筋直径

不应小于 14mm，且分别不应小于梁两端顶面和底面纵向配筋中较大截面面积的 1/4；三、四级抗震设计和非抗震设计时钢筋直径不应小于 12mm。

③ 一、二、三级抗震等级的框架梁内贯通中柱的每根纵向钢筋的直径，对矩形截面柱，不宜大于柱在该方向截面尺寸的 1/20；对圆形截面柱，不宜大于纵向钢筋所在位置柱截面弦长的 1/20。

注：当一根梁受到竖向荷载的时候，在同一部位的梁一面受压，一面受拉，所以 2.5%的配筋率不包括受压钢筋。

2）修改梁平法施工图时要注意的一些问题

① 梁端经济配筋率为 1.2%～1.6%，跨中经济配筋率为 0.6%～0.8%。梁端配筋率太大，比如大于 2.5%，钢筋会很多，造成施工困难，钢筋偏位等。

地下室顶板采用现浇梁板结构时，尽量控制梁支座配筋率＜2.0%(纵筋配筋率超 2.0%时梁箍筋直径要加大一级)；在满足梁上下截面配筋比值的前提下，架立筋采用小直径钢筋；梁宽尽量控制在 300mm 及 300mm 以内，减少箍筋用量，一般采用 300mm 较多。当梁宽为 350m、400mm、450mm 时，在满足计算要求的前提下可采用 3 肢箍。

一边和柱连，一边没有柱，经常出现梁配筋大，可以将支撑此梁的支座梁截面调大，如果钢筋还配不下，支座梁截面调整范围有限，实在不行，就在计算时设成铰接，负筋适当配一些就行。这样做的弊端是梁柱节点处裂缝会比较大，但安全上没问题，且裂缝有楼板装饰层的遮掩。

② 面筋钢筋一般不多配，可以采用组合配筋形式，控制在计算面积的 95%～100%；底筋尽量采用同一直径，实配在计算面积的 100%～110%（后期的施工图设计中）。

钢筋混凝土构件中的梁柱箍筋的作用一是承担剪（扭）力，二是形成钢筋骨架，在某些情况下，加密区的梁柱箍筋直径可能比较大、肢数可能比较多，但非加密区有可能不需要这么大直径的箍筋，肢数也不要多，于是要合理的设计，减少浪费，比如当梁的截面大于等于 350mm 时，需要配置四肢箍，具体做法可以将中间两根负弯矩钢筋从伸入梁长 $L/3$ 处截断，并以 2 根 12 的钢筋代替作为架立筋。钢筋之间的直径应合理搭配，梁端部钢筋与其用 2 根 22，还不如用 3 根 18，因通长钢筋直径小。

梁钢筋排数不宜过多，当梁截面高度不大时，一般不超过两排；地下室有覆土的梁或者其他地方跨度大荷载也大的梁可取 3 排。同一跨度主梁或者次梁纵筋的种类一般为 3～4 种，纵筋总类不要太多。

3）梁纵筋单排最大根数

表 1-15 是当环境类别为一类 a，箍筋直径为 8mm 时，按《混凝土结构设计规范》GB 50010—2010 计算出的梁纵筋单排最大根数。

梁纵筋单排最大根数 **表 1-15**

《2010 混凝土结构设计规范》梁纵筋单排最大根数

环境类别：		一类			箍筋：	8mm								
梁宽 b (mm)	钢筋直径（mm）													
	14		16		18		20		22		25		28	
	上部	下部	上部	下部	上部	下部	上部	下部	上部	下部	上部	下部	上部	下部
150	2	3	2	2	2	2	2	2	2	2	2	2	1	2

续表

环境类别：	一类				箍筋：	8mm								
梁宽 b (mm)	钢筋直径（mm）													
	14		16		18		20		22		25		28	
	上部	下部	上部	下部	上部	下部	上部	下部	上部	下部	上部	下部	上部	下部
200	3	4	3	4	3	3	3	3	3	3	2	3	2	3
250	5	5	4	5	4	5	4	4	4	4	3	4	3	3
300	6	6	5	6	5	6	5	5	5	5	4	5	4	4
350	7	8	7	7	6	7	6	7	5	6	5	6	4	5
400	8	9	8	9	7	8	7	8	6	7	6	7	5	6
450	9	10	9	10	8	9	8	9	7	8	6	8	6	7

（2）箍筋

规范规定：

《高规》6.3.2-4：抗震设计时，梁端箍筋的加密区长度、箍筋最大间距和最小直径应符合表 1-16 的要求；当梁端纵向钢筋配筋率大于 2%时，表中箍筋最小直径应增大 2mm。

梁端箍筋加密区的长度、箍筋最大间距和最小直径　　表 1-16

抗震等级	加密区长度（取较大值）（mm）	箍筋最大间距（取最小值）（mm）	箍筋最小直径（mm）
一	$2.0h_b$，500	$h_b/4$，$6d$，100	10
二	$1.5h_b$，500	$h_b/4$，$8d$，100	8
三	$1.5h_b$，500	$h_b/4$，$8d$，150	8
四	$1.5h_b$，500	$h_b/4$，$8d$，150	6

注：1　d 为纵向钢筋直径，h_b 为梁截面高度；

2　一、二级抗震等级框架梁，当箍筋直径大于 12mm、肢数不少于 4 肢且肢距不大于 150mm 时，箍筋加密区最大间距应允许适当放松，但不应大于 150mm。

《高规》6.3.4：非抗震设计时，框架梁箍筋配筋构造应符合下列规定：

① 应沿梁全长设置箍筋，第一个箍筋应设置在距支座边缘 50mm 处。

② 截面高度大于 800mm 的梁，其箍筋直径不宜小于 8mm；其余截面高度的梁不应小于 6mm。在受力钢筋搭接长度范围内，箍筋直径不应小于搭接钢筋最大直径的 1/4。

③ 箍筋间距不应大于表 1-17 的规定；在纵向受拉钢筋的搭接长度范围内，箍筋间距尚不应大于搭接钢筋较小直径的 5 倍，且不应大于 100mm；在纵向受压钢筋的搭接长度范围内，箍筋间距尚不应大于搭接钢筋较小直径的 10 倍，且不应大于 200mm。

非抗震设计梁箍筋最大间距（mm）　　表 1-17

V / h_b（mm）	$V>0.7f_tbh_0$	$V\leqslant0.7f_tbh_0$
$h_b\leqslant300$	150	200
$300<h_b\leqslant500$	200	300
$500<h_b\leqslant800$	250	350
$h_b>800$	300	400

《高规》6.3.5-2：在箍筋加密区范围内的箍筋肢距：一级不宜大于 200mm 和 20 倍箍筋直径的较大值，二、三级不宜大于 250mm 和 20 倍箍筋直径的较大值，四级不宜大于 300mm。

（3）梁侧构造钢筋

1）规范规定

《混规》9.2.13：梁的腹板高度 h_w 不小于 450mm 时，在梁的两个侧面应沿高度配置纵向构造钢筋。每侧纵向构造钢筋（不包括梁上、下部受力钢筋及架立钢筋）的间距不宜大于 200mm，截面面积不应小于腹板截面面积（bh_w）的 0.1%，但当梁宽较大时可以适当放松。此处，腹板高度 h_w 按本规范第 6.3.1 条的规定取用。

2）设计时要注意的一些问题

现代混凝土构件的尺度越来越大，工程中大截面尺寸现浇混凝土梁日益增大。由于配筋较少，往往在梁腹板范围内的侧面产生垂直于梁轴线的收缩裂缝，可以在大尺寸梁的两侧沿梁长度方向布置纵向构造钢筋（腰筋），以控制垂直裂缝。梁的腹板高度 h_w 小于 450mm 时，梁的侧面防裂可以由上下钢筋兼顾，无需设置腰筋，上下钢筋已满足防裂要求，也可以根据经验适当配置：图中未注明时，对于腹板高度≥450mm 的梁，当梁宽≤300mm 时，每侧配置 10@200 的纵向构造钢筋；当 300mm<梁宽≤500mm 时，每侧配置 12@200 的纵向构造钢筋；当梁宽>500mm 时，每侧配置 14@200 的纵向构造钢筋。当梁的腹板高度 h_w≥450mm 时，其间距应满足图 1-71。

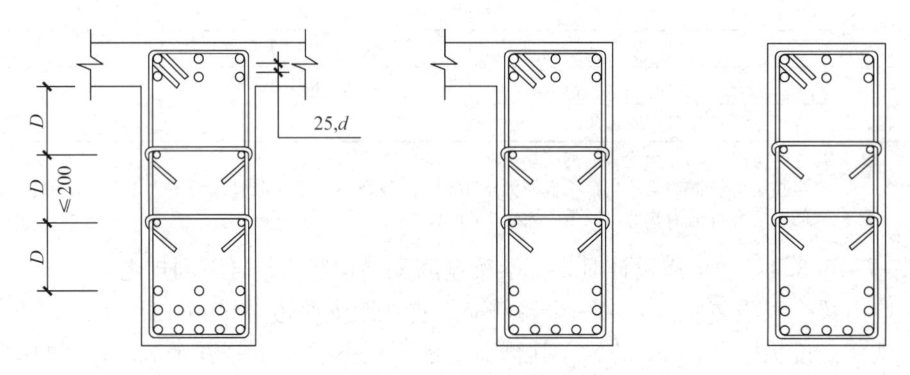

图 1-71　纵向构造钢筋间距

（4）附加横向钢筋

在主次梁相交处，次梁在负弯矩作用下可能产生裂缝，次梁传来的集中力通过次梁受压区的剪切作用传至主梁的中下部，这种作用在集中荷载作用点两侧各 0.5～0.65 倍次梁高范围内，可能引起主拉应力破坏而产生斜裂缝。为防止集中荷载作用影响区下部混凝土脱落并导致主梁斜截面抗剪能力降低，应在集中荷载影响范围内加“附加横向钢筋”。

附加箍筋设置的长度为 $2h_1+3b$（b 为次梁宽度，h_1 为主次梁高差），一般是主梁左右两边各 3～5 根箍筋，间距 50mm，直径可与主梁相同。当次梁宽度比较大时，附加箍筋间距可以减小些，次梁与主梁高差相差不大时，附加箍筋间距可以加大些。设计时一般首选设置附加箍筋，且不管抗剪是够满足，都要设置，当设置附加横向钢筋后仍不满足时，设置吊筋。

梁上立柱，柱轴力直接传递上梁混凝土的受压区，因此不再需要横向钢筋，但是需要注意的是一般梁的混凝土等级比柱要低，有的时候低比较多，这就可能有局压的问题出现。

吊筋的叫法是一种形象的说法，其本质的作用还是抗剪，并阻止斜裂缝的开展。吊筋长度=2×锚固长度+2×斜段长度+次梁宽度+2×50mm，当梁高≤800mm 时，斜长的起弯角度为 45°，梁高>800mm 时，斜长的起弯角度为 60°。吊筋至少设置 2 根，最小直径为 12mm，不然钢筋太柔。吊筋要到主梁底部，因为次梁传来的集中荷载有可能使主梁下部混凝土产生八字形斜裂缝。挑梁与墙交接处，较大集中力作用位置一般都要设置吊筋，但当次梁传来的荷载较小或集中力较小时可只设附加箍筋。有些情况不需要设置吊筋，比如集中荷载作用在主梁高度范围以外，梁上托柱就属于此种情况，次梁与次梁相交处一般不用设置吊筋。吊筋的计算公式如式（1-12）所示，在梁平法施工图中有“箍筋开关”、“吊筋开关”，可以查询集中力 F 设计值。也可以在 SATWE 中查看梁设计内力包络图，注意两侧的剪力相加才是总剪力。

$$A_{sv} \geqslant \frac{F}{f_{yv}\sin\alpha} \tag{1-12}$$

式中 A_{sv}——附加横向钢筋的面积；

F——集中力设计值；

f_{yv}——附加横向钢筋强度设计值；

$\sin\alpha$——附加横向钢筋与水平方向的夹角。当设置附加箍筋时，$\alpha=90°$，设置吊筋时，$\alpha=45°$或 60°。

3. 地下室梁平法施工图

地下室梁平法施工图如图 1-72～图 1-75 所示。

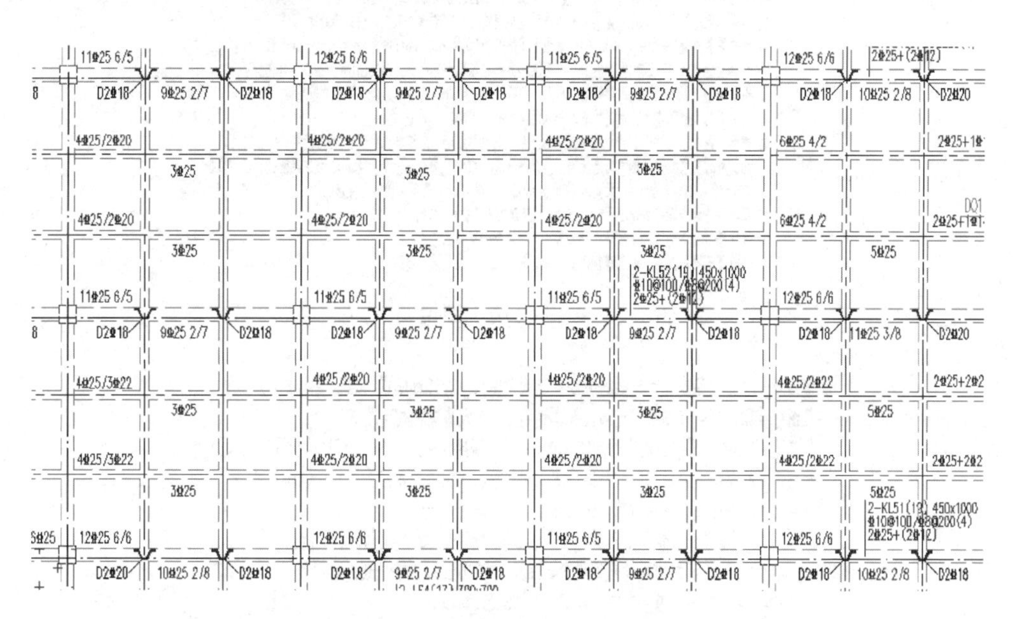

图 1-72　地下室顶板梁平法施工图（X 向-部分）

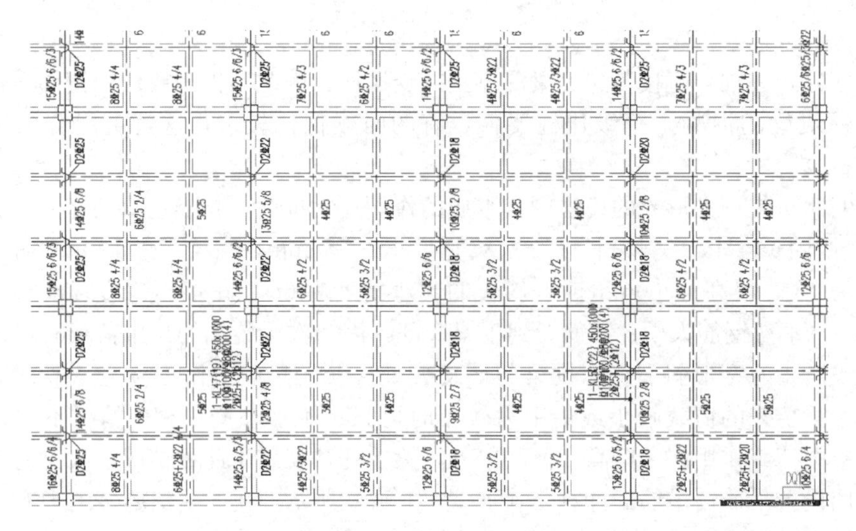

图 1-73　地下室顶板梁平法施工图（Y 向-部分）

梁说明：

1. 本梁图采用平面整体表示方法，其制图规则及构造详图详见国家建筑标准设计图集《16G101-1》。
2. 除图中注明外，梁板采用C35防水混凝土，抗渗等级为P6；钢筋：HPB300(Φ)，HRB400(Φ)，HRB550(Φ)。
3. 图中梁定位详相应层结构平面图，梁顶标高与该层平面图核对无误后方可施工。
4. 图中未注明的梁顶基准标高详层高表，原位注明的标高均为相对楼层基准标高的相对值。
5. 除19#集中商业和20#幼儿园及周边两跨框架抗震等级为三级外，其余框架抗震等级为四级。
6. 本图中凡与柱或墙相连的框架梁均应按16G101-1中楼层框架梁(KL*)的要求施工，
   与柱顶或墙顶相连的框架梁均应按16G101-1中屋面框架梁(WKL*)的要求施工；
   对只有一端与柱、墙相连的框架梁，箍筋仅在与柱、墙相连的一端加密，与梁相连的一端，
   纵筋按非框架梁锚固；框架梁KL*(WKL*)纵向钢筋构造详图集《16G101-1》第84~85页；
   连梁(LL*)抗震等级同剪力墙，其配筋构造详图集《16G101-1》第78~80页。
7. 非框架梁的上部纵向钢筋在端支座的锚固除图中说明外，均按充分利用钢筋的抗拉强度构造施工，
   即按16G101-1中的"Lg**"构造施工，其配筋构造详图集《16G101-1》第89页。
8. 框架梁KL*(WKL*)中间支座纵向钢筋构造详图集《16G101-1》第87页，箍筋、附加箍筋、吊筋等构造
   详图集《16G101-1》第88页，梁水平、竖向加腋构造详图集《16G101-1》第86页。
9. 非框架梁L*中间支座纵向钢筋构造及水平折梁、竖向折梁钢筋构造详图集《16G101-1》第91页。
10. 纯悬挑梁XL及各类梁的悬挑端配筋构造详总说明图NT002和图集《16G101-1》第92页。
11. 主次梁相交处(或集中力作用处)，主梁上次梁两侧(或集中力两侧)均设8Φd@50(n)附加箍筋，每侧4根，
   附加箍筋直径d、肢数n同梁箍筋；交叉梁相交处在各梁两侧均设6Φd@50(n)附加箍筋，每侧3根，
   附加箍筋直径d、肢数n同梁箍筋；附加吊筋除图中注明外，其余画出但未标注的吊筋均为2Φ16，
   当梁抬柱且图中未注明时均在其作用的梁内柱下附加2Φ16吊筋。
12. 梁配筋图中未标注梁侧抗扭纵筋又未标注梁侧构造腰筋时，应按总说明图NT002和图集《16G101-1》
   第90页的要求配置梁侧的构造腰筋，当梁高超过NT002表中数值时，框架梁及非框架梁腰筋直径均为Φ8
   (350>梁宽>200时为Φ10，梁宽≥350时为Φ12)，间距200mm。腰筋两侧锚入支座La(LaE)。
13. 图中梁净跨与梁高之比小于5的KL*(WKL*)梁箍筋沿梁全长加密。
14. 图中编号相同的梁跨度可能不同，施工单位下料时应特别注意。
15. 不论是否同一梁号，相邻跨钢筋直径相同时，施工时应尽量拉通。

图 1-74　梁平法施工图说明（1）

16. 墙体水平分布钢筋应作为连梁的腰筋在连梁范围内拉通连续配置，若无墙体水平分布筋
   且图中连梁未注明腰筋时，连梁应按本说明第11条设置梁侧构造腰筋。
17. 跨高比≤2.5的连梁，除图中标注[LL(JX)xx]外，需配置交叉斜筋4Φ14(对称布置)，交叉斜筋
   配筋连梁在梁截面内沿水平及竖向设置双向拉筋Φ8@200，拉筋应勾住外侧纵向钢筋，
   连梁交叉斜筋配筋构造详图集《16G101-1》第81页。
18. 各层梁分别编号，且仅用于本层；其余各层梁配筋图未写梁说明时同此说明。
19. 未说明之处参见《结构设计总说明》、图集《16G101-1》及相关规范和图集。
20. 本图框架梁和次梁箍筋加密范围详图一和图二所示。

图 1-75　梁平法施工图说明（2）（一）

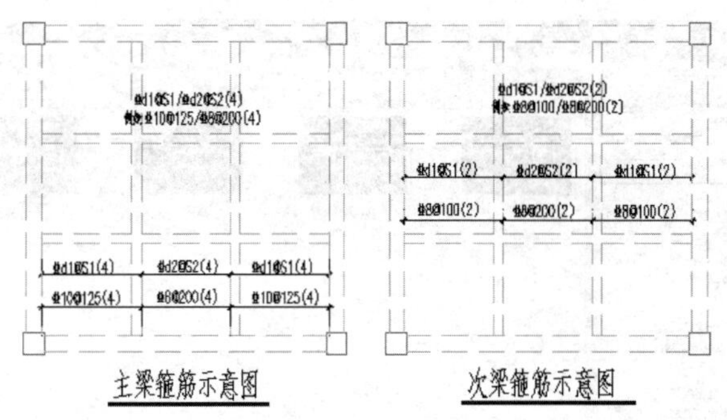

图 1-75　梁平法施工图说明（2）（二）

1.4.2　地下室外墙平法施工图绘制

1. 软件操作

（1）地下室外墙一般用小软件计算，本工程用“理正结构设计工具箱软件 6.5PB3”计算。在桌面上双击“理正结构设计工具箱软件 6.5PB3”，进入其主菜单，如图 1-76 所示。

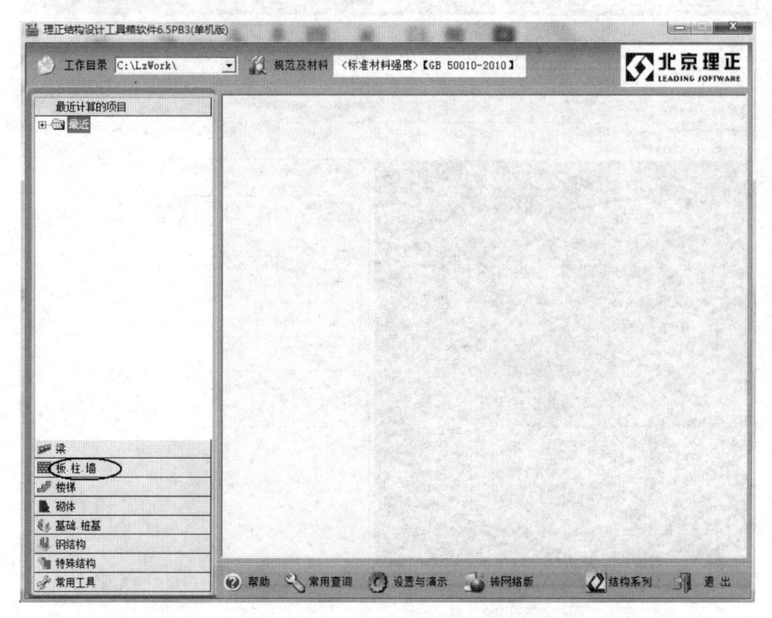

图 1-76　“理正结构设计工具箱软件 6.5PB3”主菜单

（2）在“理正结构设计工具箱软件 6.5PB3”主菜单中点击：板、柱、墙→地下室外墙多层（图 1-77），双击“地下室外墙多层”，弹出“新增构件”菜单，点击“确定”，进入“地下室外墙多层”设计参数填写对话框，如图 1-78～图 1-81 所示。

参数注释：

1. 墙宽：按实际工程填写，8.1m；

2. 地下室顶标高：一般可填写－1.8；

3. 外地坪标高：按实际工程填写，一般可填写－0.3m；

4. 负一层层高：按实际工程填写，本工程为 4.1m（地下室板顶～底板顶距离）；

5. 支承方式：应根据实际工程填写，一般柱距/层高≥2 时，可以按底部固定、顶板处简支、两边自由计算。

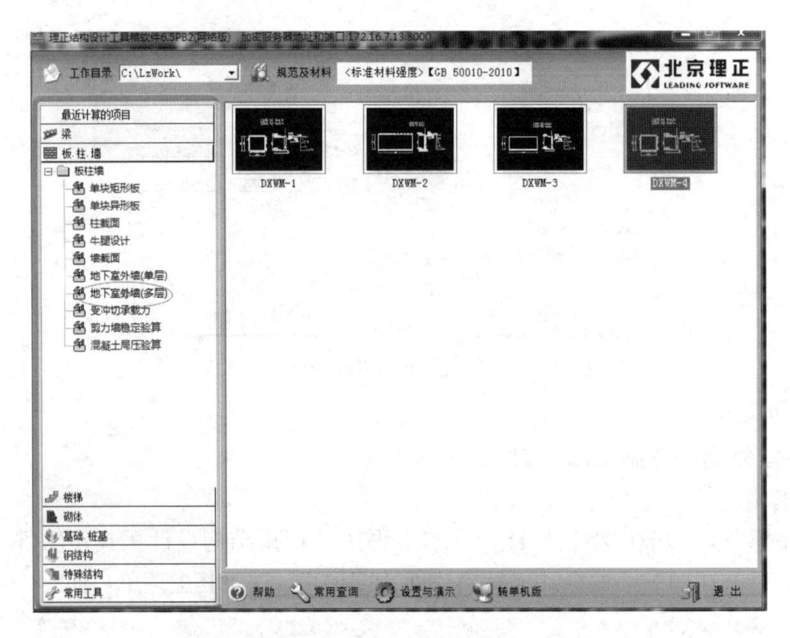

图 1-77　地下室外墙（多层）

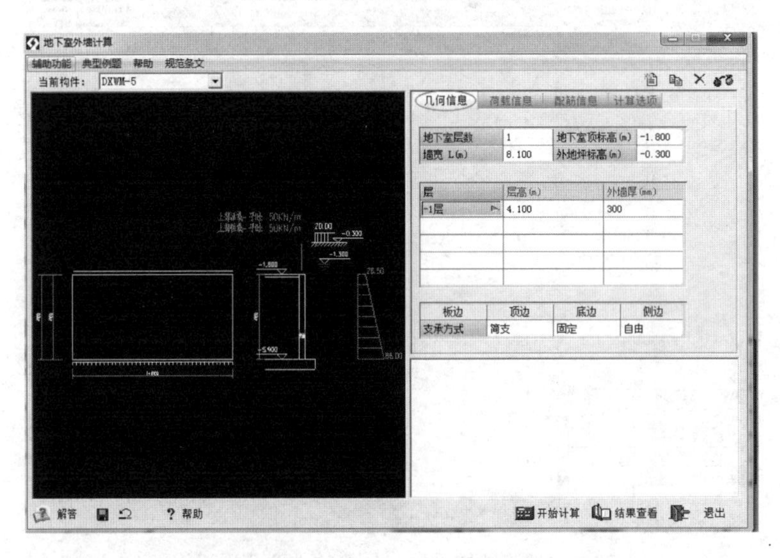

图 1-78　地下室外墙计算参数设置（1）

参数注释：

1. 土压力计算方法：一般选择"静止土压力"。

2. 地下水埋深：需要特别注意的是，对地下室外墙进行裂缝计算时，抗浮水位可取常水位，不必取最高抗浮水位，根据地勘报告换算后填写，本工程为 1.6m。

3. 静止土压力系数：地下室采用大开挖方式，无护坡桩或连续墙支护时，地下室外墙承受的土压力宜取静止土压力，土压力系数 K_0，对一般固结土可取 $K_0=1-\sin\phi$（ϕ 为土的有效内摩擦角），一般情况可取 0.5。

当地下室施工采用护坡桩或连续墙支护时，地下室外墙土压力计算中可以考虑基坑支护与地下室外墙的共同作用，或按静止土压力乘以折减系数 0.66 近似计算，$K_a=0.5\times0.66=0.33$。

4. 土天然重度：可填写 $18kN/m^3$。

5. 土饱和重度：可填写 $20kN/m^3$。

6. 水土侧压计算：当挡土墙的土为黏性土时，可采用水土合算的方法，即采用土的饱和重度计算；当挡土墙的土为砂性土时，可采用水土分算的方法，即水和土分别计算后相加。

7. 上部恒载-平时：覆土恒荷载为 $21.6kN/m^2$，地下室顶板下面的管道的附加恒载取 $1.0kN/m^2$，180m 厚板恒载 $4.5kN/m^2$，墙宽 8.1m，则上部恒载-平时（kN/m）近似值为 $(21.6+1+4.5)\times4.05=109.75$（kN/m）。

8. 上部活载-平时：库活荷载取 $5.0kN/m^2$，主楼一层楼面活荷载取 $5.0kN/m^2$；消防车荷载为 $35kN/m^2$，由于地下室外墙周边走消防车，1.2m 覆土，考虑覆土折减后消防车活荷载取 $28kN/m^2$，墙宽 8.1m，则上部活载-平时（kN/m）近似值为 $(28)\times4.05=113.5$（kN/m）；

9. 地面活载-平时：根据《北京院-建筑结构专业技术措施》，一般民用建筑的室外地面（包括可能停放消防车的室外地面），活荷载可取 $5kN/m^2$。有特殊较重荷载时，按实际情况确定。

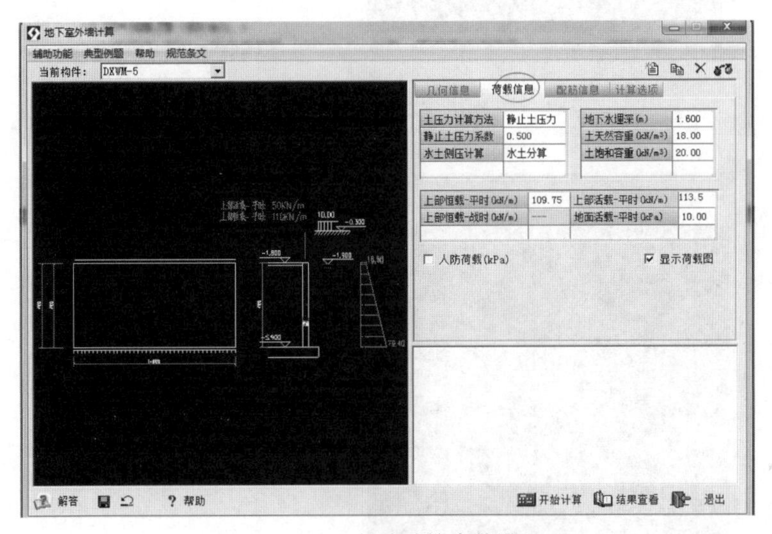

图 1-79　地下室外墙计算参数设置（2）

《全国民用建筑工程设计技术措施》第 2.1 节第 4 款之 7 规定：计算地下室外墙时，其室外地面荷载取值不应低于 $10kN/m^2$，如室外地面为同行车道则应考虑行车荷载。需要注意的是，上述规定中的 $10kN/m^2$ 时工程设计的经验值，当计算位置离地表距离减小时，在汽车轮压作用下地下室外墙上部的土压力值将有可能大于 $10kN/m^2$，也可偏保守填写消防车荷载 $28kN/m^2$。

参数注释：

1. 混凝土强度等级：本工程采用 C35，在实际工程中，一般采用 C35 或者 C30，混凝土强度等级太高时，地下室外墙容易开裂。

2. 配筋调整系数：一般可填写 1.0。

3. 钢筋级别：一般填写 HRB400。

4. 竖向配筋方法：一般可选择“纯弯压弯取大”，总的来说，压弯计算时，一般计算结果更小。

5. 外纵筋保护层：一般可取 50mm。

6. 内纵筋保护层：一般可取 20mm。

7. 双向配筋：一般可选择“非对称”。

8. 裂缝限值：一般可填写 0.2，有的地区也按 0.2～0.3 控制。

9. 裂缝控制配筋：一般应勾选。

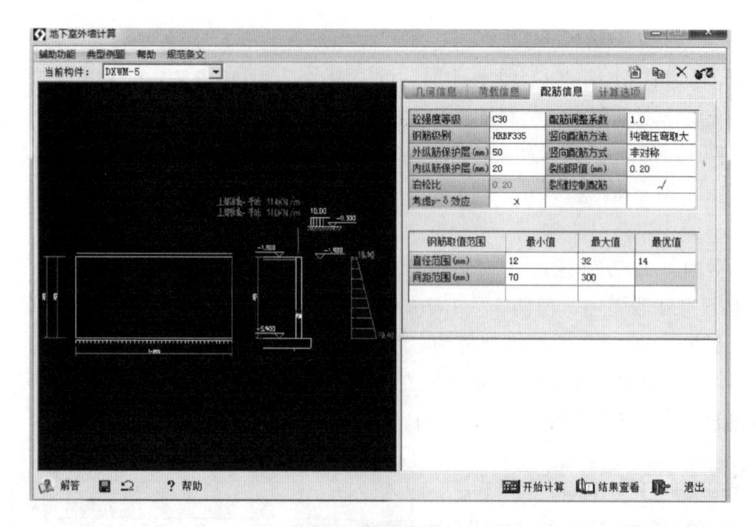

图 1-80 地下室外墙计算参数设置（3）

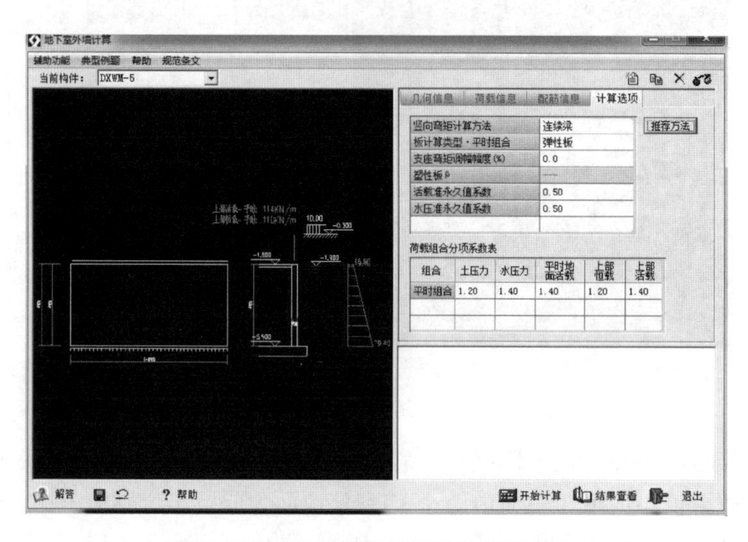

图 1-81 地下室外墙计算参数设置（4）

参数注释：

1. 竖向弯矩计算方法：一般可点击“推荐方法”；当侧边支座非自由时，一般可选择“单块板”，当侧边支座为自由时，一般可选择“连续梁”。

2. 板计算类型，平时组合：一般可选择“弹性板”；当选择“塑性板”时，更符合实际受力情况。

3. 支座弯矩调幅幅度：选择“弹性板”时，“支座弯矩调幅幅度”可填写为 0，当选择“塑性板”时，“支座弯矩调幅幅度”可填写为 10，且不宜超过 10。

4. 塑性板 β：当选择“弹性板”时，“塑性板 β”为灰色，不可填写；当选择“塑性板”时，“塑性板 β”可填写 1.4。

5. 活载准永久荷载系数：一般可填写 0.5。

6. 活载调整系数：一般可填写 1.0。

7. 荷载组合分项系数表：一般可按默认值，不用更改。

（3）点击“开始计算”，即可完成该地下室外墙的计算，计算结果如图 1-82 所示。

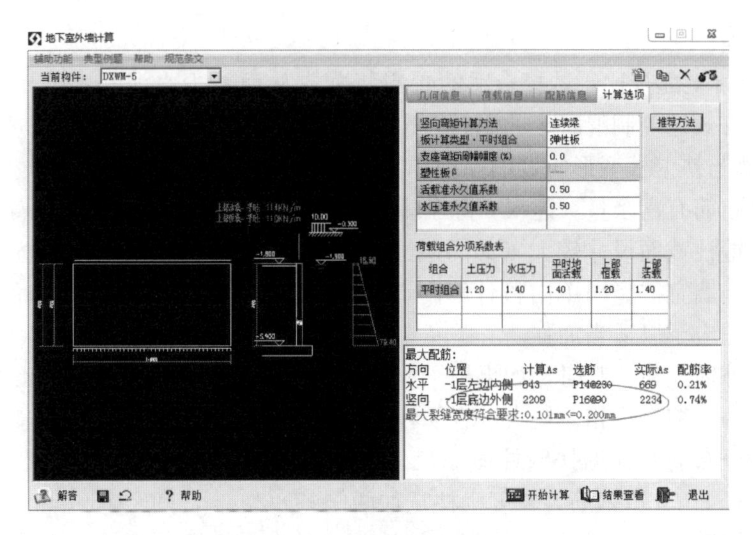

图 1-82　地下室外墙计算

注：配筋值较大时，主要是加大地下室外墙的厚度。

（4）画或修改地下室外墙施工图时应注意的问题：

1）孙芳垂编著的《建筑结构优化设计案例分析》一书中有以下阐述：有资料表明，地下室混凝土外墙的裂缝主要是竖向裂缝，地基不均匀沉降造成的倾斜裂缝非常少见，竖向裂缝产生的主要原因是混凝土干缩和温度收缩应力造成的，温度收缩裂缝是由于温度降低引起收缩产生的，但混凝土干缩裂缝出现时，钢筋应力有资料表明，只达到约 60MPa，远没有发挥钢筋的作用，所以要防止混凝土早期的干缩裂缝，一味地加大钢筋是不明智的，要与其他措施同时进行。

2）地下室外墙裂缝产生规律均为由下部老混凝土开始向上部延伸，上宽下小，墙体顶部由于在设计中住往按梁考虑，因此裂缝在顶部 1～2m 范围内往往终止。此外，工程中常发现，墙体与明柱连接处 2～3m 范围内，常有纵向裂缝产生。

室外地下水的最高地下水位高于地下室的底标高时，外墙的裂缝宽度限值如有外防水保护层时取 0.3mm，无外防水保护层时取 0.2mm。如果当室外地下水的最高地下水位低于地下室的底标高时，外墙的裂缝宽度限值可以取到 0.3mm 进行计算。

3）控制裂缝措施

① 墙体配筋时尽量遵循小而密的原则，对于纵筋间距，有条件时可控制 100～150mm，但不是绝对，因为控制裂缝是钢筋直径，总量等其他因素共同控制。

② 地下室混凝土外墙的裂缝主要是竖向裂缝，建议把地下室外墙外水平筋放外面，也方便施工，并适当加大水平分布筋。

③ 设置加强带。为了实现混凝土连续浇注无缝施工而设置补偿收缩混凝土带，根据一些工程实践经验，一般超过 60m 应设置膨胀加强带。

④ 设置后浇带。可以在混凝土早期短时期释放约束力。一般每隔 30～40m 设置贯通顶板、底部及墙板的施工后浇带。后浇带可设置在柱距三等分的中间范围内以及剪力墙附近，其方向宜与梁正交，沿竖向应在结构同跨内；底板及外墙的后浇带宜增设附加防水层；后浇带封闭时间宜滞后 45d 以上，其混凝土强度等级宜提高一级，并宜采用无收缩混

凝土，低温入模。

⑤ 优化混凝土配合比，选择合适的骨料级配，从而减少水泥和水的用量，增强混凝土的和易性，有效地控制混凝土的温升。也可以掺加高效减水剂。

4）按外墙与扶壁柱变形协调的原理，其外墙竖向受力筋配筋不足、扶壁柱配筋偏少、外墙的水平分布筋有富余量。建议：除了垂直于外墙方向有钢筋混凝土内隔墙相连的外墙板块或外墙扶壁柱截面尺寸较大（如高层建筑外框架柱之间），外墙板块按双向板计算配筋外，其余的外墙宜按竖向单向板计算配筋为妥。竖向荷载（轴力）较小的外墙扶壁桩，其内外侧主筋也应予以适当加强。

当柱子与外墙连在一起时，如果柱子配筋及截面都比墙体大得多，当混凝土产生收缩时，两者产生的收缩变形相差较大，容易在墙柱相连部位产生过大的应力集中而开裂，常常外墙的水平分布筋要根据扶壁柱截面尺寸大小，适当另配外侧附加短水平负筋予以加强，另增设直径 8mm 短钢筋，长度为柱宽加两侧各 800mm，间距 150mm（在原有水平分布筋之间加此短筋）。无上部结构柱相连的地下室外墙，支承顶板梁处不宜设扶壁柱，扶壁柱使得此处墙为变截面，易产生收缩裂缝，不设扶壁柱顶板梁在墙上按铰接考虑，此处墙无需设暗柱。

5）地下室外墙为控制收缩及温度裂缝，水平筋间距不应大于 150，配筋率宜取 0.4%～0.5%（内外两侧均计入）。为了便于构造和节省钢筋，外墙可考虑塑性变形内力重分布，该值一般可取 0.9。塑性计算不仅可以在有外防水的墙体中采用，也可在混凝土自防水的墙体中采用。塑性变形可能只在截面受拉区混凝土中出现较细微的弯曲裂缝，不会贯通整个截面厚度，所以外墙仍有足够的抗渗能力。

6）当高层剪力墙嵌固在地下室顶板时，地下室内外墙边缘构件可由地上相邻剪力墙的边缘构件延伸下来，再改变边缘构件宽度（应按地下一层墙宽），有时还应根据实际工程调整边缘构件长度（很少）。不按照地下室外墙的形状单独设置边缘构件是因为地下室外墙不是“墙”，其可以简化为连续梁或简支梁模型，背后以受水平方向弯矩为主（忽略轴力影响），而上部结构剪力墙是墙模型，按偏心拉压计算。

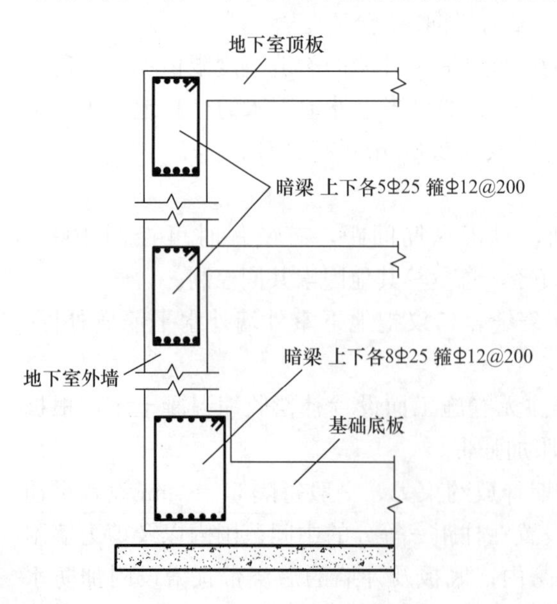

图 1-83 地下室暗梁设置

7）在设计地下车道时，地下室外墙计算时底部为固定支座（即底板作为外墙的嵌固端），侧壁底部弯矩与相邻的底板弯矩大小一样，底板的抗弯能力不应小于侧壁，其厚度和配筋量应匹配，车道侧壁为悬臂构件，底板的抗弯能力不应小于侧壁底板。

8）某些结构工程师习惯在地下室外墙基础底板及各层顶板连接部位设置暗梁，如图 1-83 所示。地下室（尤其为多层时）外墙已属于刚性墙，没有必要设置暗梁，在墙顶部设置两根直径不小于 20mm 的构造钢筋即可，墙底因为基础底板钢筋直径较大可以不再设置。

(5) 地下室外墙施工图

地下室外墙大样如图 1-84 所示。

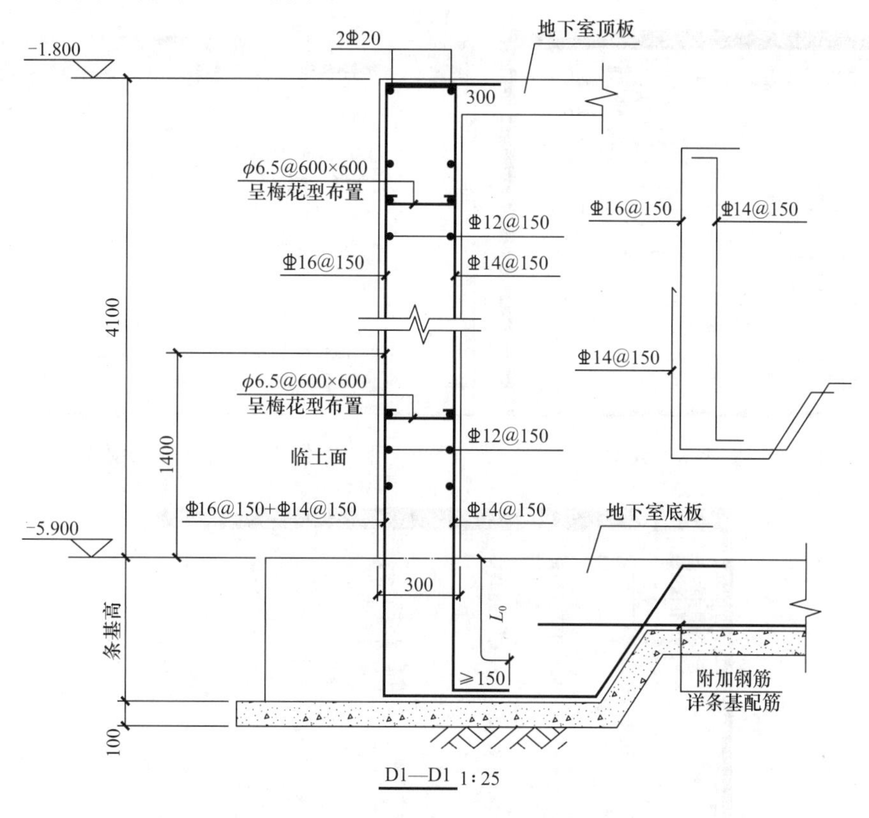

图 1-84 地下室外墙大样

注：1. 根据现场反应，裂缝主要是竖向裂缝，则一般加密水平分布筋，间距一般为 150mm 左右，竖向分布筋间距一般可取 200～250mm；

2. 车道底板以下回填土应分层夯实，夯实后地基承载力特征值不小于 150kPa。车道底板、侧墙、顶板混凝土强度等级均为 C35，抗渗等要求同地下室。

1.4.3 地下室顶板计算与施工图绘制

1. 软件操作

点击【混凝土结构施工图/板】→【参数】，如图 1-85～图 1-87 所示。

参数注释：

1. 双向板计算方法：选“弹性算法”则偏保守，但很多设计院都按弹性计算。可以选“塑性算法”，支座与跨中弯矩比可修改为 1.4。该值越小，则板端弯矩调幅越大，对于较大跨度的板，支座裂缝可能会过早开展，并可能跨中挠度较大；在实际设计中，工业建筑采用弹性方法，民用建筑采用塑性方法。直接承受动荷载或重复荷载作用的构件、裂缝控制等级为一级或二级的构件、采用无明显屈服台阶钢筋的构件以及要求安全储备较高的结构应采用弹性方法。地下室顶板、屋面板等有防水要求且荷载较大，考虑裂缝和徐变对构件刚度的影响，建议采用弹性理论计算。人防设计一般采用塑性计算。住宅建筑，板跨度较小，如采用 HRB400 级钢筋，既可采用弹性计算方法也可采用塑性计算方法，计算结果相差不大，通常采用塑性计算。

图 1-85　板计算参数 1

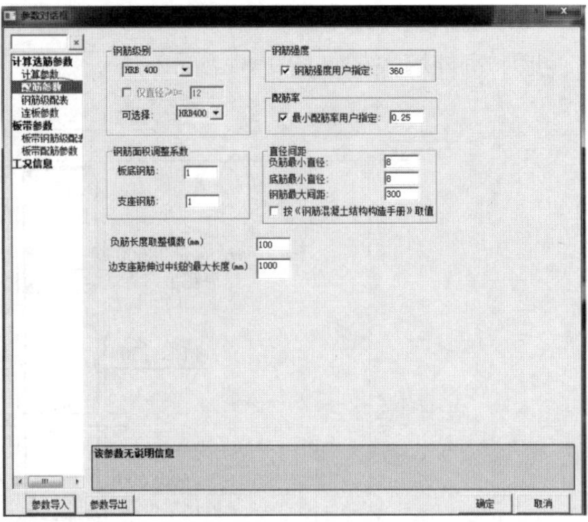

图 1-86　板计算参数 2

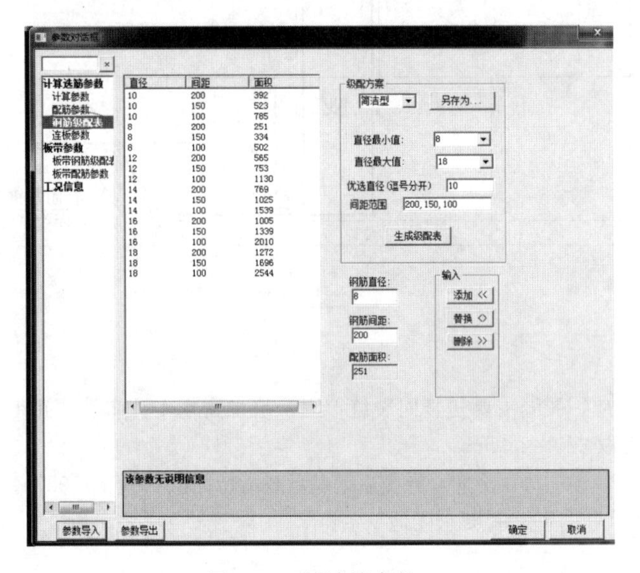

图 1-87　板计算参数 3

2. 边缘梁、剪力墙算法：一般可按程序的默认方法，按简支计算。

3. 有错层楼板算法：一般可按程序的默认方法，按简支计算。

4. 裂缝计算：一般不应勾选“允许裂缝挠度自动选筋”。

5. 人防计算时板跨中弯矩折减系数：据《人民防空地下室设计规范》GB 50038—2005 的规定，当板的周边支座横向伸长受到约束时，其跨中截面的计算弯矩值可乘以折减系数 0.7。当有人防且符合规范规定是，可填写 0.7；对于普通没有人防的楼板，可按默认值 1.0。

6. 使用矩形连续板跨中弯矩算法（即结构静力计算手册活荷不利算法）：一般应勾选。

7. 近似按矩形计算时面积相对误差（%）：可按默认值 0.15。

8. 钢筋级别：按照实际工程填写，现在越来越多工程板钢筋用 HRB400 级钢。

9. 最小配筋率用户指定：本工程填写 0.25%。

10. 钢筋强度用户指定：本工程填写 360。

11. 直径最小值：一般可填写 8mm；当板厚大于 150mm 时，最小直径可取 10mm。

12. 负筋最小直径：一般可填写 8mm；当板厚大于 150mm 时，最小直径可取 10mm。

13. 底筋最小直径：一般可填写 8mm；当板厚大于 150mm 时，最小直径可取 10mm。

14. 钢筋最大间距：《混规》9.1.3：板中受力钢筋的间距，当板厚不大于 150mm 时不宜大于 200mm，当板厚大于 150mm 时不宜大于板厚的 1.5 倍，且不宜大于 250mm。所以对于常规的结构，一般可填写 200mm。

15. 准永久值系数：此系数主要是用来计算裂缝与挠度，对于整个结构平面，根据功能布局，可查《荷规》5.1.1，一般以 0.4、0.5 居多。对于整层是书库、档案室、储藏室等，应将该值改为 0.8。

16. 负筋长度取整模数（mm）：一般可取 50。

17. 边支座筋伸过中线的最大长度：对于普通的边支座，一般的做法是板负筋伸至支座外侧减去保护层厚度，根据需要再做弯锚。一般可填写 200mm 或按默认值 1000，因为值越大，对于常规工程，生成的板筋施工图没有影响。

18. 其他参数可按默认值。

点击：边界条件，可用“固定边界”“简支边界”来修改边界条件，红颜色表示“固定边界”，蓝颜色表示“简支边界”。点击“自动计算”，即可完成楼板的计算。

2. 画或修改板平法施工图时应注意的问题

（1）板钢筋

1）规范规定

《混规》9.1.6：按简支边或非受力边设计的现浇混凝土板，当与混凝土梁、墙整体浇筑或嵌固在砌体墙内时，应设置板面构造钢筋，并符合下列要求：

① 钢筋直径不宜小于 8mm，间距不宜大于 200mm，且单位宽度内的配筋面积不宜小于跨中相应方向板底钢筋截面面积的 1/3。与混凝土梁、混凝土墙整体浇筑单向板的非受力方向，钢筋截面面积尚不宜小于受力方向跨中板底钢筋截面面积的 1/3。

② 钢筋从混凝土梁边、柱边、墙边伸入板内的长度不宜小于 $l_0/4$，砌体墙支座处钢筋伸入板边的长度不宜小于 $l_0/7$，其中计算跨度 l_0 对单向板按受力方向考虑，对双向板按短边方向考虑。

③ 在楼板角部，宜沿两个方向正交、斜向平行或放射状布置附加钢筋。

《混规》9.1.7：当按单向板设计时，应在垂直于受力的方向布置分布钢筋，单位宽度上的配筋不宜小于单位宽度上的受力钢筋的 15%，且配筋率不宜小于 0.15%；分布钢筋直径不宜小于 6mm，间距不宜大于 250mm；当集中荷载较大时，分布钢筋的配筋面积尚应增加，且间距不宜大于 200mm。当有实践经验或可靠措施时，预制单向板的分布钢筋可不受本条的限制。

《混规》9.1.8：在温度、收缩应力较大的现浇板区域，应在板的表面双向配置防裂构造钢筋。配筋率均不宜小于 0.10%，间距不宜大于 200mm。防裂构造钢筋可利用原有钢筋贯通布置，也可另行设置钢筋并与原有钢筋按受拉钢筋的要求搭接或在周边构件中锚固。楼板平面的瓶颈部位宜适当增加板厚和配筋。沿板的洞边、凹角部位宜加配防裂构造钢筋，并采取可靠的锚固措施。

《混规》9.1.3：板中受力钢筋的间距，当板厚不大于 150mm 时，不宜大于 200mm；当板厚大于 150mm 时，不宜大于板厚的 1.5 倍，且不宜大于 250mm。

《高规》3.6.3：普通地下室顶板厚度不宜小于 160mm，作为上部结构嵌固部位的地下室楼层的顶楼盖应采用梁板体系，楼板厚度不宜小于 180mm，应采用双层双向配筋，且每层每个方向的配筋率不宜小于 0.25%。

2）经验

① 板中受力钢筋的常用直径，板厚不超过 120mm 时，适宜的钢筋直径为 8～12mm；板厚 120～150mm 时，适宜的钢筋直径为 10～14mm；板厚 150～180mm 时，适宜的钢筋直径为 12～16mm；板厚 180～220mm 时，适宜的钢筋直径为 14～18mm。

② 板施工图的绘制可以按照 11G101 中板平法施工图方法进行绘制，板负筋相同且个数比较多时，可以编为同一个编号，否则不应编号，以防增加施工难度。

屋面板配筋一般双层双向，再另加附加筋。未注明的板配筋可以文字说明的方式表示。

（2）板挠度

规范规定：

《混规》3.4.3：钢筋混凝土受弯构件的最大挠度应按荷载的准永久组合，预应力混凝土受弯构件的最大挠度应按荷载的标准组合，并均应考虑荷载长期作用的影响进行计算，其计算值不应超过表 1-18 规定的挠度限值。

受弯构件的挠度限值　　表 1-18

构件类型		挠度限值
吊车梁	手动吊车	$l_0/500$
	电动吊车	$l_0/600$
屋盖、楼盖及楼梯构件	当 $l_0<7$m 时	$l_0/200$（$l_0/250$）
	当 7m$\leqslant l_0\leqslant$9m 时	$l_0/250$（$l_0/300$）
	当 $l_0>9$m 时	$l_0/300$（$l_0/400$）

注：1. 表中 l_0 为构件的计算跨度；计算悬臂构件的挠度限值时，其计算跨度 l_0 按实际悬臂长度的 2 倍取用；
2. 表中括号内的数值适用于使用上对挠度有较高要求的构件；
3. 如果构件制作时预先起拱，且使用上也允许，则在验算挠度时，可将计算所得的挠度值减去起拱值；对预应力混凝土构件，尚可减去预加力所产生的反拱值；
4. 构件制作时的起拱值和预加力所产生的反拱值，不宜超过构件在相应荷载组合作用下的计算挠度值。

《混规》3.4.4：结构构件正截面的受力裂缝控制等级分为三级，等级划分及要求应符合下列规定：

一级——严格要求不出现裂缝的构件，按荷载标准组合计算时，构件受拉边缘混凝土不应产生拉应力。

二级——一般要求不出现裂缝的构件，按荷载标准组合计算时，构件受拉边缘混凝土拉应力不应大于混凝土抗拉强度的标准值。

三级——允许出现裂缝的构件：对钢筋混凝土构件，按荷载准永久组合并考虑长期作用影响计算时，构件的最大裂缝宽度不应超过本规范表 3.4.5 规定的最大裂缝宽度限值。对预应力混凝土构件，按荷载标准组合并考虑长期作用的影响计算时，构件的最大裂缝宽度不应超过本规范第 3.4.5 条规定的最大裂缝宽度限值；对二 a 类环境的预应力混凝土构件，尚应按荷载准永久组合计算，且构件受拉边缘混凝土的拉应力不应大于混凝土的抗拉强度标准值。

（3）板裂缝

1）规范规定

《混规》3.4.5：结构构件应根据结构类型和本规范第 3.5.2 条规定的环境类别，按表 1-19 的规定选用不同的裂缝控制等级及最大裂缝宽度限值 ω_{lim}。

结构构件的裂缝控制等级及最大裂缝宽度的限值（mm）　　**表 1-19**

<table>
<tr><th rowspan="2">环境类别</th><th colspan="2">钢筋混凝土结构</th><th colspan="2">预应力混凝土结构</th></tr>
<tr><th>裂缝控制等级</th><th>ω_{lim}</th><th>裂缝控制等级</th><th>ω_{lim}</th></tr>
<tr><td>一</td><td rowspan="4">三级</td><td>0.30（0.40）</td><td rowspan="2">三级</td><td>0.20</td></tr>
<tr><td>二 a</td><td rowspan="3">0.20</td><td>0.10</td></tr>
<tr><td>二 b</td><td>二级</td><td>—</td></tr>
<tr><td>三 a、三 b</td><td>一级</td><td>—</td></tr>
</table>

注：1. 对处于年平均相对湿度小于 60％地区一类环境下的受弯构件，其最大裂缝宽度限值可采用括号内的数值；

2. 在一类环境下，对钢筋混凝土屋架、托架及需作疲劳验算的吊车梁，其最大裂缝宽度限值应取为 0.20mm；对钢筋混凝土屋面梁和托梁，其最大裂缝宽度限值应取为 0.30mm；

3. 在一类环境下，对预应力混凝土屋架、托架及双向板体系，应按二级裂缝控制等级进行验算；对一类环境下的预应力混凝土屋面梁、托梁、单向板，应按表中二 a 级环境的要求进行验算；在一类和二 a 类环境下需作疲劳验算的预应力混凝土吊车梁，应按裂缝控制等级不低于二级的构件进行验算；

4. 表中规定的预应力混凝土构件的裂缝控制等级和最大裂缝宽度限值仅适用于正截面的验算；预应力混凝土构件的斜截面裂缝控制验算应符合本规范第 7 章的有关规定；

5. 对于烟囱、筒仓和处于液体压力下的结构，其裂缝控制要求应符合专门标准的有关规定；

6. 对于处于四、五类环境下的结构构件，其裂缝控制要求应符合专门标准的有关规定；

7. 表中的最大裂缝宽度限值为用于验算荷载作用引起的最大裂缝宽度。

2）设计时要注意的一些问题

裂缝：地下室顶板裂缝限值一般可取 0.3mm，有些设计院规范取 0.2mm。

3. 地下室顶板平法施工图

地下室顶板平法施工图如图 1-88、图 1-89 所示。

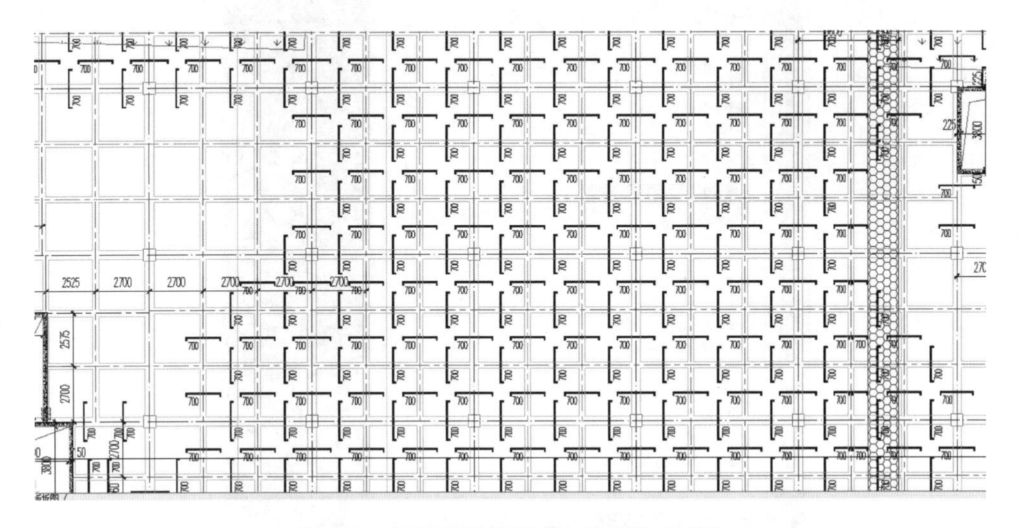

图 1-88　地下室顶板板平法施工图（局部）

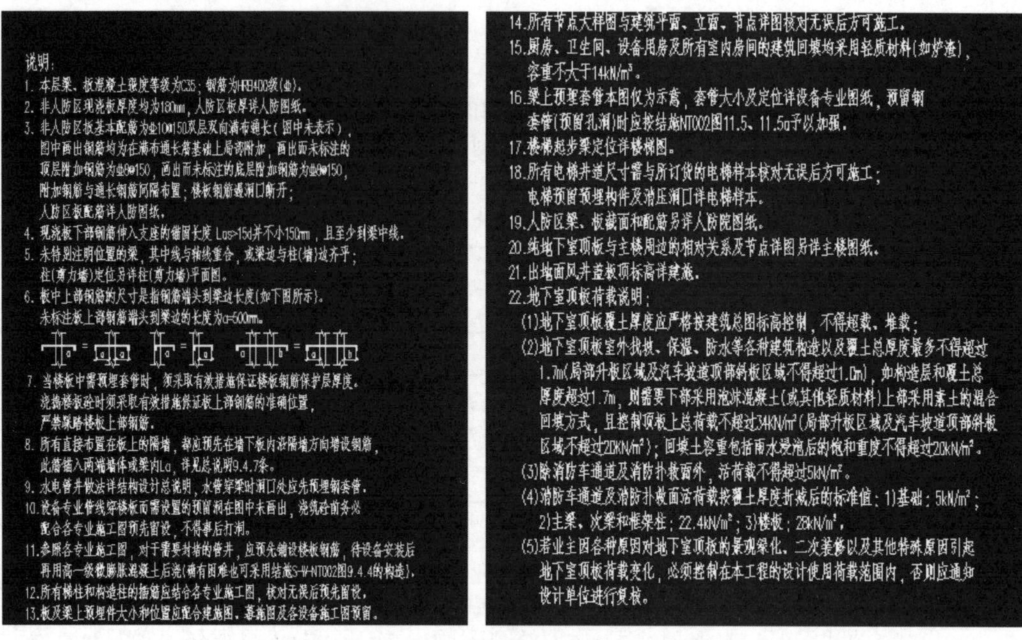

说明：
1. 本层梁、板混凝土强度等级为C35；钢筋为HRB400级(⊈)。
2. 非人防区现浇板厚度均为180mm，人防区板厚详人防图纸。
3. 非人防区板基本配筋为⊈10@150双层双向满布通长(图中未表示)，
图中画出钢筋均为在满布通长筋基础上局部附加，画出而未标注的
顶层附加钢筋为⊈8@150，画出而未标注的底层附加钢筋为⊈8@150，
附加钢筋与通长钢筋间隔布置；楼板钢筋遇洞口断开；
人防区板配筋详人防图纸。
4. 现浇板下部钢筋伸入支座的锚固长度Las>15d并不小150mm，且至少到梁中线。
5. 未特别注明位置的梁，其中线与轴线重合，或梁边与柱(墙)边齐平；
柱(剪力墙)定位另详柱(剪力墙)平面图。
6. 板中上部钢筋的尺寸是指钢筋端头到梁边长度(如下图所示)。
未标注板上部钢筋端头到梁边的长度为a=500mm。
7. 当楼板中需预埋套管时，须采取有效措施保证楼板钢筋保护层厚度。
浇捣楼板砼时须采取有效措施保证板上部钢筋的准确位置，
严禁踩踏楼板上部钢筋。
8. 所有直接布置在板上的隔墙，都应预先在墙下板内沿隔墙方向增设钢筋，
此筋锚入两端墙体或梁内La，详见总说明9.4.7条。
9. 水电管井做法详结构设计总说明，水管穿梁时洞口处应先预埋钢套管。
10. 设备专业管线穿楼板而需设置的预留洞在图中未画出，浇筑砼前务必
配合各专业施工图预先留设，不得事后打洞。
11. 参照各专业施工图，对于需要封堵的管井，应预先铺设楼板钢筋，待设备安装后
再用高一级微膨胀混凝土后浇(确有困难也可采用结施S-W-NT002图9.4.4的构造)。
12. 所有梯柱和构造柱的插筋应结合各专业施工图，核对无误后预先留设。
13. 板及梁上预埋件大小和位置应配合建施图、幕施图及各设备施工图预留。
14. 所有节点大样图与建筑平面、立面、节点详图核对无误后方可施工。
15. 厨房、卫生间、设备用房及所有室内房间的建筑回填均采用轻质材料(如炉渣)，
容重不大于14kN/m³。
16. 梁上预埋套管本图仅为示意，套管大小及定位详设备专业图纸，预留钢
套管(预留孔洞)时应按结施NT002图11.5、11.5a予以加强。
17. 楼梯起步梁定位详楼梯图。
18. 所有电梯井道尺寸需与所订货的电梯样本核对无误后方可施工；
电梯预留预埋构件及消压洞口详电梯样本。
19. 人防区梁、板截面和配筋另详人防院图纸。
20. 纯地下室顶板与主楼周边的相对关系及节点详图另详主楼图纸。
21. 出地面风井盖板顶标高详建施。
22. 地下室顶板荷载说明：
(1)地下室顶板覆土厚度应严格按建筑总图标高控制，不得超载、堆载；
(2)地下室顶板室外找坡、保温、防水等各种建筑构造以及覆土总厚度最多不得超过
1.7m(局部升板区域及汽车坡道顶部斜板区域不得超过1.0m)，如构造层和覆土总
厚度超过1.7m，则需要下部采用泡沫混凝土(或其他轻质材料)上部采用素土的混合
回填方式，且控制顶板上总荷载不超过34kN/m²(局部升板区域及汽车坡道顶部斜板
区域不超过20kN/m²)；回填土容重包括雨水浸泡后的饱和重度不得超过20kN/m²。
(3)除消防车通道及消防扑救面外，活荷载不得超过5kN/m²。
(4)消防车通道及消防扑救面活荷载按覆土厚度折减后的标准值：1)基础：5kN/m²；
2)主梁、次梁和框架柱：22.4kN/m²；3)楼板：28kN/m²。
(5)若业主因各种原因对地下室顶板的景观绿化、二次装修以及其他特殊原因引起
地下室顶板荷载变化，必须控制在本工程的设计使用荷载范围内，否则应通知
设计单位进行复核。

图 1-89　地下室顶板板平法施工图说明

1.4.4　地下室柱子计算与施工图绘制

1. 软件操作

点击【混凝土结构施工图/柱】→【参数】，如图 1-90 所示。

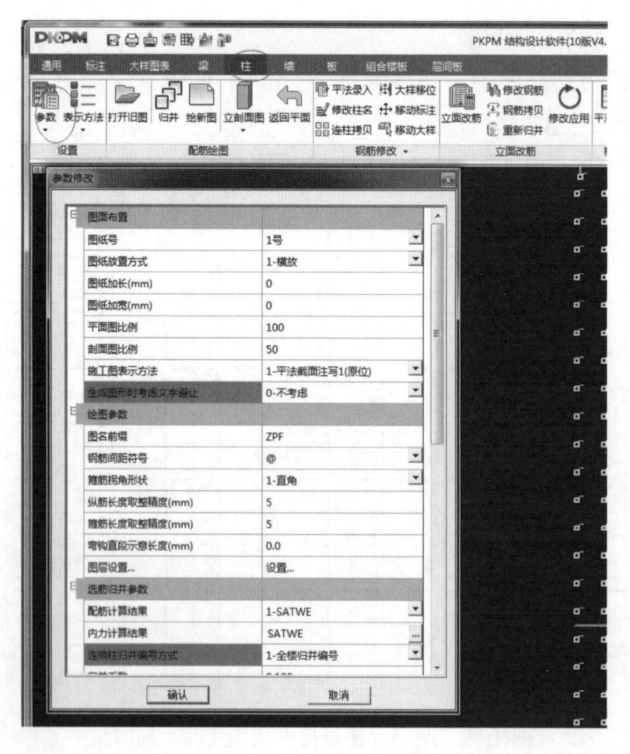

图 1-90　参数修改

注：一般不利用PKPM自动生成的柱平法施工图作为模板，只是方便校对配筋。柱平法施工图一般可以利用探索者（TSSD）绘制，点击TSSD/布置柱子/柱复合箍。或者利用单位的柱子大样进行拉伸。

参数注释：

1. 施工图表示方法：程序提供了7种表示方法，一般可选择第一种，平法截面注写1（原位）；

2. 生成图形时考虑文字避让：1-考虑；

3. 连续柱归并编号方式：用两种方式可选择，1-全楼归并编号；2-按钢筋标准层归并编号；选择哪一种归并方式都可以；

4. 主筋放大系数：一般可填写1.0；

5. 归并系数：一般可填写0.2；

6. 箍筋形式：一般选择矩形井字箍；

7. 是否考虑上层柱下端配筋面积：应根据设计院要求来选择；一般可不选择；

8. 是否包括边框柱配筋：包括；

9. 归并是否考虑柱偏心：不考虑；

10. 每个截面是否只选择一种直径的纵筋：一般选择0-否；

11. 是否考虑优选钢筋直径：1-是；

12. 其他参数可按默认值。

2. 画或修改柱平法施工图时应注意的问题

（1）柱纵向钢筋

1）钢筋等级

应按照设计院的做法来，由于现在二级钢与三级钢价格差不多，大多数设计院柱纵筋与箍筋均用三级钢，也有的设计院，纵筋用三级钢，箍筋由于非强度控制且延性好，用一级钢。

2）纵筋直径

多层时，纵筋直径以ϕ16～ϕ25居多，柱内钢筋比较多时，尽量用ϕ28、ϕ30的钢筋。钢筋直径要≤矩形截面柱在该方向截面尺寸的1/20。

3）纵筋间距

规范规定：

《高规》6.4.4-2：截面尺寸大于400mm的柱，一、二、三级抗震设计时其纵向钢筋间距不宜大于200mm；抗震等级为四级和非抗震设计时，柱纵向钢筋间距不宜大于300mm；柱纵向钢筋净距均不应小于50mm。

经验：

柱纵筋间距，在不增大柱纵筋配筋率的前提下，尽量采用规范上限值，以减小箍筋肢数，表1-20给出了柱单边最小钢筋根数。

柱单边最小钢筋根数 **表1-20**

截面（mm）	250～300	300～450	500～750	750～900
单边	2	3	4	5

4）纵筋配筋原则

宜对称配筋，柱截面纵筋种类宜1种，不要超过2种。钢筋直径不宜上大下小。

5）纵筋配筋率

规范规定：

《抗规》6.3.7-1：柱的钢筋配置，应符合下列各项要求：

① 柱纵向受力钢筋的最小总配筋率应按表 1-21 采用，同时每一侧配筋率不应小于 0.2%；对建造于Ⅳ类场地且较高的高层建筑，最小总配筋率应增加 0.1%。

柱截面纵向钢筋的最小总配筋率（百分率）　　表 1-21

类别	抗震等级			
	一	二	三	四
中柱和边柱	0.9（1.0）	0.7（0.8）	0.6（0.7）	0.5（0.6）
角柱、框支柱	1.1	0.9	0.8	0.7

注：1. 表中括号内数值用于框架结构的柱；
2. 钢筋强度标准值小于 400MPa 时，表中数值应增加 0.1，钢筋强度标准值为 400MPa 时，表中数值应增加 0.05；
3. 混凝土强度等级高于 C60 时，上述数值应相应增加 0.1。

《抗规》6.3.8：

② 柱总配筋率不应大于 5%；剪跨比不大于 2 的一级框架的柱，每侧纵向钢筋配筋率不宜大于 1.2%。

③ 边柱、角柱及抗震墙端柱在小偏心受拉时，柱内，纵筋总截面面积应比计算值增加 25%。

经验：

柱子总配筋率一般在 1.0%～2%。当结构方案合理时，竖向受力构件一般为构造配筋，框架柱配筋率在 0.7%～1.0%。对于抗震等级为二、三级的框架结构，柱纵向钢筋配筋率应在 1.0%～1.2%，角柱和框支柱配筋率应在 1.2%～1.5%。

（2）箍筋

1）柱加密区箍筋间距和直径

《抗规》6.3.7-2：柱箍筋在规定的范围内应加密，加密区的箍筋间距和直径，应符合下列要求：

① 一般情况下，箍筋的最大间距和最小直径，应按表 1-22 采用。

柱箍筋加密区的箍筋最大间距和最小直径　　表 1-22

抗震等级	箍筋最大间距（采用较小值，mm）	箍筋最小直径（mm）
一	$6d$，100	10
二	$8d$，100	8
三	$8d$，150（柱根 100）	8
四	$8d$，150（柱根 100）	6（柱根 8）

注：1. d 为柱纵筋最小直径；
2. 柱根指底层柱下端箍筋加密区。

② 一级框架柱的箍筋直径大于 12mm 且箍筋肢距不大于 150mm 及二级框架柱的箍筋直径不小于 10mm 且箍筋肢距不大于 200mm 时，除底层柱下端外，最大间距应允许采用 150mm；三级框架柱的截面尺寸不大于 400mm 时，箍筋最小直径应允许采用 6mm；四级

框架柱剪跨比不大于 2 时，箍筋直径不应小于 8mm。

③ 框支柱和剪跨比不大于 2 的框架柱，箍筋间距不应大于 100mm。

2）柱的箍筋加密范围

《抗规》6.3.9-1：柱的箍筋加密范围，应按下列规定采用：

① 柱端，取截面高度（圆柱直径）、柱净高的 1/6 和 500mm 三者的最大值；

② 底层柱的下端不小于柱净高的 1/3；

③ 刚性地面上下各 500mm；

④ 剪跨比不大于 2 的柱，因设置填充墙等形成的柱净高与柱截面高度之比不大于 4 的柱、框支柱、一级和二级框架的角柱，取全高。

3）柱箍筋加密区箍筋肢距

《抗规》6.3.9-2：柱箍筋加密区的箍筋肢距，一级不宜大于 200mm，二、三级不宜大于 250mm，四级不宜大于 300mm。至少每隔一根纵向钢筋宜在两个方向有箍筋或拉筋约束；采用拉筋复合箍时，拉筋宜紧靠纵向钢筋并钩住箍筋。

4）柱箍筋非加密区的箍筋配置

《抗规》6.3.9-4：柱箍筋非加密区的箍筋配置，应符合下列要求：

① 柱箍筋非加密区的体积配箍率不宜小于加密区的 50%。

② 箍筋间距，一、二级框架柱不应大于 10 倍纵向钢筋直径，三、四级框架柱不应大于 15 倍纵向钢筋直径。

5）柱加密区范围内箍筋的体积配箍率：

《抗规》6.3.9-3：柱箍筋加密区的体积配箍率，应按下列规定采用：

① 柱箍筋加密区的体积配箍率应符合下式要求：

$$\rho_v \geqslant \lambda_v f_c / f_{yv} \tag{1-13}$$

式中 ρ_v——柱箍筋加密区的体积配箍率，一级不应小于 0.8%，二级不应小于 0.6%，三、四级不应小于 0.4%；计算复合螺旋箍的体积配箍率时，其非螺旋箍的箍筋体积应乘以折减系数 0.5；

f_c——混凝土轴心抗压强度设计值，强度等级低于 C35 时，应按 C35 计算；

f_{yv}——箍筋或拉筋抗拉强度设计值；

λ_v——最小配箍特征值。

② 框支柱宜采用复合螺旋箍或井字复合箍，其最小配箍特征值应比表 6.3.9 内数值增加 0.02，且体积配箍率不应小于 1.5%。

③ 剪跨比不大于 2 的柱宜采用复合螺旋箍或井字复合箍，其体积配箍率不应小于 1.2%，9 度一级时不应小于 1.5%。

（3）SATWE 配筋简图及有关文字说明（图 1-91）

注：1. As _ corner 为柱一根角筋的面积，采用双偏压计算时，角筋面积不应小于此值，采用单偏压计算时，角筋面积可不受此值控制（cm^2）。

2. Asx，Asy 分别为该柱 B 边和 H 边的单边配筋，包括角筋（cm^2）。

3. Asv 表示柱在 Sc 范围内的箍筋（一面），它是取柱斜截面抗剪箍筋和节点抗剪箍筋的大值（cm^2）。

4. Uc 表示柱的轴压比。

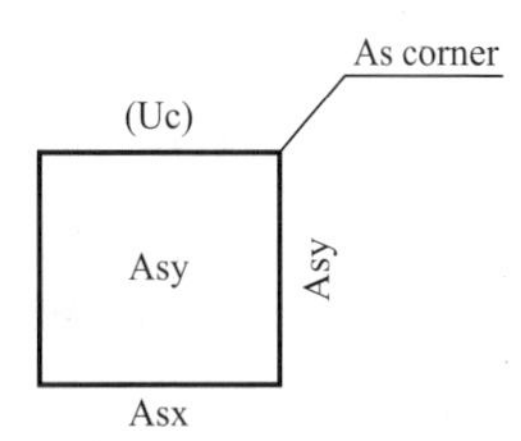

图 1-91 SATWE 配筋简图及有关文字说明（柱）

3. 地下室柱子平法施工图

地下室柱子平法施工图如图 1-92、图 1-93 所示。

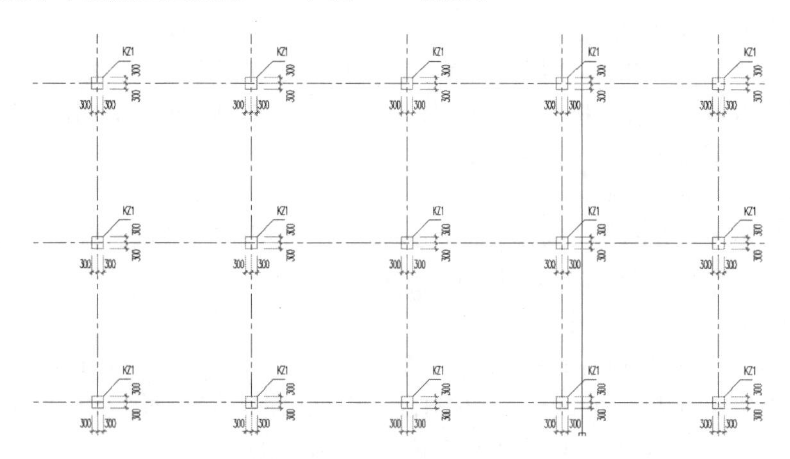

图 1-92　墙柱平面布置图（局部）

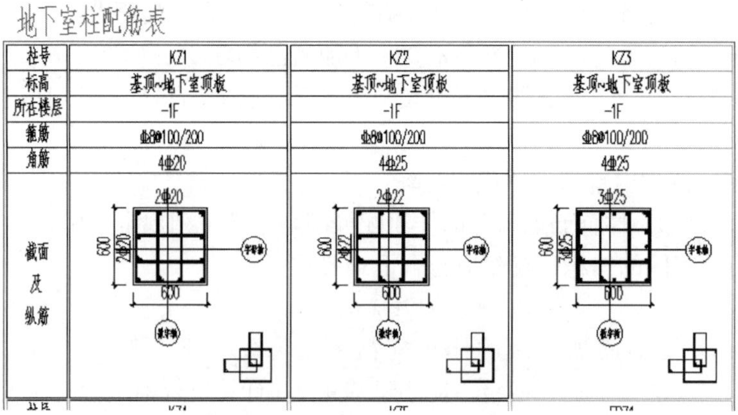

地下室柱配筋表

柱号	KZ1	KZ2	KZ3
标高	基顶~地下室顶板	基顶~地下室顶板	基顶~地下室顶板
所在楼层	-1F	-1F	-1F
箍筋	Φ8@100/200	Φ8@100/200	Φ8@100/200
角筋	4Φ20	4Φ25	4Φ25
截面及纵筋	2Φ20；2Φ20；600×600	2Φ22；2Φ22；600×600	3Φ25；3Φ25；600×600

图 1-93　地下室柱子大样

1.5　基 础 设 计

本地下室采用柱下独立基础，基础持力层为角砾，其承载力特征值 $f_{ak}=250$kPa，基础进入持力层不小于 300mm。

1. 软件操作

在 JCCAD 中计算，操作过程如下：

（1）点击【基础设计】→【基础模型】，如图 1-94 所示。

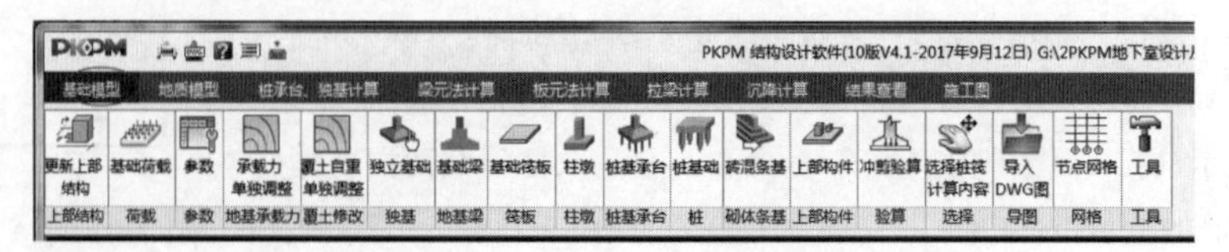

图 1-94　基础设计/基础模型

（2）点击：基础荷载-读取荷载，如图 1-95 所示。

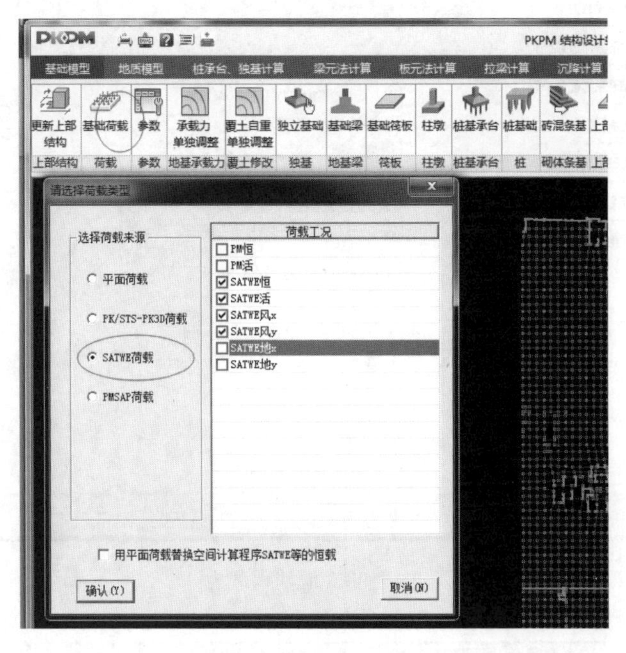

图 1-95　读取荷载

注：一般选择 SATWE 荷载，对于某些工程的独立基础，应根据《抗规》4.2.1 的要求，去掉 SATWE 地 X 标准值、SATWE 地 Y 标准值。

《抗规》4.2.1：下列建筑可不进行天然地基及基础的抗震承载力验算：

1）本规范规定可不进行上部结构抗震验算的建筑。

2）地基主要受力层范围内不存在软弱黏性土层的下列建筑：

① 一般的单层厂房和单层空旷房屋；

② 砌体房屋；

③ 不超过 8 层且高度在 24m 以下的一般民用框架和框架-抗震墙房屋；

④ 基础荷载与③项相当的多层框架厂房和多层混凝土抗震墙房屋。

软弱黏性土层指 7 度、8 度和 9 度时，地基承载力特征值分别小于 80kPa、100kPa 和 120kPa 的土层。

（3）点击【参数】，如图 1-96～图 1-104 所示。

参数注释：

1. 计算承载力的方法

程序提供 5 种计算方法，设计人员应根据实际情况选择不同的规范，一般可选择“中华人民共和国国家标准 GB 5007—2011—综合法”，如图 1-97 所示。选择“中华人民共和国国家标准 GB 50007—2011—综合法”和“北京地区建筑地基基础勘察设计规范 DBJ 01-501—2009”需要输入的参数相同，“中华人民共和国国家标准 GB 50007—2011—抗剪强度指标法”和“上海市工程建设规范 DGJ 08-11—2010—抗剪强度指标法”需输入的参数也相同。

2. 地基承载力特征值 f_{ak}（kPa）：

“地基承载力特征值 f_{ak}（kPa）”应根据地质报告输入。

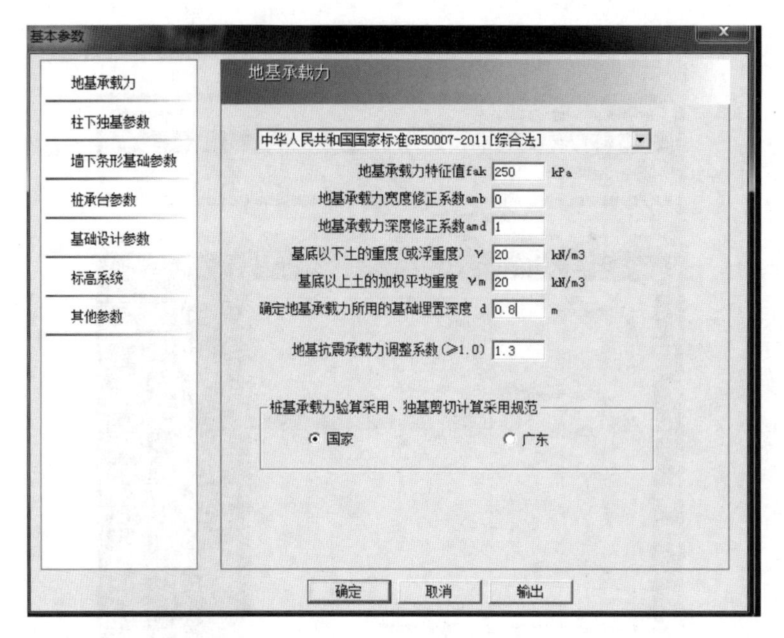

图 1-96　地基承载力

图 1-97　计算承载力方法

3. 地基承载力宽度修正系数 amb

初始值为 0，当基础宽度大于 3m 时，从载荷试验或其他原位测试、经验值等方法确定的地基承载力应《建筑地基基础设计规范》GB 50007—2011 第 5.2.4 条确定：当基础宽度大于 3m 或埋置深度大于 0.5m 时，从载荷试验或其他原位测试、经验值等方法确定的地基承载力特征值，尚应按下式修正：

$$f_a = f_{ak} + \eta_b \gamma (b - 3) + \eta_d \gamma_m (d - 0.5) \tag{1-14}$$

式中　f_a——修正后的地基承载力特征值（kPa）；

f_{ak}——地基承载力特征值（kPa），按本规范第 5.2. 3 条的原则确定；

η_b、η_d——基础宽度和埋置深度的地基承载力修正系数，按基底下土的类别查表 1-23 取值；

γ——基础底面以下土的重度（kN/m^3），地下水位以下取浮重度；

b——基础底面宽度（m），当基础底面宽度小于 3m 时按 3m 取值，大于 6m 时按 6m 取值；

γ_m——基础底面以上土的加权平均重度（kN/m^3），位于地下水位以下的土层取有效重度；

d——基础埋置深度（m），宜自室外地面标高算起。在填方整平地区，可自填土地面标高算起，但填土在上部结构施工后完成时，应从天然地面标高算起。对于地下室，当采用箱形基础或筏基时，基础埋置深度自室外地面标高算起；当采用独立基础或条形基础时，应从室内地面标高算起。

承载力修正系数 **表 1-23**

土的类别		η_b	η_d
淤泥和淤泥质土		0	1.0
人工填土 e 或 I_L 大于等于 0.85 的黏性土		0	1.0
红黏土	含水比 $a_w>0.8$	0	1.2
	含水比 $a_w \leqslant 0.8$	0.15	1.4
大面积压实填土	压实系数大于 0.95、黏粒含量 $p_c \geqslant 10\%$ 的粉土	0	1.5
	最大干密度大于 2100kg/m^3 的级配砂石	0	2.0
粉土	黏粒含量 $p_c \geqslant 10\%$ 的粉土	0.3	1.5
	黏粒含量 $p_c<10\%$ 的粉土	0.5	2.0
e 及 I_L 均小于 0.85 的黏性土		0.3	1.6
粉砂、细砂（不包括很湿与饱和时的稍密状态）		2.0	3.0
中砂、粗砂、砾砂和碎石土		3.0	4.4

在设计独立基础时，不知道独立基础的宽度，可以先按相关规定填写，程序会自动判别，当基础宽度大于 3m，地基承载力特征值乘以宽度修系数。

4. 地基承载力深度修正系数 amd

初始值为 1，当基础埋置深度大于 0.5m 时，从载荷试验或其他原位测试、经验值等方法确定的地基承载力应按《建筑地基基础设计规范》GB 50007—2011 第 5.2.4 条确定。

5. 基底以下土的重度（或浮重度）γ（kN/m^3）：初始值为 20，应根据地质报告填入。

6. 基底以下土的加权平均重度（或浮重度）γ_m(kN/m^3)：初始值为 20，应取加权平均重度。

7. 确定地基承载力所用的基础埋置深度 d(m)

基础埋置深度，一般自室外地面标高算起。在填方整平地区，可自填土地面标高算起，但填土在上部结构施工完成时，应从天然地面标高算起。对于地下室，当周围无可靠侧向限制时，埋置深度应从具有侧限的地面算起，如采用箱形或筏板基础，基础埋置深度自室外地面标高算起，如果采用独立基础或条形基础而无满堂抗水板时，应从室内地面标高算起。

《北京细则》规定，地基承载力进行深度修正时，对于有地下室之满堂基础（包括箱基、筏基以及有整体防水板之单独柱基），其埋置深度一律从室外地面算起。当高层建筑侧面附有裙房且为整体基础时（无论是否由沉降缝分开），可将裙房基础底面以上的总荷载折合成土重，再以此土重换算成若干深度的土，并以此深度进行修正。当高层建州四边的裙房形式不同，或仅一、二边为裙房，其他两边为天然地面时，可按加权平均方法进行深度修正。

规范要求的基础最小埋置深度无论有无地下室都从室外地面算至结构最外侧基础底面（主要考虑整体结构的抗倾覆能力，稳定性和冻土层深度）。当室外地面为斜坡时，基础的最小埋置以建筑两侧较低一侧的室外地面算起。

8. 地基抗震承载力调整系数

按《抗规》第 4.2.3 条确定，如表 1-24 所示。一般填写 1.0 偏于安全。地基抗震承载力调整系数，实际上是吃了以下两方面的潜力：动荷载下地基承载力比静荷载下高、地震是小概率事件，地基的抗震验算安全度可适当减低。在实际设计中，对强夯、排水固结法等地基处理，由于地基的性能在处理前后有很大的改变，可根据处理后地基的性状按规范表直接决定 ζ_a 值。对换填等地基处理（包括普通地基下面有软弱土层），如果基础底面积由软弱下卧层决定，宜根据软弱下卧层的性状按规范表 1-24 决定 ζ_a 值；

否则按上面较好土层性状决定 ζ_a 值。对水泥搅拌桩、CFG 桩等复合地基，由于一般增强体的置换率都比较小，原天然地基的性状占主导地位，可以按天然地基的性状决定 ζ_a 值。

地基抗震承载力调整系数 **表 1-24**

岩土名称和性状	ζ_a
岩石，密实的碎石土，密实的砾、粗、中砂，$f_{ak}\geqslant300$ 的黏性土和粉土	1.5
中密、稍密的碎石土，中密和稍密的砾、粗、中砂，密实和中密的细、粉砂，$150\text{kPa}\leqslant f_{ak}<300\text{kPa}$ 的黏性土和粉土，坚硬黄土	1.3
稍密的细、粉砂，$100\text{kPa}\leqslant f_{ak}<150\text{kPa}$ 的黏性土和粉土，可塑黄土	1.1
淤泥，淤泥质土，松散的砂，杂填土，新近堆积黄土及流塑黄土	1.0

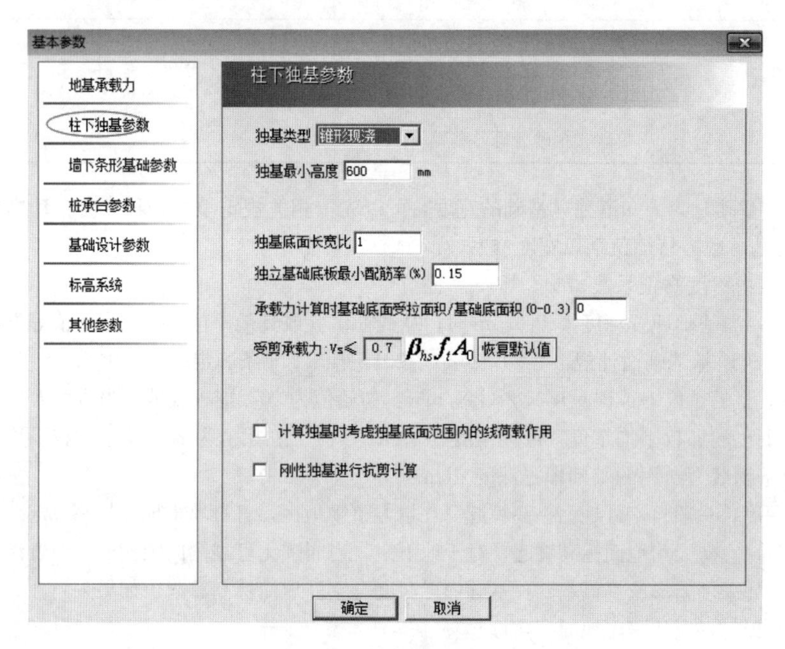

图 1-98 柱下独基参数

注：此部分参数，可以根据实际工程具体填写，在实战设计中，独立基础的布置可总结如下：

1. 点击：基础模型—工具—绘图选项—勾选节点荷载、线荷载、按柱形心显示节点荷载（线荷载按荷载总值显示、再勾选标准组合，最大轴力），并导出 T 图，将标准组合、最大轴力图转换为 dwg 图，如图 1-93 所示。

2. 对照标准组合、最大轴力图，按轴力大小值进行归并，一般讲轴力相差 200～300 的独立基础进行归并。选一个最不利荷载的柱子，点击：基础设计/自动布置/单柱基础，即生成了独立基础，可以查看其截面大小与配筋。

3. 在基础平面图中把该独立基础用平法表示，再把其他轴力比该值小 200～300kN 范围的柱子也布置该独立基础，并用平法标注。布置独立基础可以在 TSSD 中点击：基础布置/独立基础。再用同样的方法完成剩下的独立基础布置。

4. 在实际工程中，如果是框架结构，采用二阶或者多阶，阶梯分段位置，在独立基础长度与宽度方向，可以均分。地下室部分为了防水，常常将独立基础不分阶梯。

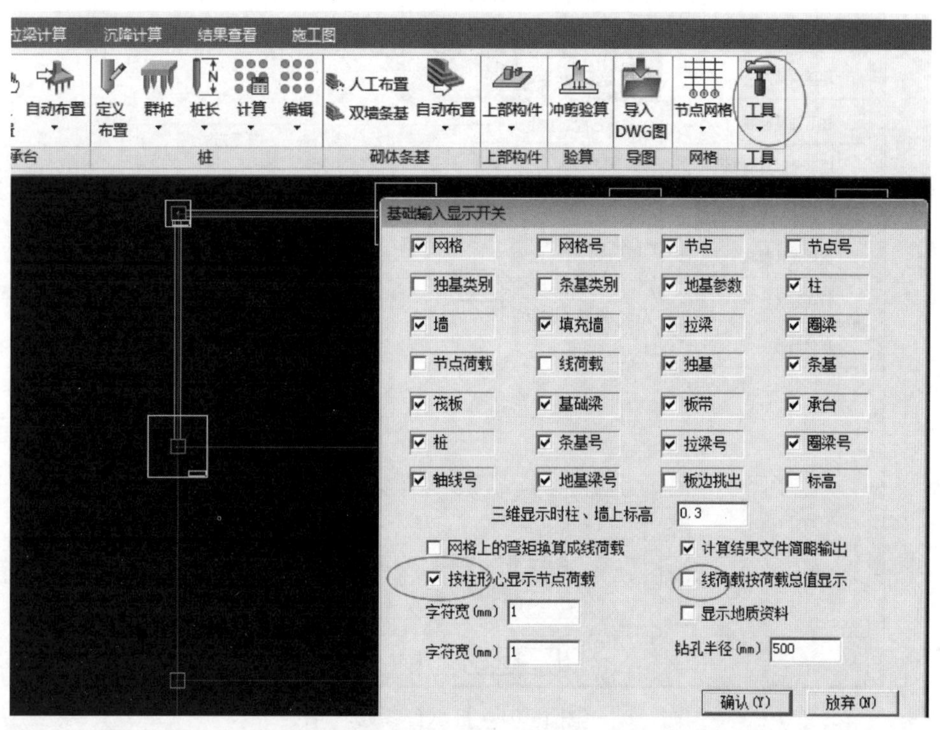

图 1-99　工具/绘图选项

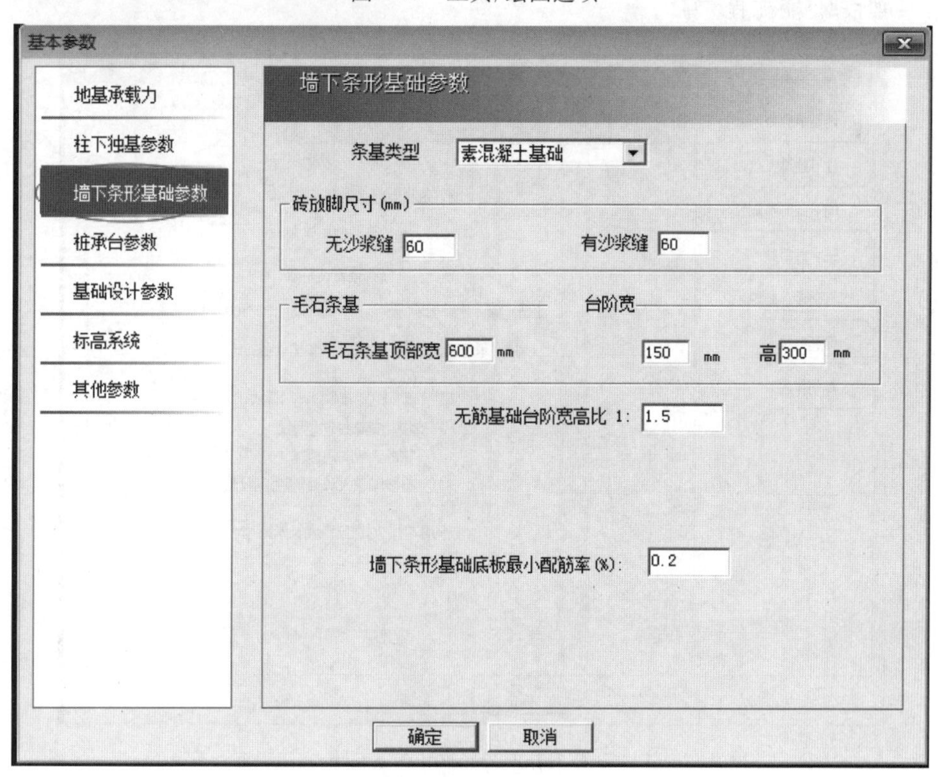

图 1-100　墙下条形基础参数

注：一般根据实际工程填写。

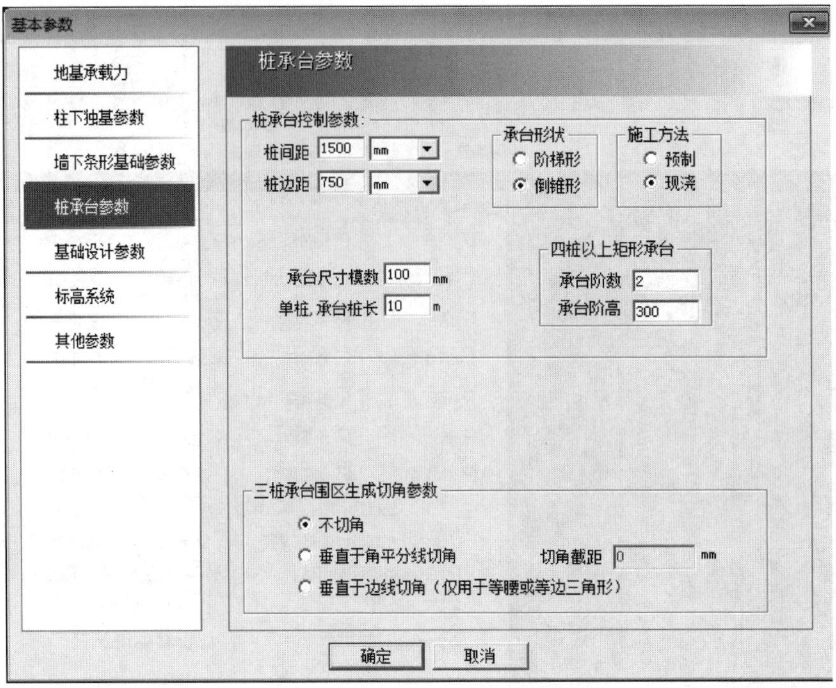

基本参数

地基承载力
柱下独基参数
墙下条形基础参数
桩承台参数
基础设计参数
标高系统
其他参数

桩承台参数

桩承台控制参数：
桩间距 1500 mm
桩边距 750 mm
承台形状
阶梯形
倒锥形
施工方法
预制
现浇
四桩以上矩形承台
承台尺寸模数 100 mm
单桩，承台桩长 10 m
承台阶数 2
承台阶高 300
三桩承台围区生成切角参数
不切角
垂直于角平分线切角　切角截距 0 mm
垂直于边线切角（仅用于等腰或等边三角形）
确定　取消

图 1-101　桩承台参数

注：一般根据实际工程填写。

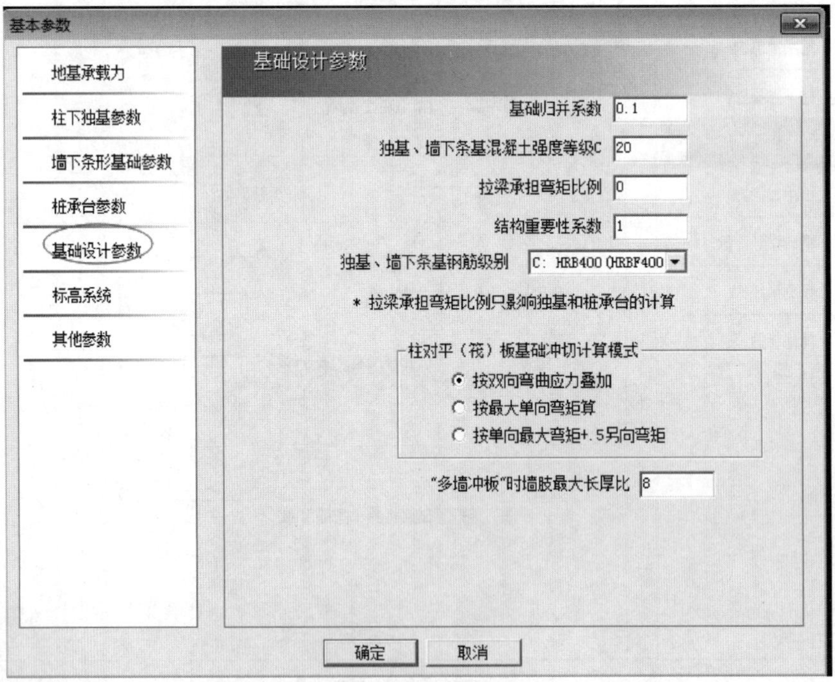

基本参数

地基承载力
柱下独基参数
墙下条形基础参数
桩承台参数
基础设计参数
标高系统
其他参数

基础设计参数

基础归并系数 0.1
独基、墙下条基混凝土强度等级C 20
拉梁承担弯矩比例 0
结构重要性系数 1
独基、墙下条基钢筋级别 C: HRB400 (HRBF400
* 拉梁承担弯矩比例只影响独基和桩承台的计算
柱对平（筏）板基础冲切计算模式
按双向弯曲应力叠加
按最大单向弯矩算
按单向最大弯矩+.5另向弯矩
"多墙冲板"时墙肢最大长厚比 8
确定　取消

图 1-102　基础设计参数

参数注释：

1. 基础归并系数

一般可填写 0.1。

2. 独基、条基、桩承台底板混凝土强度等级 C

一般按实际工程填写，取 C30 居多。

3. 拉梁弯矩承台比例

由于拉梁一般不在 JCCAD 中计算，此参数可填写 0。

4. 结构重要性系数

应和上部结构统一，可按“《混规》3.3.2”条确定，普通工程一般取 1.0。

在持久设计状况和短暂设计状况下，对安全等级为一级的结构构件不应小于 1.1；对安全等级为二级的结构构件不应小于 1.0；对安全等级为三级的结构构件不应小于 0.9；对地震设计状况下应取 1.0。

5. “多墙冲板”时墙肢最大长厚比

一般可按默认值 8 填写。

6. 柱对平（筏）板基础冲切计算模式

程序提供三种选择模式：按双向弯曲应力叠加、按最大单向弯矩算、按单向最大弯矩+0.5 另向弯矩；一般可选择，按双向弯曲应力叠加。

7. 独基、墙下条基钢筋级别：一般可取 HRB400。

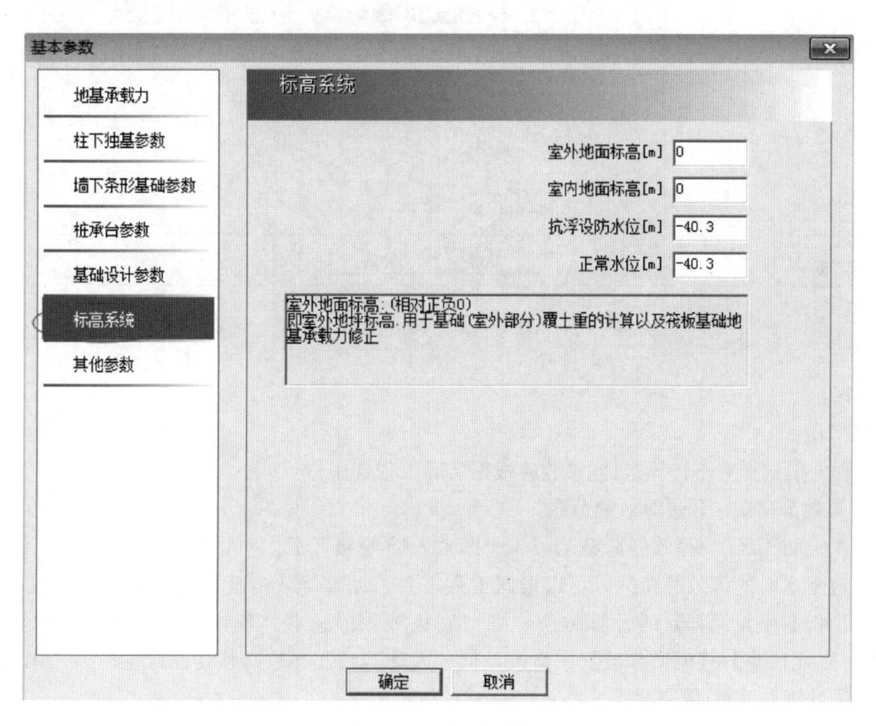

图 1-103　标高系统

参数注释：

1. 室外地面标高

初始值为−0.3，应根据实际工程填写，应由建筑师提供；用于基础（室外部分）覆土重的计算以及筏板基础地基承载力修正。

2. 室内地面标高

应根据实际工程填写，一般可按默认值 0。

3. 抗浮设防水位：

用于基础抗浮计算，一般楼层组装时，地下室顶板标高可填写 0.00m，然后再根据实际工程换算得到抗浮设防水位。

4. 正常水位：

应根据实际工程填写。

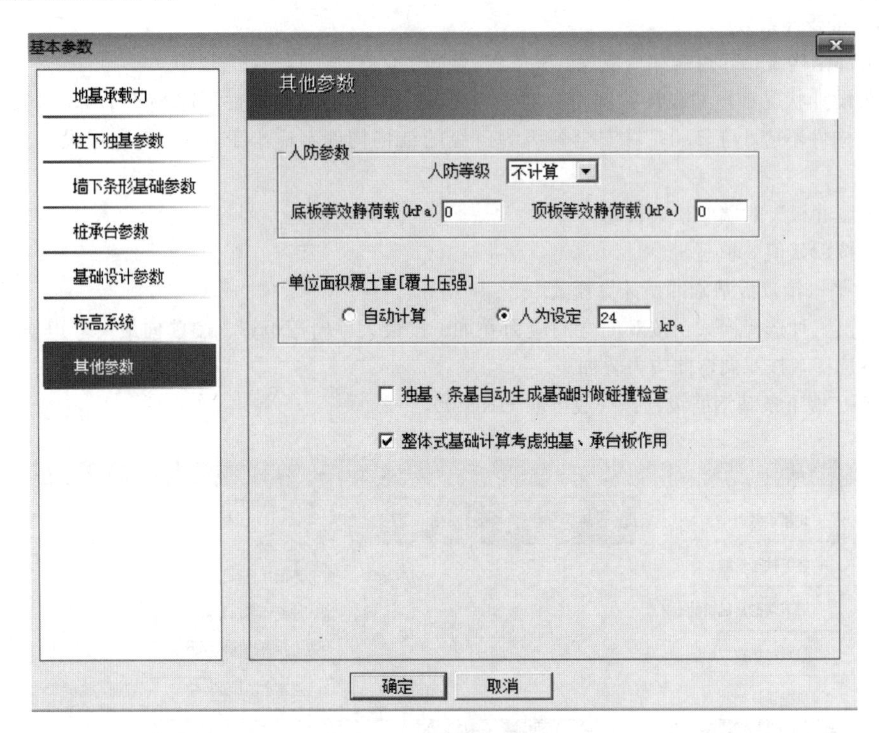

图 1-104　其他参数

参数注释：

1. 人防等级

普通工程一般选择“不计算”，此参数应根据实际工程选用。

2. 底板等效静荷载、顶板等效静荷载

不选择“人防等级”，等效静荷载为 0，选择“人防等级”后，对话框会自动显示在该人防等级下，无桩无地下水时的等效静荷载，可以根据工程需要，调整等效静荷载的数值。对于筏板基础，如采用【桩筏筏板有限元计算】的计算方法，则“底板等效静荷载、顶板等效静荷载”的数值还可在【桩筏筏板有限元计算】→【模型参数】中修改，但“人防等级”参数必须在此设定；如采用【基础梁板弹性地基梁法计算】，则只能在此输入。

3. 单位面积覆土重（覆土压强）

一般可按默认值，人为设定 24kPa。该项参数对筏板基础不起作用，筏板基础覆土重在“筏板荷载”菜单里输入；

（4）【独立基础/单柱基础】，按 TAB 键，选择“窗口方式选取”，框选要布置框架柱的范围，程序会自动生成独立基础，如图 1-105 所示。

（5）【施工图/基础详图/插入详图】→按照提示操作，即可以自动生成独立基础详图，如图 1-106 所示。

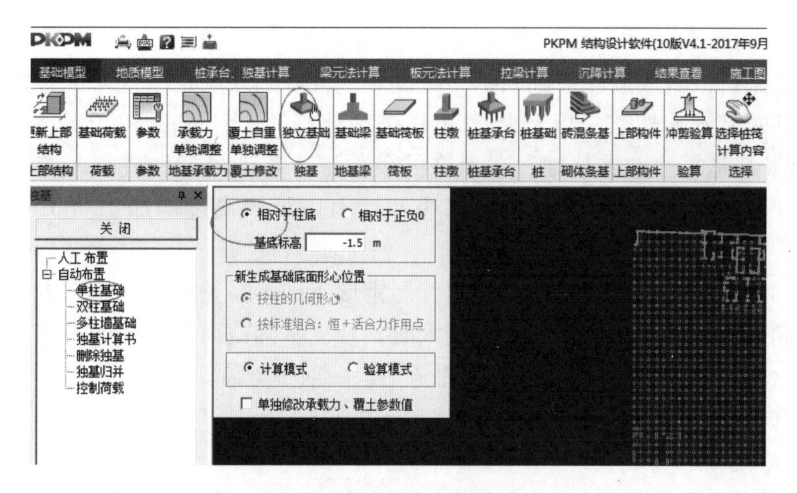

图 1-105　独立基础布置

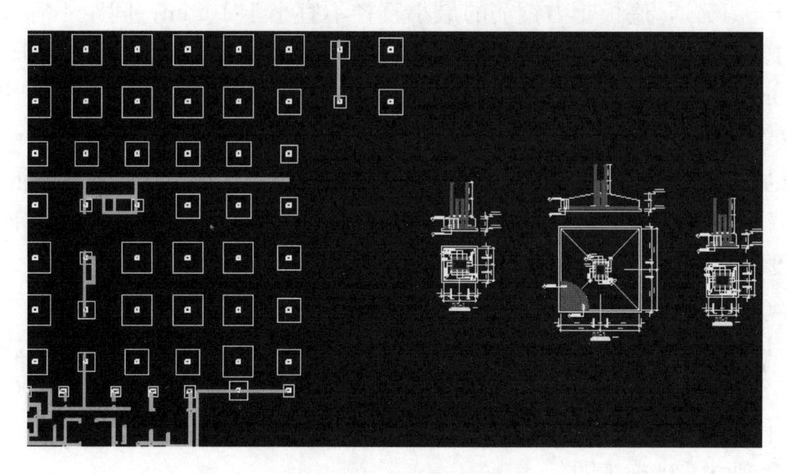

图 1-106　独立基础详图

2. 画或修改独立基础施工图时应注意的问题

（1）截面

1）规范规定

《建筑地基基础设计规范》GB 50007—2011 第 8.2.1-1 条：扩展基础的构造，应符合下列要求：锥形基础的边缘高度不宜小于 200mm，且两个方向的坡度不宜大于 1∶3；阶梯形基础的每阶高度，宜为 300～500mm。

2）经验

① 矩形独立基础底面的长边与短边的比值 l/b，一般取 1～1.5。阶梯形基础每阶高度一般为 300～500mm。基础的阶数可根据基础总高度 H 设置，当 $H \leqslant 500$mm 时，宜分一阶；当 500mm$<H\leqslant$900mm 时，宜分为二阶；当 $H>900$mm 时，宜分为三阶。锥形基础的边缘高度，一般不宜小于 200mm，也不宜大于 500mm；锥形坡角度一般取 25°，最大不超过 35°；锥形基础的顶部每边宜沿柱边放出 50mm。

② 独立基础的最小尺寸可类比承台及高杯基础尺寸，一般为 800mm×800mm。最小高度一般为 $20d+40$（d 为柱纵筋直径，40mm 为有垫层时独立基础的保护层厚度），一般

最小高度取 400mm。

独立柱基础可以做成刚性基础和扩展基础，刚性基础须满足刚性角的规定；做成扩展基础须满足柱对基础冲切需求以及基底配筋必须计算够。目前的 PKPM 系列软件中 JC-CAD 一般出来都是柔性扩展基础，在允许的条件下，基础尽量做成刚一些，这样可以减少用钢量，在实际设计时，独立基础应每边外扩 100mm，高度增加 100mm，并满足最小配筋率要求。

独立基础有锥形基础和阶梯形基础两种。锥形基础不需要支撑，施工方便，但对混凝土坍落度控制要求比较严格。当弯矩比较大时，独立基础截面会增大很多。

③ 地下室采用独立基础时，为了方便施工，一般不分阶。

（2）配筋

1）规范规定

《建筑地基基础设计规范》GB 50007—2011 第 8.2.1-3 条：扩展基础受力钢筋最小配筋率不应小于 0.15%，底板受力钢筋的最小直径不宜小于 10mm；间距不宜大于 200mm，也不宜小于 100mm。墙下钢筋混凝土条形基础纵向分布钢筋的直径不宜小于 8mm；间距不宜大于 300mm；每延米分布钢筋的面积应不小于受力钢筋面积的 15%。当有垫层时钢筋保护层的厚度不小于 40mm；无垫层时不小于 70mm。

《建筑地基基础设计规范》GB 50007—2011 第 8.2.1-5 条：当柱下钢筋混凝土独立基础的边长和墙下钢筋混凝土条形基础的宽度大于或等于 2.5m 时，底板受力钢筋的长度可取边长或宽度的 0.9 倍，并宜交错布置。

2）经验

见表 2-31。北京市《建筑结构专业技术措施》第 3.5.12 条规定，如独立基础的配筋不小于 ϕ10@200 双向时，可不考虑最小配筋率的要求。分布筋大于 ϕ10@200 时一般可配 ϕ10@200。独立基础一般不必验算裂缝。

3. 地下室独立基础施工图

地下室独立基础施工图如图 1-107、图 1-108 所示。

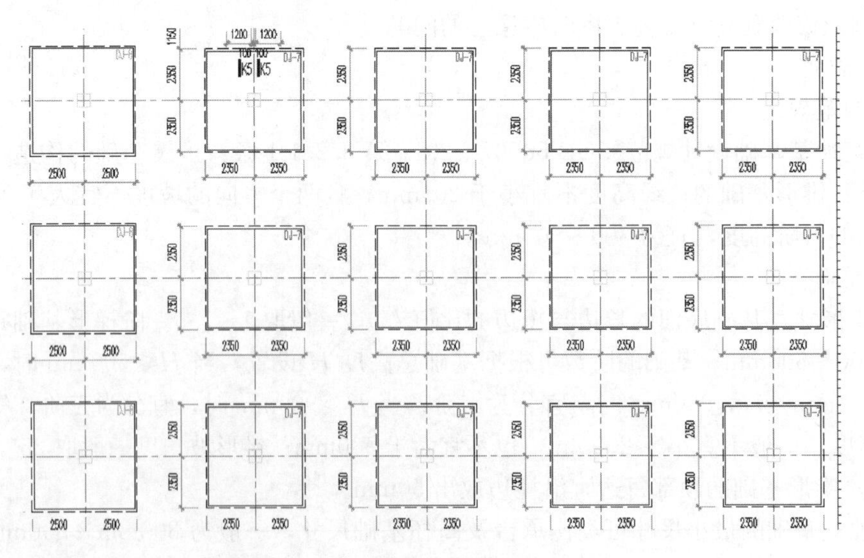

图 1-107　基础平面布置图 1（局部）

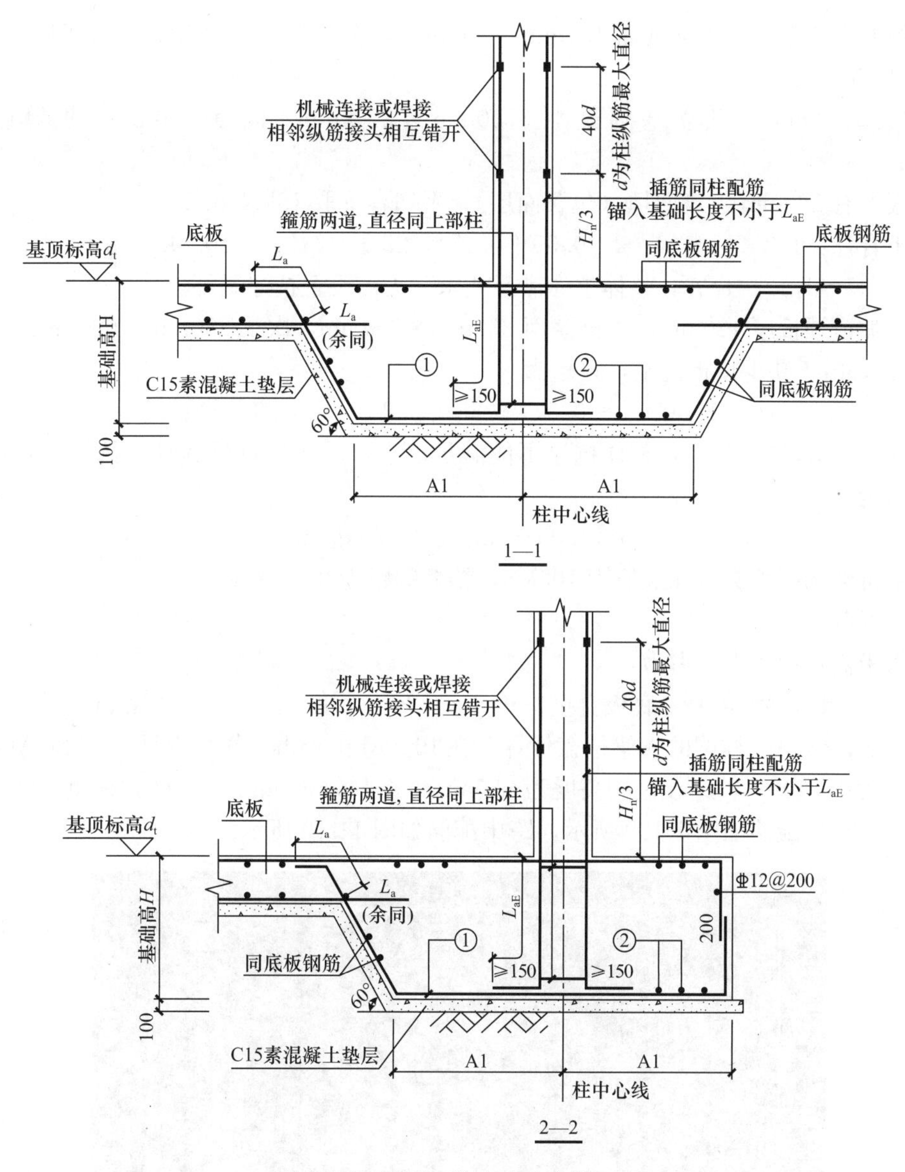

图 1-108　地下室独立基础大样（1）

1.6　抗浮设计

本工程 0.000 为 89.200；根据地勘报告，抗浮设计水位按 87.300 考虑。

底板厚假定为 500mm，底标高：－6.400m，相当于绝对标高 82.800。

抗浮水头 4.5m，水浮力：45kN/m^2。

(1) 整体抗浮

按最不利计算，顶板覆土最少厚 1.3m，取重度 18kN/m^3；

柱网尺寸 8100mm×8100mm，柱子截面 600mm×600mm，柱子高度按 3900mm，折算板厚 20mm；

顶板井字梁布置，主梁截面 450mm×1000mm，次梁 300mm×700mm，板厚 180mm，折算板厚 350mm；

底板厚 500mm，独立基础最小 3700mm×3700mm，高度 850mm，折算底板厚 570mm；

底板上有 200mm 建筑回填（包含面层），平均容重取 $18kN/m^3$；

自重合计：$1.3\times18+(0.02+0.35+0.57)\times25+0.2\times18=50.5kN/m^2$

$50.5/45=1.12>1.05$，整体抗浮满足要求，无需设置抗浮锚杆。

汽车坡道顶板厚 120mm，主梁截面 300mm×700mm，次梁 250mm×600mm，折算板厚 210mm，由于缺少顶板覆土，自重为：

$$(0.02+0.21+0.57)\times25+0.2\times18=23.6kN/m^2$$

$23.6/45=0.52<1.05$，整体抗浮不能满足要求，需设置抗浮锚杆，抗浮锚杆需承担的水浮力为：

$$45\times1.05-23.6=23.65kN/m^2$$

单根抗浮锚杆承载力标准值为 100kN，锚杆间距为 2m×2m。

（2）局部抗浮

抗水板需承担的水浮力为：

$$45-25\times0.5(\text{底板自重})-18\times0.2(\text{建筑回填})=28.9kN/m^2$$

按 8.1m×8.1m 柱网的无梁楼盖计算，在 PKPM 中点击：楼板设计-SLABCAD。

柱帽大小 3700×3700，柱帽高度为 850mm，板厚为 500mm，不计算板重，活荷载输 $30kN/m^2$，支座配筋如图 1-109 所示，跨中配筋如图 1-110 所示。

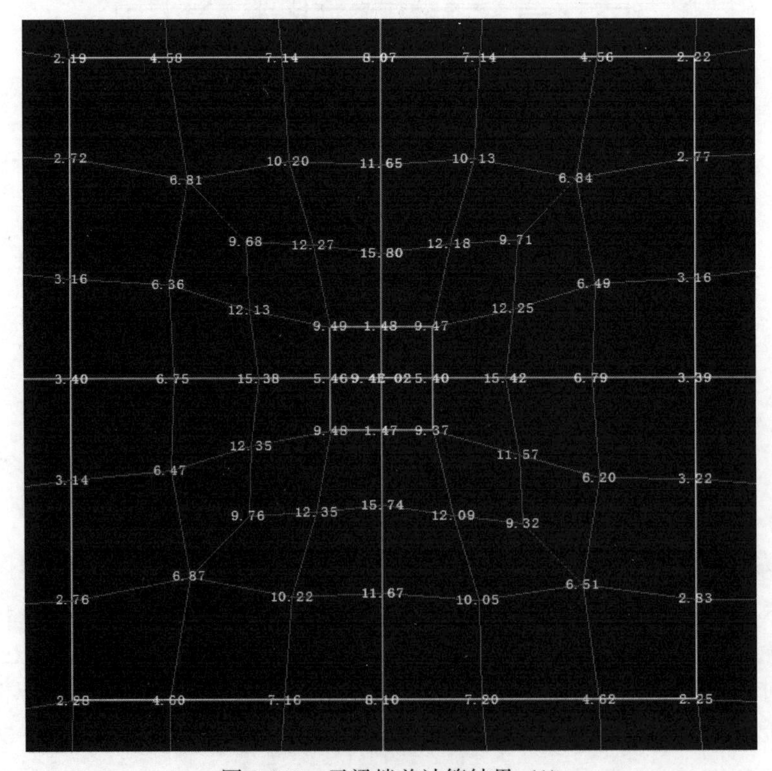

图 1-109 无梁楼盖计算结果（1）

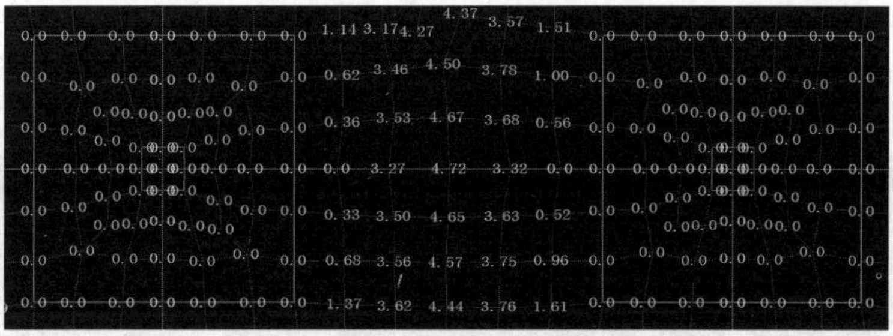

图 1-110　无梁楼盖计算结果（2）

独立基础边缘处，底板底面每延米板带配筋值为 8.10cm^2/m，实际配筋为 16@150（13.47cm^2/m），跨中位置，底板顶面每延米板带配筋值为 4.72cm^2/m，实际配筋为 14@150（10.26cm^2/m），满足计算要求。独基基础底面配筋不小于 16@100（实配 20.11cm^2/m＞计算值 15.42cm^2/m）。

1.7　抗浮设置锚杆实例（其他项目）

G5 三层地下室抗浮设计

本工程 0.000 为 41.10。

底板厚假定为 600mm，底标高：－14.500m，相 0；根据地勘报告，抗浮设计水位按 39.000 考虑。相当于绝对标高 26.600。

抗浮水头 12.4m，水浮力：124kN/m^2

整体抗浮：

顶板覆土厚 1.95m（抗浮验算时全按腐殖土重度 16kN/m^3 考虑），1.95×16＝31.2kN/m^2

柱网尺寸 8000mm×8000mm，柱子截面 600mm×600mm，柱子高度按 11400mm，折算板厚 60mm；

负二层、负一层单向梁布置，主梁截面 300mm×650mm，次梁截面 250mm×550mm，板厚 120mm，折算板厚：160mm；

顶板井字梁布置，主底板厚 600mm；梁截面 500mm×1000mm，次梁 300mm×900mm，板厚 180mm，折算板厚 300mm；

自重合计：(0.06＋0.16×2＋0.30＋0.600)×25＝32kN/m^2

(31.2＋29.5)/124＝0.490＜1.05，整体抗浮不满足，需设置抗浮锚杆。抗浮锚杆需承担的水浮力为

$$124 \times 1.05 - (31.2 + 32) = 67\text{kN/m}^2$$

单根抗浮锚杆承载力标准值为 280kN，锚杆间距为 2m×2m。

局部抗浮：

抗水板需承担的水浮力为：

$$124 - 70(\text{抗浮锚杆承担的水浮力}) - 15(\text{底板自重}) = 39\text{kN/m}^2$$

按 8m×8m 柱网的无梁楼盖计算，柱帽大小 3600mm×3600mm，柱帽高度为 950mm，板厚为 600mm，不计算板重，活荷载输 39kN/m²，计算配筋如图 1-111 所示。

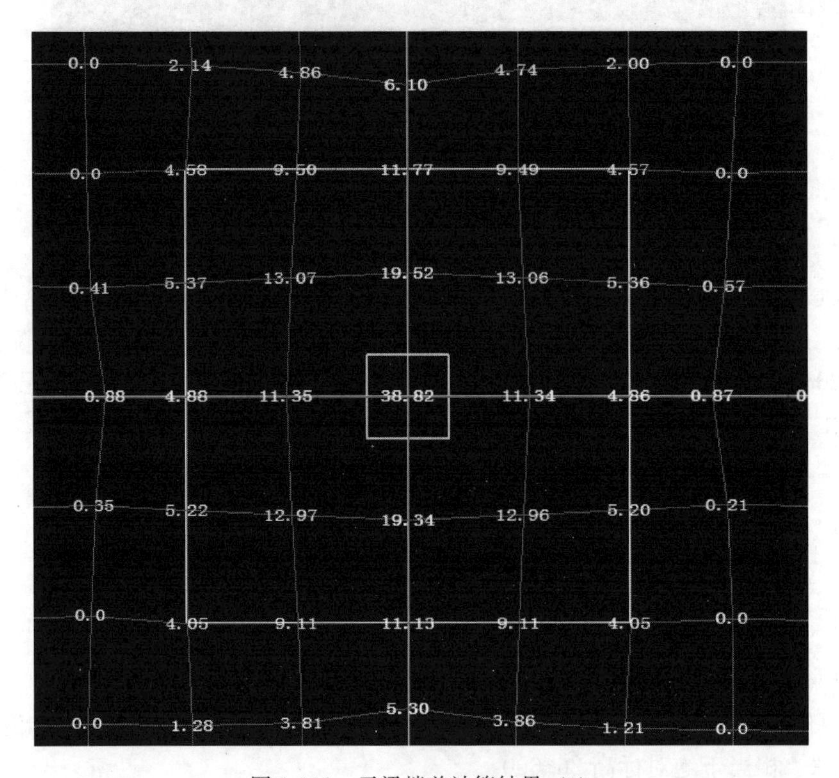

图 1-111　无梁楼盖计算结果（3）

每延米板带配筋值为 11.8cm²/m，底板配筋为 16@150，满足计算要求。

1.8　塔楼周边的梁连接

塔楼周边的梁连接如图 1-112～图 1-121 所示。

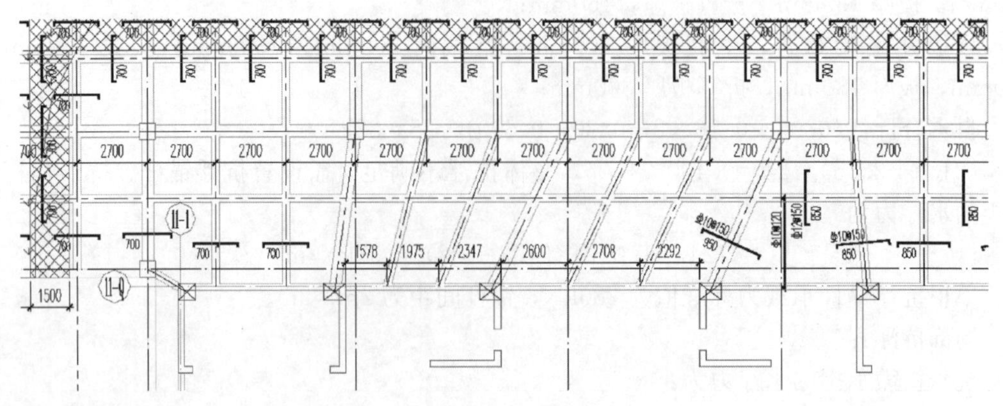

图 1-112　塔楼周边梁布置（1）

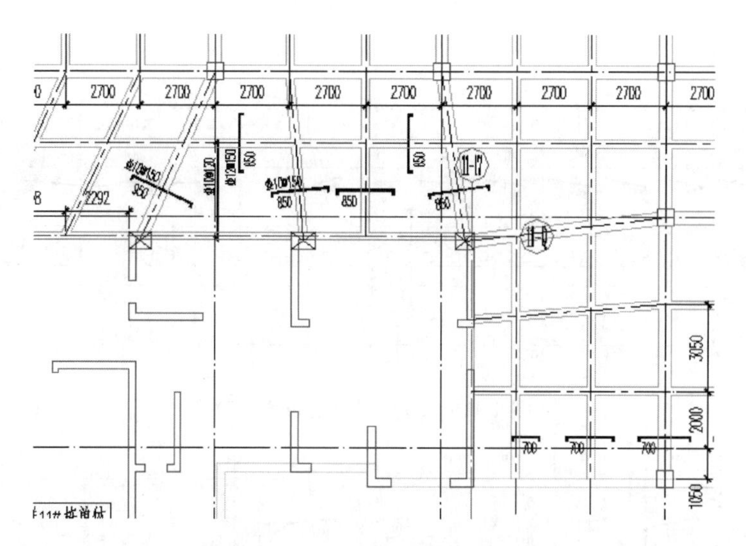

图 1-113　塔楼周边梁布置（2）

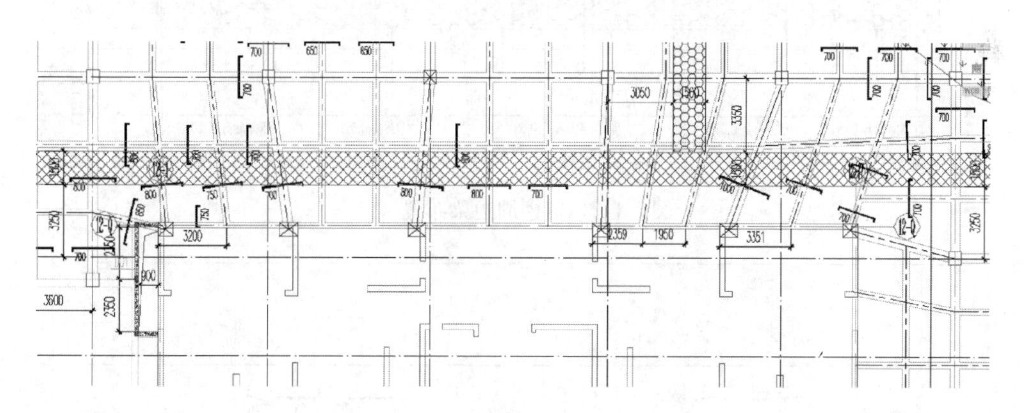

图 1-114　塔楼周边梁布置（3）

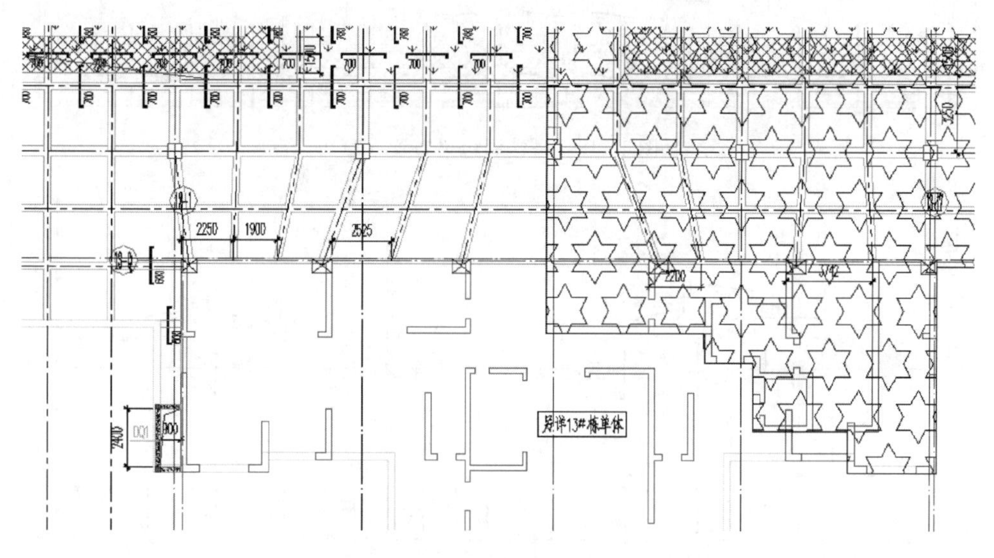

图 1-115　塔楼周边梁布置（4）

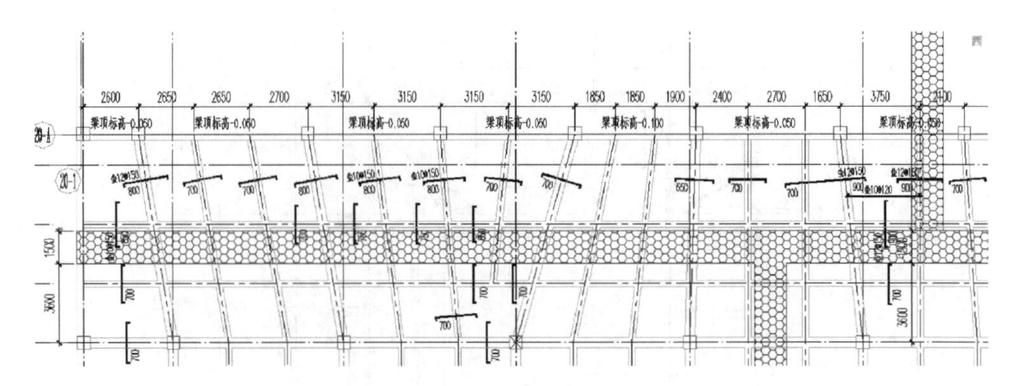

图 1-116　塔楼周边梁布置（5）

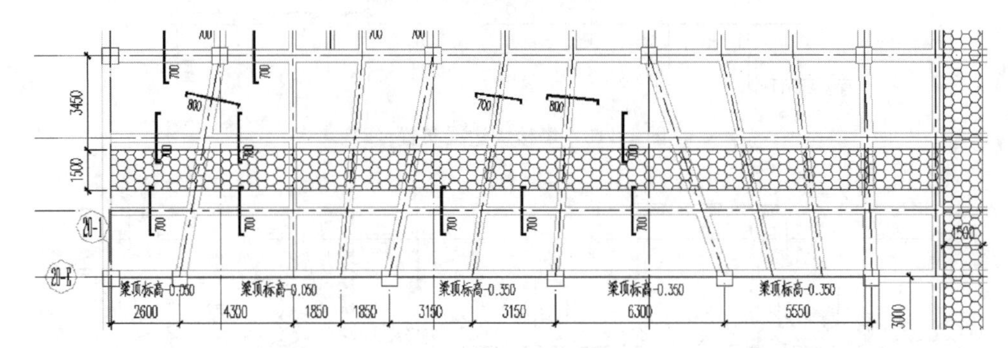

图 1-117　塔楼周边梁布置（6）

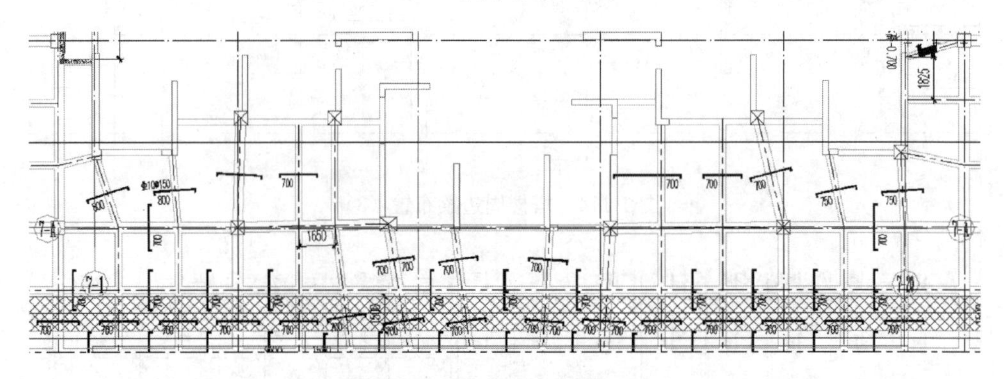

图 1-118　塔楼周边梁布置（7）

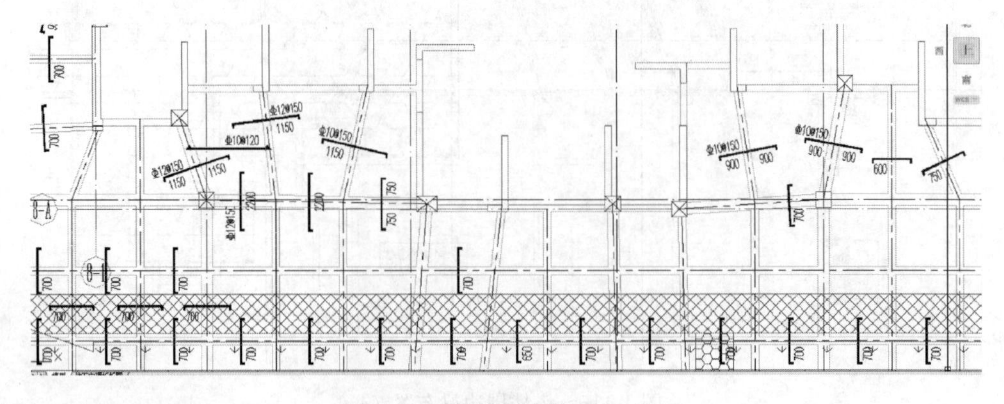

图 1-119　塔楼周边梁布置（8）

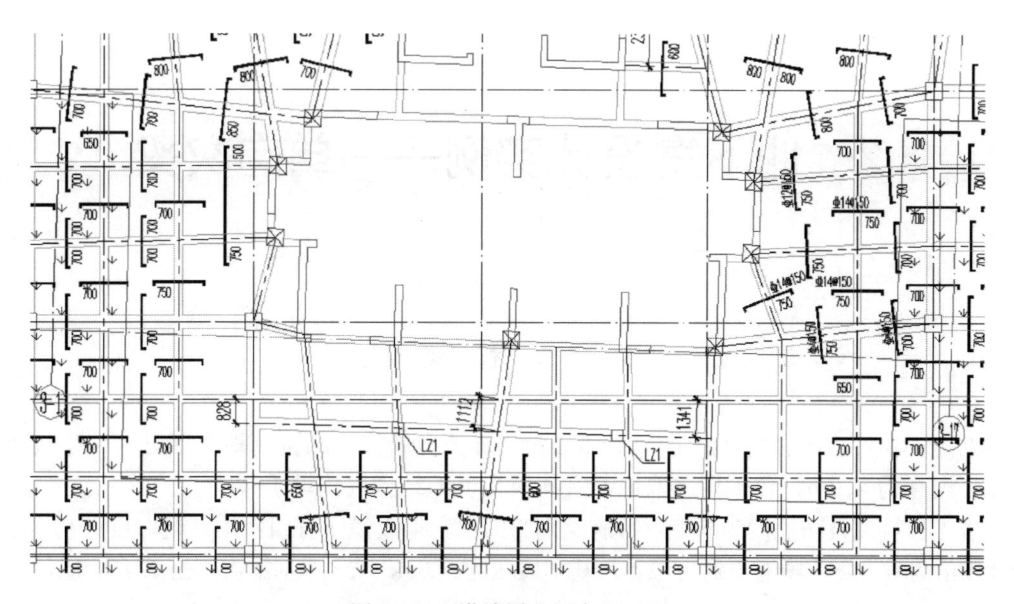

图 1-120　塔楼周边梁布置（9）

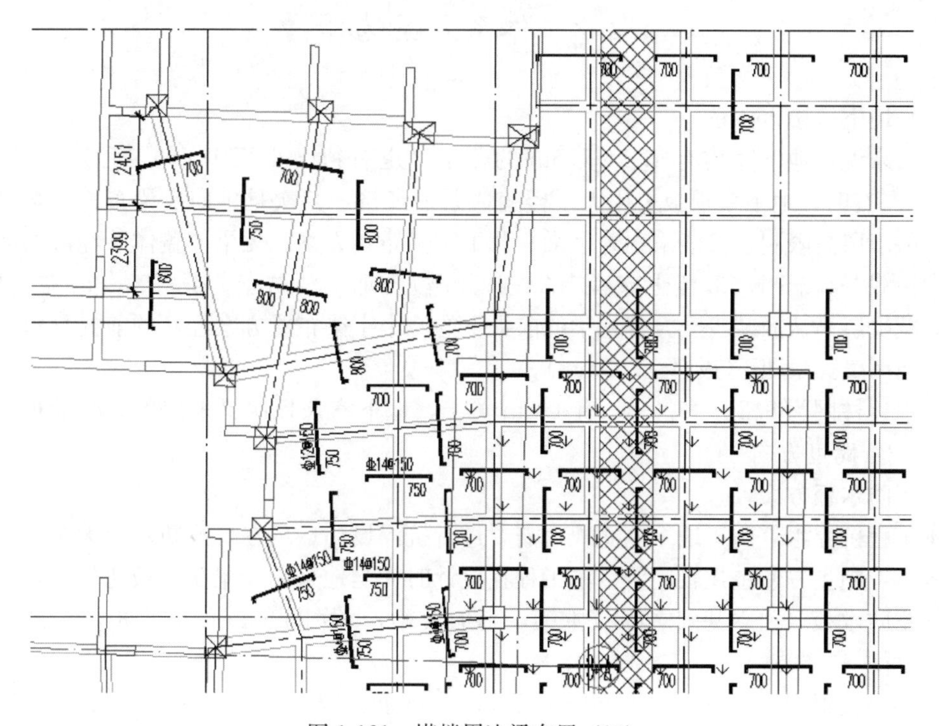

图 1-121　塔楼周边梁布置（10）

2 地下室设计实例——单向次梁

2.1 工 程 概 况

湖南省长沙市某住宅小区，地上部分为4栋剪力墙住宅结构，地下部分为一层地下停车库，层高为4.0m，各楼均选取地下室顶板为上部结构嵌固端。

本工程抗震设防烈度为6度，抗震类别为丙类，地震设防分组：第一组，设计基本地震加速度值为0.05g，场地类别为二类，基本风压为0.35kN/m^2，基本雪压为0.45kN/m^2。

2.2 体系方案选择

（1）地下室楼板体系

一般来说，地下室均有1.2～1.5m的覆土（也有覆土小于1m的工程），当柱网为8m×8m左右时，地下室顶板采用无梁楼盖体系最经济，其次是单向次梁布置方案（有人防时，由于层高限制，可能采用井字梁）及十字梁布置方案。无梁楼盖体系经济的前提是基于大荷载（1.2～1.5m覆土或者1.2～1.5m覆土加上消防车荷载等），8m左右柱网、厚板，减少层高从而减少土方开挖梁的前提下的。十字梁布置方案经济的前提是覆土小于1.0m，小荷载，薄板（板厚≤200mm）。

本工程柱网为8.2m×7.2m，有1.2m覆土，地下室顶板次梁采用单向次梁布置方案（沿着8.2m跨度方向）。

（2）防水板方案

本工程抗浮水位高于地下室底板，需要进行抗浮设计，现在抗浮防水板大多数都用无梁防水板，施工方便也比较经济。本工程在设计时，当地采用无梁防水板比较少，采用的大板体系防水板（独立基础之间拉主梁，不加次梁），做350mm的防水板，局部区域做400mm厚。

抗浮底板根据经验，一般取300～450mm（配筋：双层双向＋端部附加），并满足计算要求。本工程取350mm，局部区域取400mm。防水板计算时，可以多建一个标准层，层高1m，在PMCAD中用大柱子模拟独立基础，在SATWE中考虑梁柱刚域。板自重＋小车等活荷载为荷载工况1；水浮力-板自重作为活荷载，不考虑板自重为荷载工况2，再与0.20%的构造配筋率取包络设计。

（3）基础方案

本工程基础持力层选择为：⑥-1砂土状强风化凝灰熔岩层（修正前承载力特征值为420kPa），采用独立基础。

2.3　构件截面取值

本工程地下室不走消防车部分柱网为 8.2m×7.2m，1.2m 覆土，地下室顶板次梁采用双向次梁布置方案，根据经验，次梁高度按（$L/10\sim L/8$）取，宽度一般取 300mm（如果取 350mm，则要配三肢或者四肢箍），则次梁截面可取 300mm×850mm；根据经验，主梁高度按（$L/8\sim L/7$）取，宽度一般取 450mm，则主梁截面可取 450mm×1000mm，如图 2-1 所示。

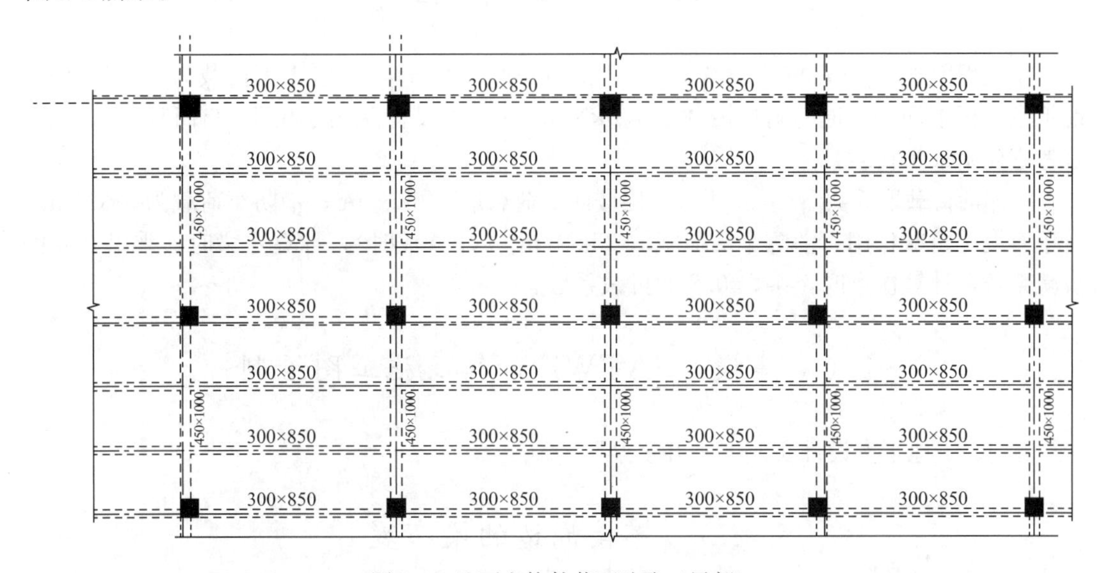

图 2-1　地下室构件截面选取（局部）

地下室走消防车部分柱网为 8.2m×5m，1.2m 覆土，地下室顶板次梁采用单向次梁布置方案（沿着 8.2m 跨度方向），根据经验，次梁高度按（$L/10\sim L/8$）取，宽度一般取 300mm（如果取 350mm，则要配三肢或者四肢箍），则次梁截面可取 300mm×850mm；主梁跨度虽然只有 5m，但为了与主梁跨度 7.2m 的方向连续，5m 跨度方向主梁截面也取 450mm×1000mm，8.2m 跨度方向的主梁取 300mm×850mm。

一般地下室柱子截面尺寸大多数工程柱子截面尺寸取 600mm×600mm，当地下室一层时，不是由轴压比控制，由于主梁宽度一般做到 450mm 左右，为了方便施工，一般柱截面宽度一般取 500～600mm。本工程考虑地下室底板抗浮，柱子截面均取 600mm×600mm。

地下室顶板作为嵌固端时，地下室顶板应≥180mm，在实际工程中，地下室一般采用建筑柔性防水，常见的工程地下室顶板作为嵌固端时，厚度一般取 180mm、200mm，本工程取 200mm。

抗浮底板根据经验，一般取 300～450mm（双向双向＋端部附加），并满足计算要求。本工程取 350mm，防水板做有梁大板，两个方向截面均取 400mm×1000mm。

地下室外墙的截面，根据经验，4m 层高时地下室外墙宽度可取 300mm，4～5m 层高时，可取 350～400mm。本工程地下室层高为 4m，地下室外墙宽度取 300mm。

2.4　梁结构布置

参考“1 地下室设计实例——井字梁”，在次梁双向布置时，塔楼周边的主梁和次梁与塔楼墙柱的连接应遵循概念设计“均匀”，使得板块划分比较均，柱子一般四个方向都有主梁相连，这样弯矩分担得比较均匀。

2.5　荷 载 取 值

本工程覆土 1.2m，按恒载考虑，覆土重度为 $18kN/m^3$，则覆土恒荷载为 $21.6kN/m^2$，地下室顶板下面的管道的附加恒载取 $1.0kN/m^2$（很多设计院由于覆土的有利作用，也没有考虑此附加恒荷载）。

车库活荷载取 $5.0kN/m^2$，主楼一层楼面活荷载取 $5.0kN/m^2$；消防车荷载为 $35kN/m^2$，由于有覆土折减作用，消防车活荷载取 $25kN/m^2$（计算板时），计算主梁时，乘以 0.6 的折减系数，计算次梁时，乘以 0.8 的折减系数。

2.6　建模、SATWE 计算及施工图绘制

参考“1 地下室设计实例——井字梁”。

2.7　塔楼周边的梁布置

塔楼周边的梁布置如图 2-2～图 2-5 所示。

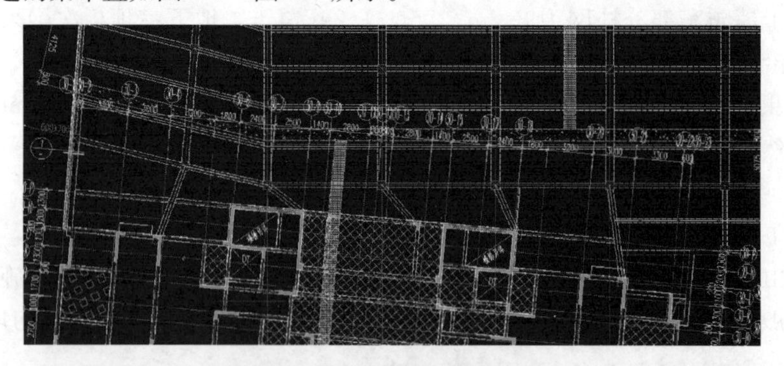

图 2-2　塔楼周边的梁布置（1）

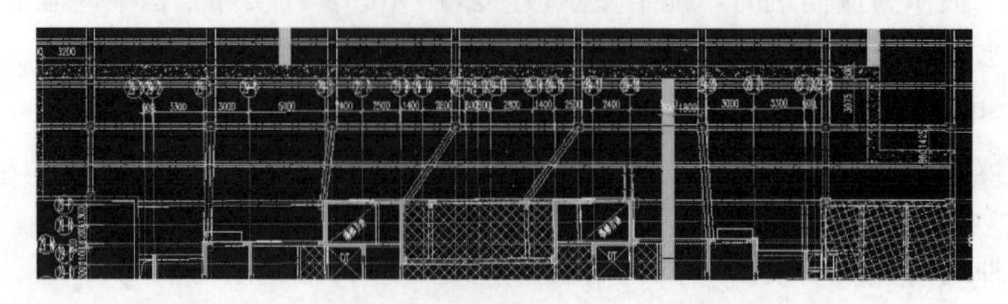

图 2-3　塔楼周边的梁布置（2）

图 2-4　塔楼周边的梁布置（3）

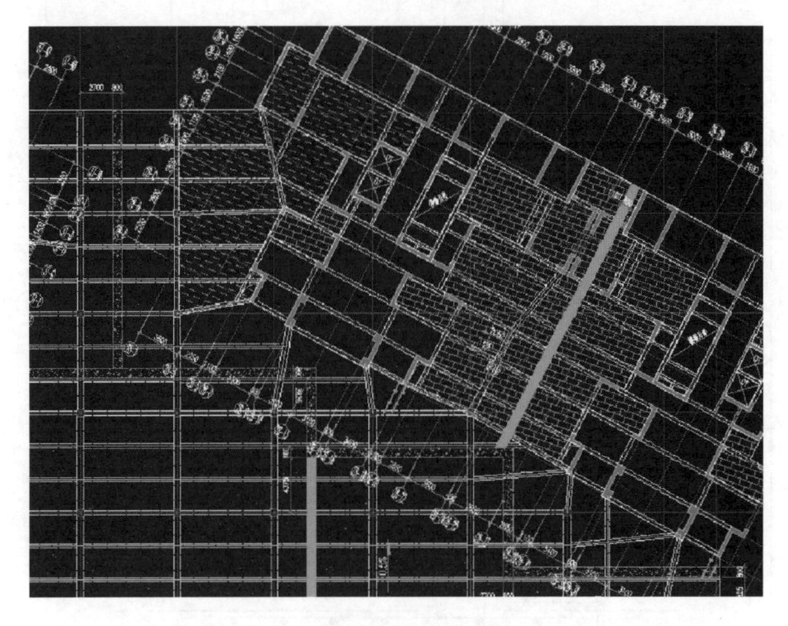

图 2-5　塔楼周边的梁布置（4）

2.8　汽车坡道平面布置图

汽车坡道平面布置图如图 2-6～图 2-11 所示。

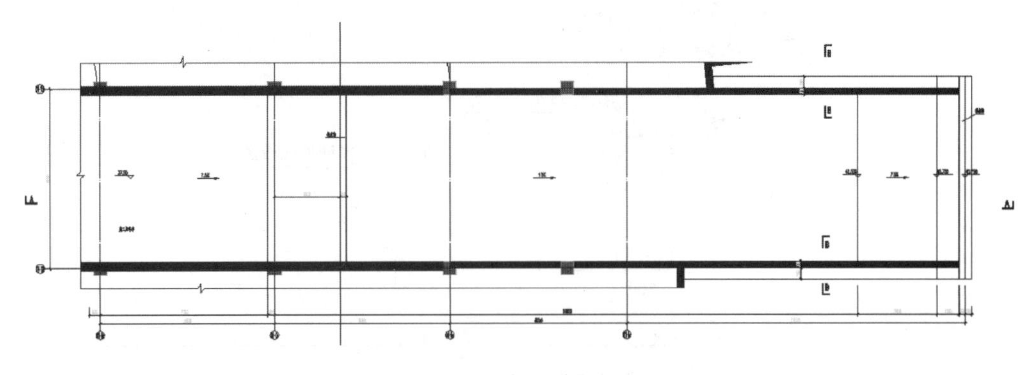

图 2-6　1 号汽车坡道结构平面图

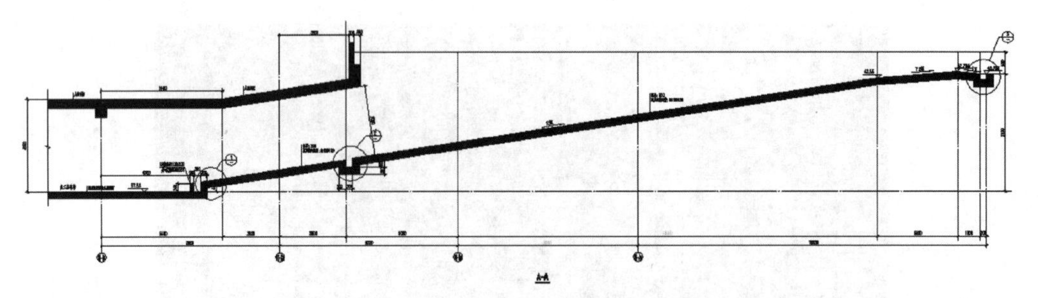

图 2-7　A-A 剖面

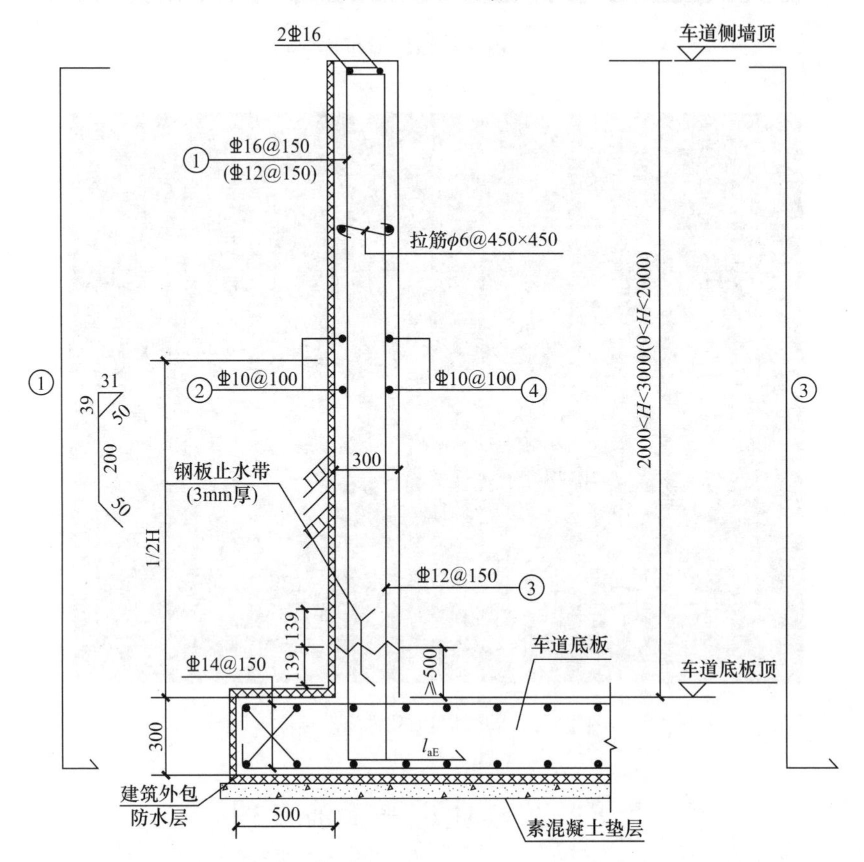

图 2-8　B-B 剖面

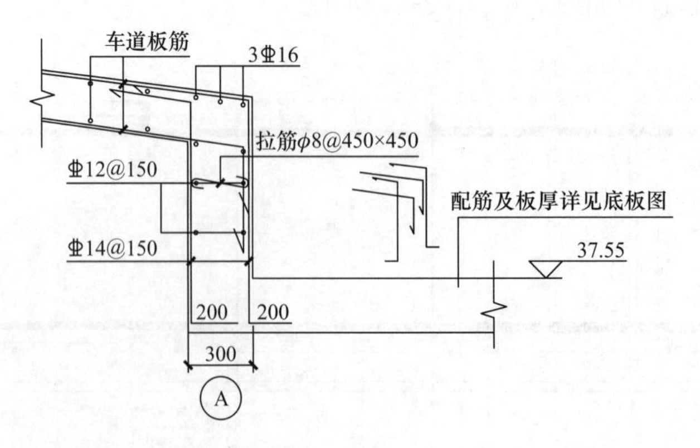

图 2-9　节点 1

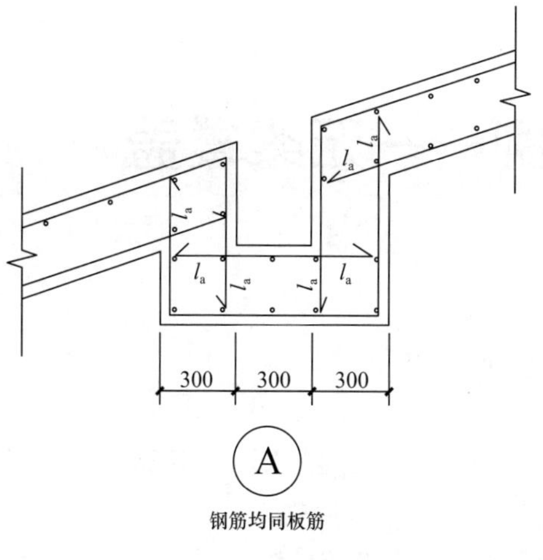

图 2-10　节点 2

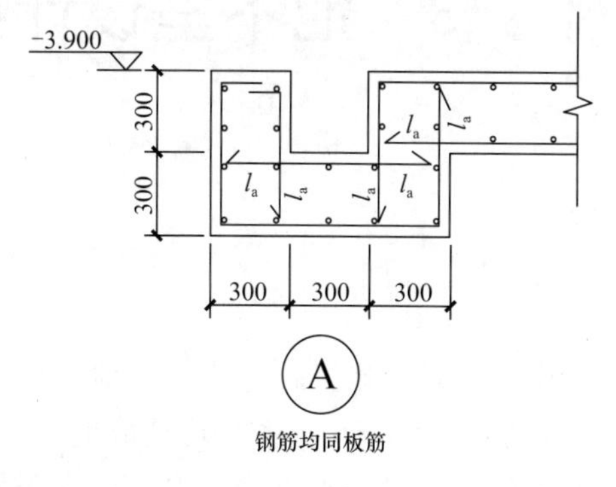

图 2-11　节点 3

3 地下室设计实例——无梁楼盖

3.1 工程概况

湖南省市长沙市某住宅小区，地上部分为8栋剪力墙住宅结构，地下部分为一层地下停车库，层高为3.5m，各楼均选取地下室顶板为上部结构嵌固端。

本工程抗震设防烈度为6度，抗震类别为丙类，地震设防分组：第一组，设计基本地震加速度值为0.05g，场地类别为二类，基本风压为0.35kN/m^2，基本雪压为0.45kN/m^2。

3.2 体系方案选择

（1）地下室楼板体系

一般来说，地下室均有1.2～1.5m的覆土（也有覆土小于1m的工程），当柱网为8m×8m左右时，地下室顶板采用无梁楼盖体系最经济，其次是单向次梁布置方案（有人防时，由于层高限制，可能采用井字梁）及十字梁布置方案，当遇到洞口时，应设置次梁。

本工程柱网为8.1m×8.1m，有1.2m覆土，地下室顶板采用无梁楼盖方案。

（2）防水板方案

本工程抗浮水位高于地下室底板，需要进行抗浮设计，现在抗浮防水板大多数都用无梁防水板，施工方便也比较经济。本工程未注明的抗水板的厚度为400mm，图中有填充部分标识的负一层抗水板厚度为350mm。

（3）基础方案

本工程主楼采用筏板基础，纯地下室部分采用独立基础加抗水板，基础持力层为稍密卵石层，持力层承载力特征值f_{ak}=300kPa。

3.3 构件截面取值

本工程地下室不走消防车部分柱网为8.1m×8.1m，1.2m覆土，地下室顶板采用无梁楼盖体系，根据经验，对于有覆土：一般板厚可取$L/25$～$L/22$左右。其中8.1m的柱网，1.2m的覆土时，板厚一般可取$L/22$，本工程无梁楼盖板厚取400mm（可以优化为370mm），柱与柱之间的实心板带暗梁截面取600mm×400mm（对于地下室，暗梁宽度一般可取柱宽，上部结构暗梁的宽度可按规范要求取）荷载较小时取板计算跨度的1/40～1/30，重型荷载（包括人防）时可取到计算跨度的1/20以内。

抗浮底板根据经验，一般取300～450mm（配筋：双层双向＋端部附加），并满足计算要求。本工程取350mm，局部区域取400mm。防水板计算时，可以多建一个标准层，层高 1m，在 SLABCD 中用柱帽模拟独立基础。水浮力一板自重作为活荷载，不考虑板自重为荷载工况 1，再与 0.20%的构造配筋率取包络设计。

地下室外墙的截面，根据经验，4m 层高时地下室外墙宽度可取 300mm，4～5m 层高时，可取 350～400mm。本工程地下室层高为 4m，地下室外墙宽度取 300mm。设置柱帽时，其抗冲切比限值可按 0.75 取。

3.4 荷 载 取 值

本工程覆土 1.2m，按恒载考虑，覆土重度为 $18kN/m^3$，则覆土恒荷载为 $21.6kN/m^2$，地下室顶板下面的管道的附加恒载取 $1.0kN/m^2$（很多设计院由于覆土的有利作用，也没有考虑此附加恒荷载）。

车库活荷载取 $5.0kN/m^2$，主楼一层楼面活荷载取 $5.0kN/m^2$；消防车荷载为 $35kN/m^2$，由于有覆土折减作用，消防车活荷载取 $16.5kN/m^2$（计算楼板），计算主梁、次梁时，乘以 0.8 的折减系数。

3.5 建模、SATWE 计算及施工图绘制

参考“1 地下室设计实例 1（井字梁）”。点击：楼板计算-SLABCAD，即进入了无梁楼盖计算菜单，按照提示输入构件尺寸及荷载，最后进行有限元计算或者板带计算。

柱帽宽度一般取 0.2*L*～3*L* 左右，常见宽度在 1.6～2.4m 之间，可以根据计算结果调整，冲切富裕大，则降低柱帽高度，板端部配筋富裕大，则可以降低板厚或者增大柱帽的宽度。斜柱帽一般可按 45°布置。

1. 计算结果

提取出该地下室顶板（局部）的配筋计算结果，如图 3-1～图 3-4 所示。

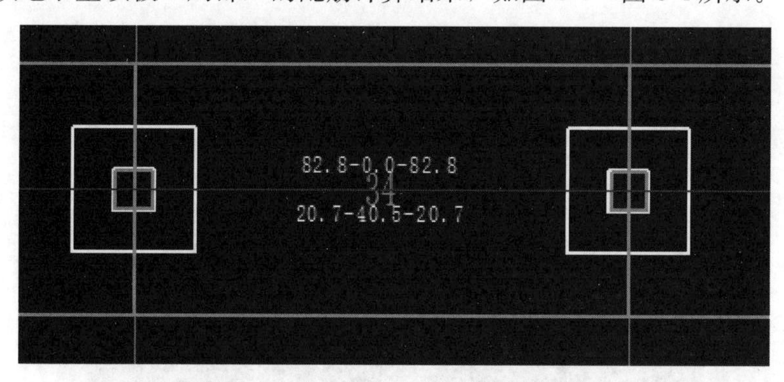

图 3-1　柱上板带-X 向配筋计算结果

注：1. SLABCD 给出柱上板带与跨中板带的底部纵筋面筋是指定板带范围内的计算总值。

2. 图 3-1 中柱上板带-X 向配筋计算结果，左右两端面筋均为 $8280mm^2$，底筋为 $4050mm^2$，面筋分一半给 600mm×400mm 的暗梁，则暗梁面筋配筋为 $4140mm^2$（配 9 根 25），暗梁底筋≥暗梁面筋的一半，则底筋为：$4140/2=2070mm^2$（6 根 22），则柱上板带-X 向其他范围（8.1/2-0.6）的面筋配总面积为 $3862mm^2$，柱上板带-X 向其他范围（8.1/2-0.6）的底筋配总面积为 $1769mm^2$，即柱上板带-X 向其他范围每米长度配筋面积值为 $1120mm^2$，柱上板带-X 向其他范围每米长度底筋面积值为 $513mm^2$。

按 0.25%最小配筋率计算，400mm 厚的无梁楼盖每平方米面筋、底筋的面积均为 1000mm²。由于柱上板带-X 向两端其他范围每米长度配筋面积值为 1120mm²，则需要在柱上板带-X 向两端附加面筋，1120－1000＝120mm²，构造配 8@200＝251mm²。

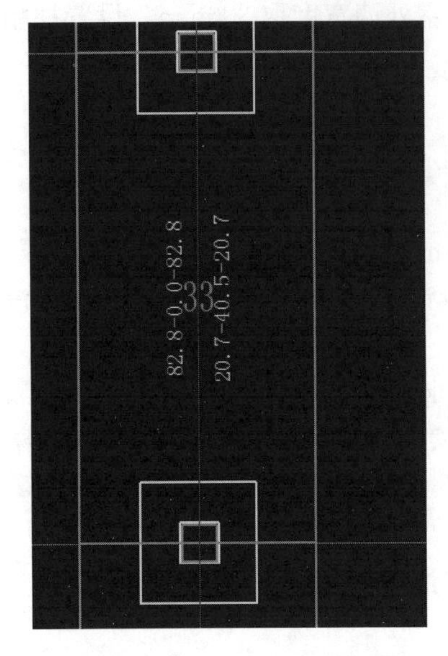

图 3-2 柱上板带-Y 向配筋计算结果

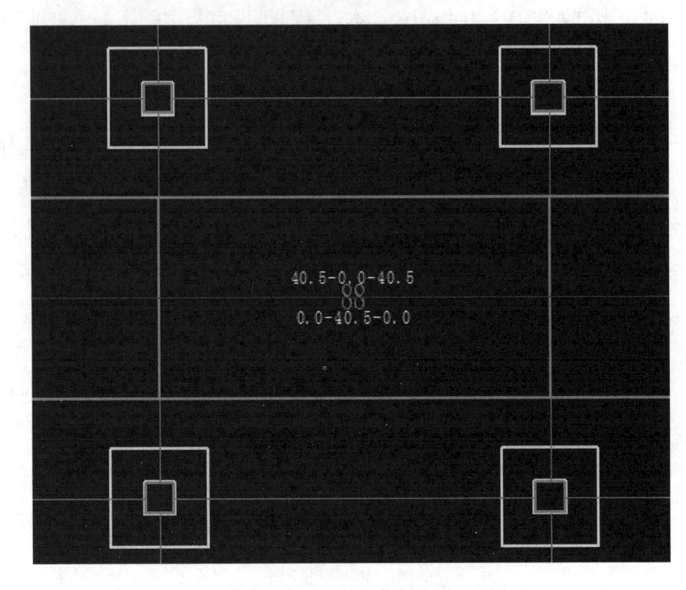

图 3-3 跨中板带-X 向配筋计算结果

注：1. SLABCD 给出柱上板带与跨中板带的底部纵筋面筋是指定板带范围内的计算总值。

2. 图 3-3 中跨中板带-X 向配筋计算结果，面筋为 4050mm²，底筋为 4050mm²，则跨中板带每米长度范围的配筋面积为 1000mm²。与“柱上板带-X 向配筋计算结果”取包络设计，则 600mm×400mm 的暗梁截面面筋为 9 根 25，底筋为 6 根 22，16@200 双层双向板筋拉通，柱上板带附加钢筋 8@200。PKPM 不能给出柱帽的计算配筋结果，一般是构造配筋，柱帽底筋双向 12@200，柱帽拉接筋 10@200。

提取出该地下室顶板（局部）的柱冲切计算结果，如图 3-5 所示。

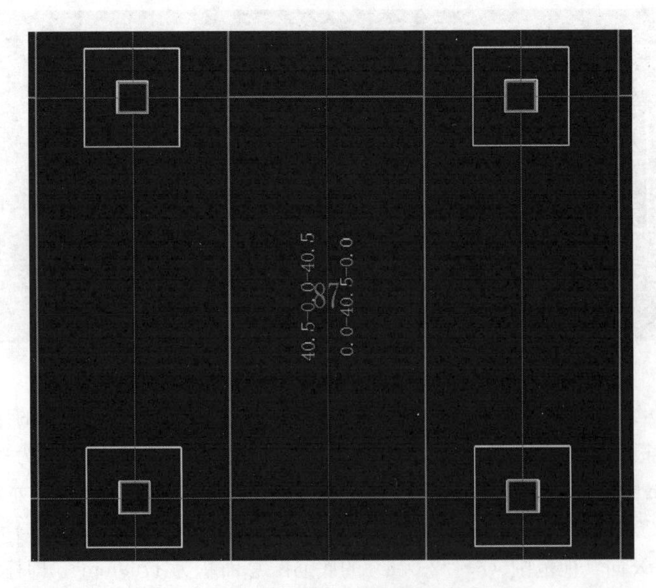

图 3-4 跨中板带-Y 向配筋计算结果

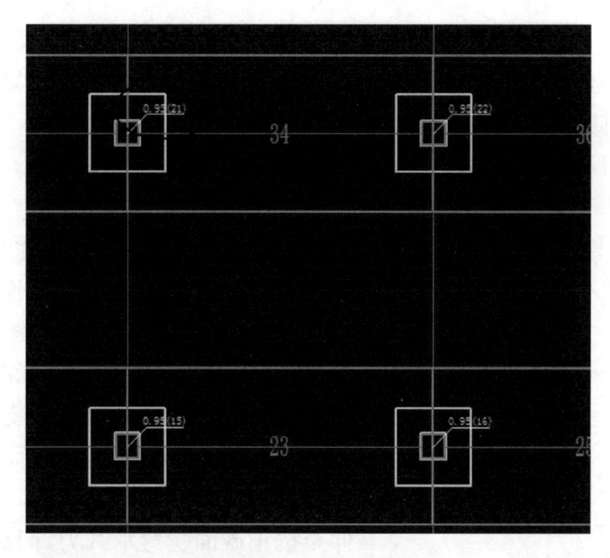

图 3-5　柱冲切计算结果

注：一般控制在 0.75m 左右。

2. 画或修改地下室平法施工图时应注意的问题

参考"1.1 地下室设计实例 1（十字梁体系）"。其中有些与"1.1 地下室设计实例 1（十字梁体系）"不同的地方，如下文所示。

（1）柱支承楼盖柱上板带的配筋较跨中板带的大，且柱上板带配筋的一半配置在暗梁内，剩下的一半配置在暗梁以外的柱上板带中。SLABCD 给出柱上板带与跨中板带的底部纵筋面筋是指定板带范围内的计算总值。

（2）在同样净空高度要求下，无梁楼板结构较一般梁板式建筑高度小，板底平整，构造简单，建筑空间大模板简单，楼面钢筋绑扎方便，设备安装方便等，但遇楼板开大洞时需设边梁。

板厚及柱帽大小、厚度的确定：

在初步设计阶段，手算楼板所受框架柱冲切承载力，估算板厚及柱帽厚度，除验算柱边冲切面外，还要验算柱帽托板外皮冲切面，满足冲切要求，与设备、电气专业配合管线布置，确定相应柱帽大小。有托板楼板板厚不小于长跨跨度的 1/35。8 度设防烈度时宜采用有托板或柱帽的板柱节点，托板或柱帽根部的厚度（包括板厚）不应小于柱纵向钢筋直径的 16 倍，且托板或柱帽的边长不应小于 4 倍板厚与柱截面相应边长之和。设置托板式柱帽时，抗震设计中托板底部钢筋应按计算确定，并应满足抗震锚固要求。

端跨配筋注意事项：

第一跨中弯矩和第一内支座弯矩都是最大值，配筋时应采取放大系数来适当加大配筋。设置端跨柱帽可以有效提高边跨外支座板带的抗弯刚度，减小板带计算跨度。

（3）开洞注意事项

根据《建筑结构专业技术措施》，无梁楼板开洞应能满足承载力及挠度要求。抗震等级为一级、特一级时，暗梁范围（暗梁宽度可取柱宽与柱两侧各不大于 1. 5 倍板厚之和）不宜开洞，柱上板带相交的共有区域尽量不开洞，一个柱上板带与一个跨中板带的共有区域也不宜开较大的洞。当抗震等级不高于二级，开洞需满足：1）柱上板带相交的共有区域的开洞边长小于 1/8 柱上板带宽度及 1/4 柱截面宽度；2）在一个柱上板带与一个跨中板带的共有区域开洞，每边长分别小于相对应边 1/4 柱上板带宽度或跨中板带宽度；3）在跨中板带相交的共有区域开洞，每边长小于相对应边 1/2 跨中板带宽度，一般可不必专门分析。开洞较大时应在洞口周围设置框架梁、边梁、剪力墙。

（4）一些基本构造

无梁楼盖的板内纵向受力钢筋的配筋率不应小于 0.3%和 $0.45f_{td}/f_{yd}$中的较大值。无梁楼盖的板内纵向受力钢筋宜通长布置，间距不应大于 250mm，且应符合以下规定：相邻之间的纵向受力钢筋宜采用机械连接或焊接接头，下部钢筋可伸入邻跨内锚固（图 3-6）；底层钢筋宜全部拉通，不宜弯起；若相邻两支座的负弯矩相差较大时，可将负弯矩较大支座处的顶层钢筋局部截断，但被截断的钢筋截面面积不应超过顶层受力钢筋总截面面积的 1/3，被截断的钢筋应延伸至按正截面受弯承载力计算不需要设置钢筋处以外，延伸的长度不应小于 20 倍钢筋直径。

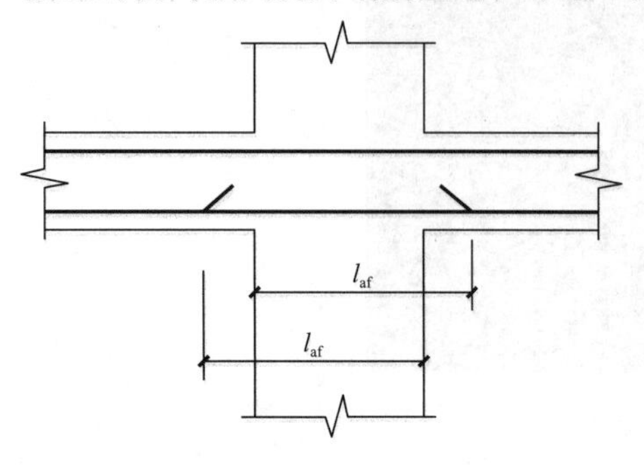

图 3-6　无梁楼盖下部钢筋锚固示意

顶层钢筋网与底层钢筋网之间应设置梅花形布置的拉结筋，其直径不应小于 6mm，间距不应大于 500mm，弯钩直线段长度不应小于 6 倍拉结筋的直径，且不应小于 50mm。

在离柱（帽）边 $1.0h_0$ 范围内，箍筋间距不应大于 $h_0/3$，箍筋截面面积 A_{sv}不应小于 $0.2u_mh_0f_{td}/f_{yd}$，并应按照相同的箍筋直径与间距向外延伸不小于 $0.5h_0$ 的范围，在不小于 $1.5h_0$ 范围内，至少应设置四肢箍。对厚度超过 350mm 的板，允许设置开口箍筋，并允许用拉结筋代替部分箍筋，但其截面面积不得超过所需箍筋截面面积 A_{sv}的 25%。

板中抗冲切钢筋可按图 3-7 配置。

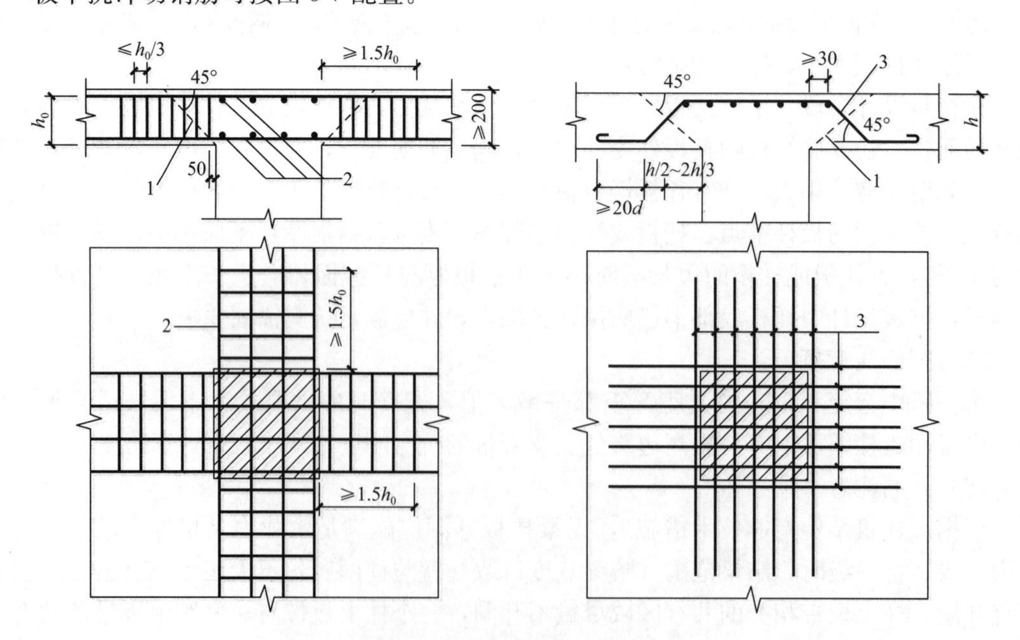

图 3-7　板中抗冲切钢筋布置

1—冲切破坏锥体斜截面；2—架立钢筋；3—弯起钢筋不少于 3 根

底板设柱帽时抗冲切钢筋可按图 3-8 配置。

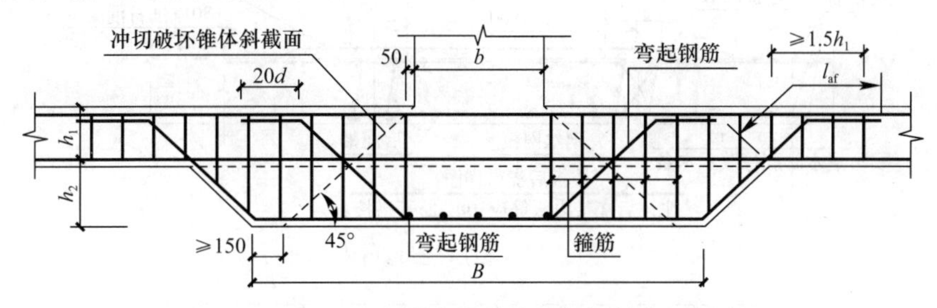

图 3-8　底板设柱帽时抗冲切钢筋布置

3. 地下室顶板（无梁楼盖）平法施工图

地下室顶板（无梁楼盖）平法施工图如图 3-9～图 3-14 所示。

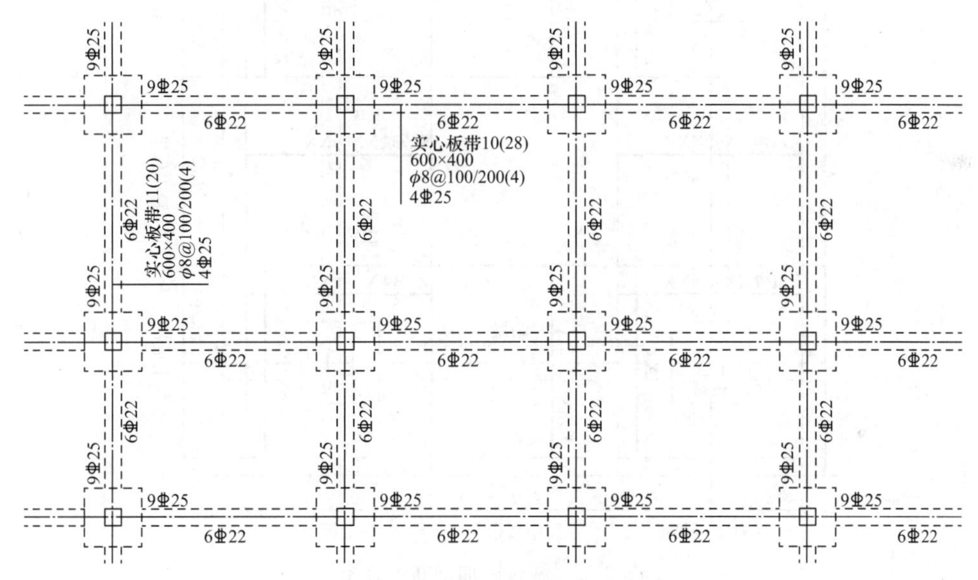

图 3-9　地下室顶板梁平法施工图

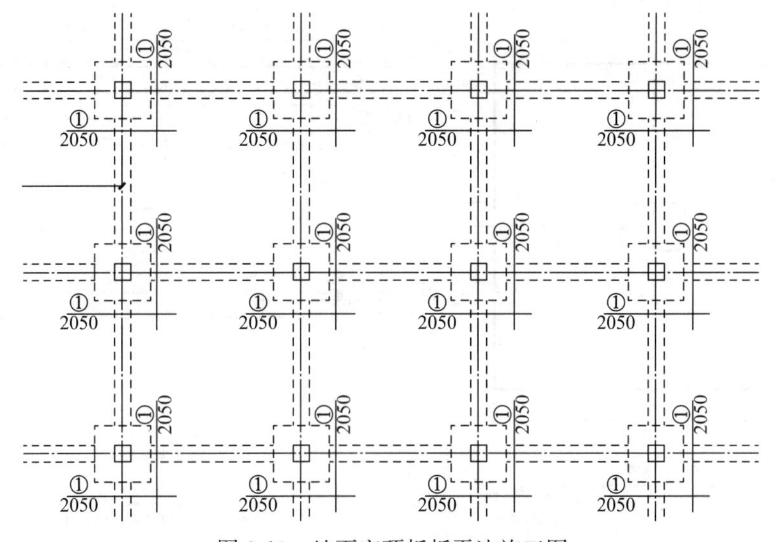

图 3-10　地下室顶板板平法施工图

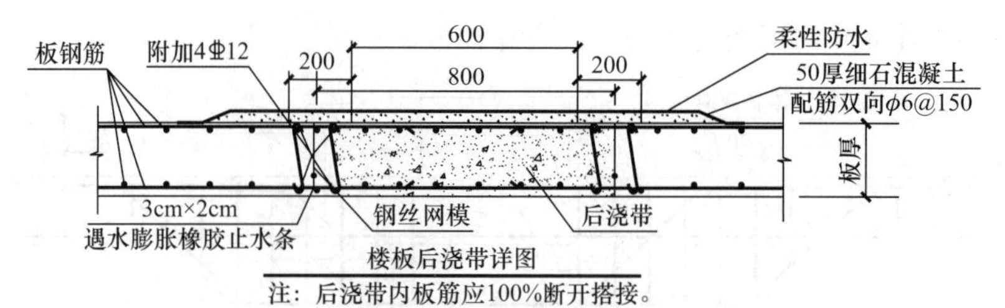

图 3-11　板后浇带详图

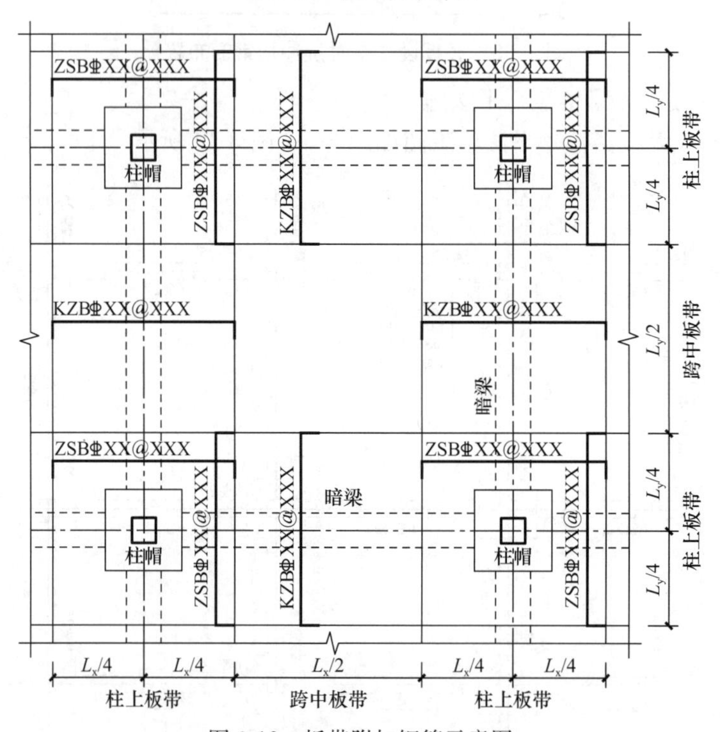

图 3-12　板带附加钢筋示意图

注：L 为柱网跨度；柱上板带钢筋暗梁范围内不布置；未标注附加钢筋范围见此大样。

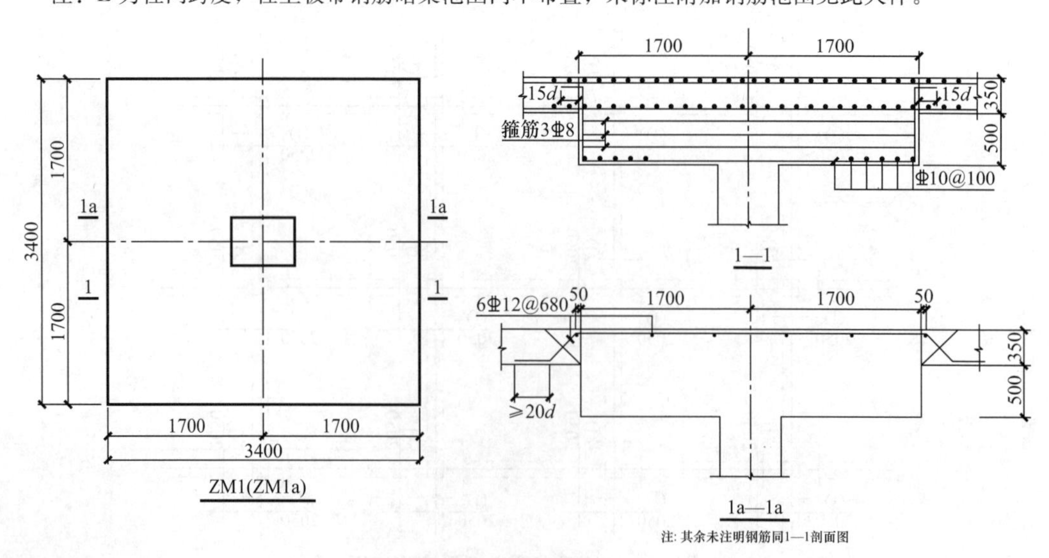

图 3-13　柱帽大样 1

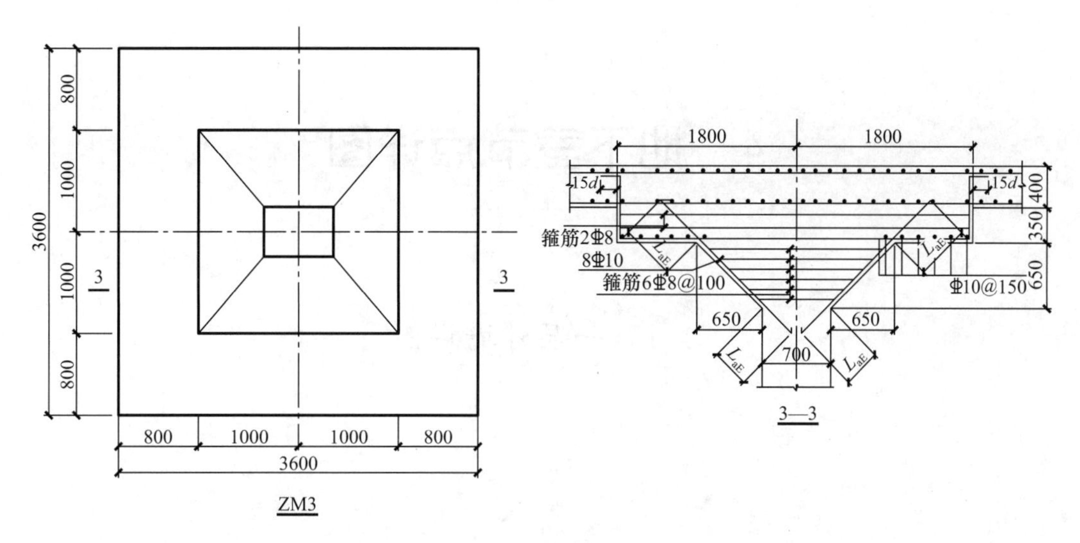

800
1000
3600
1000
800
3
3
800
1000
1000
800
3600
ZM3
1800
1800
15d
15d
400
350
650
箍筋2Φ8
8Φ10
箍筋6Φ8@100
Φ10@150
650
650
700
3—3

图 3-14　柱帽大样 2

4　地下室节点详图

4.1　一层外墙详图

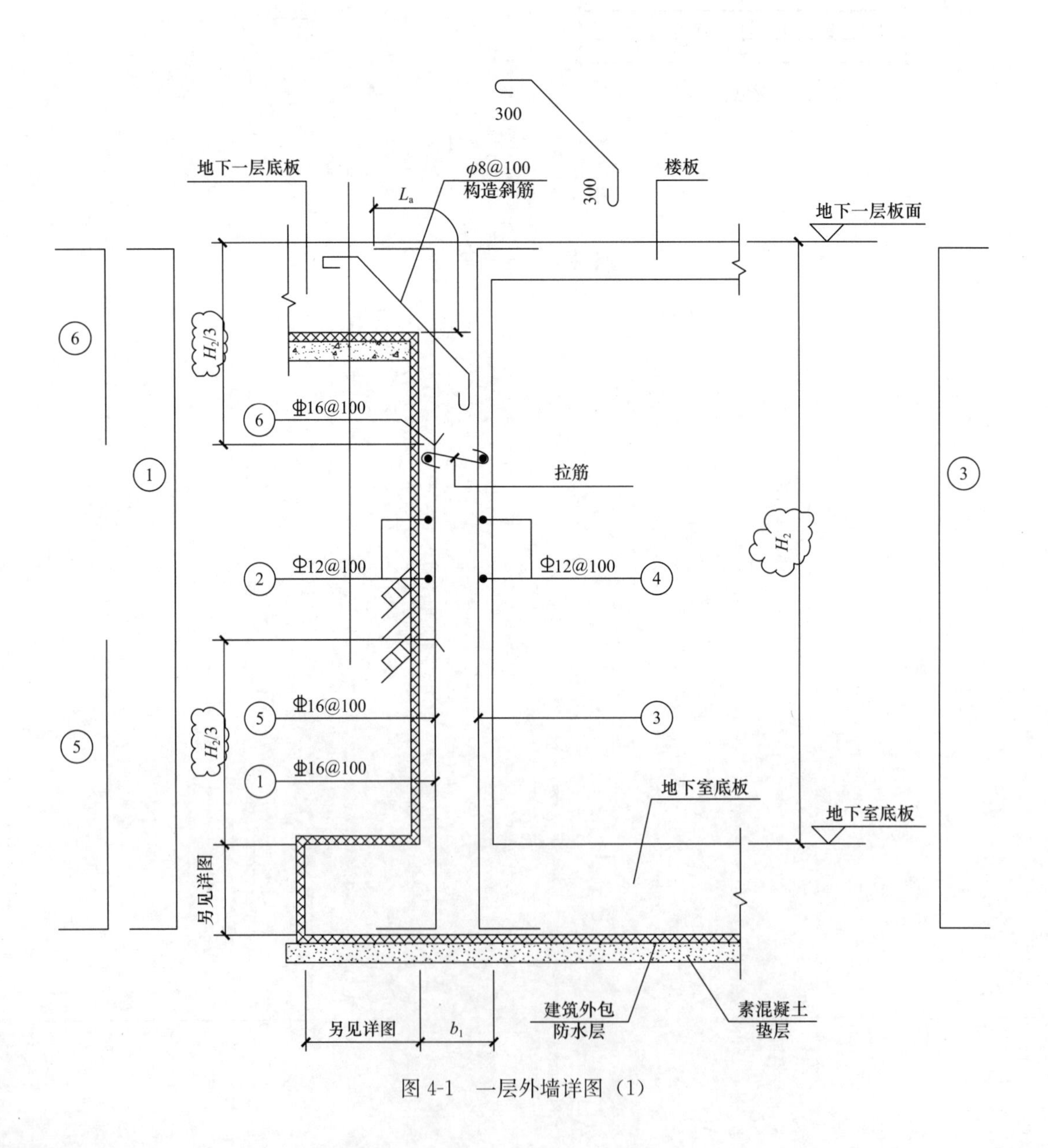

图 4-1　一层外墙详图（1）

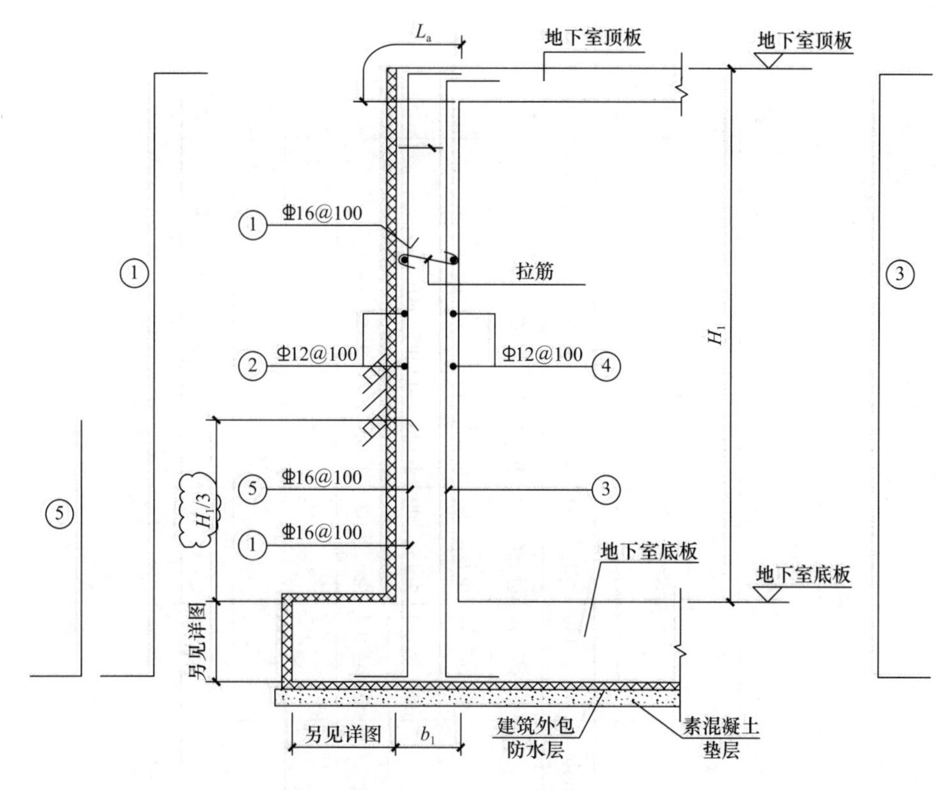

图 4-2　一层外墙详图（2）

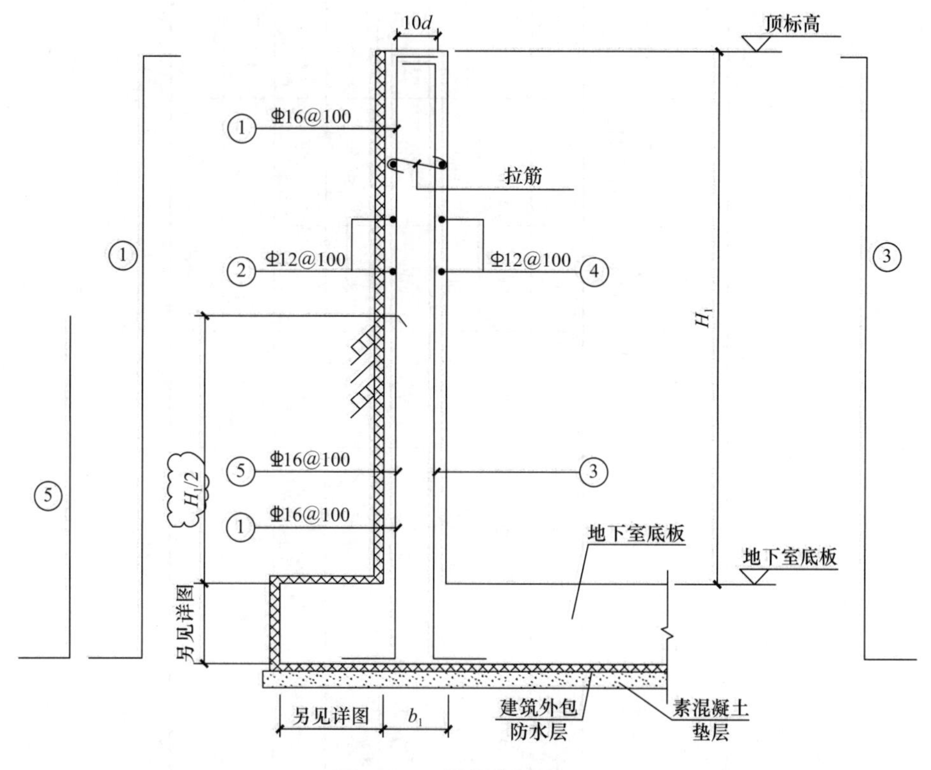

图 4-3　一层外墙详图（3）

表 4-1

地下室外墙参数表

1号、2号始终是在迎土面												
外墙编号	层次	大样编号	外墙厚度	外墙高度 H	底面标高	顶面标高	①	②	③	④	⑤	⑥
WQ1	地下一层	W1	400	4000	−15.999	−11.999	Φ12@150	Φ12@100	Φ12@100	Φ12@100	Φ14@150	Φ14@150
WQ2	地下二层～地下一层	W2	600	8000			Φ12@100	Φ12@100	Φ12@100	Φ12@100	—	—
WQ2	地下三层	W3	500	3600			Φ12@100	Φ12@100	Φ12@100	Φ12@100	—	—
	地下二层		400	3600			Φ12@100	Φ12@100	Φ12@100	Φ12@100	—	—
	地下一层		300	4000			Φ12@100	Φ12@100	Φ12@100	Φ12@100	—	—

4.2 二层外墙详图

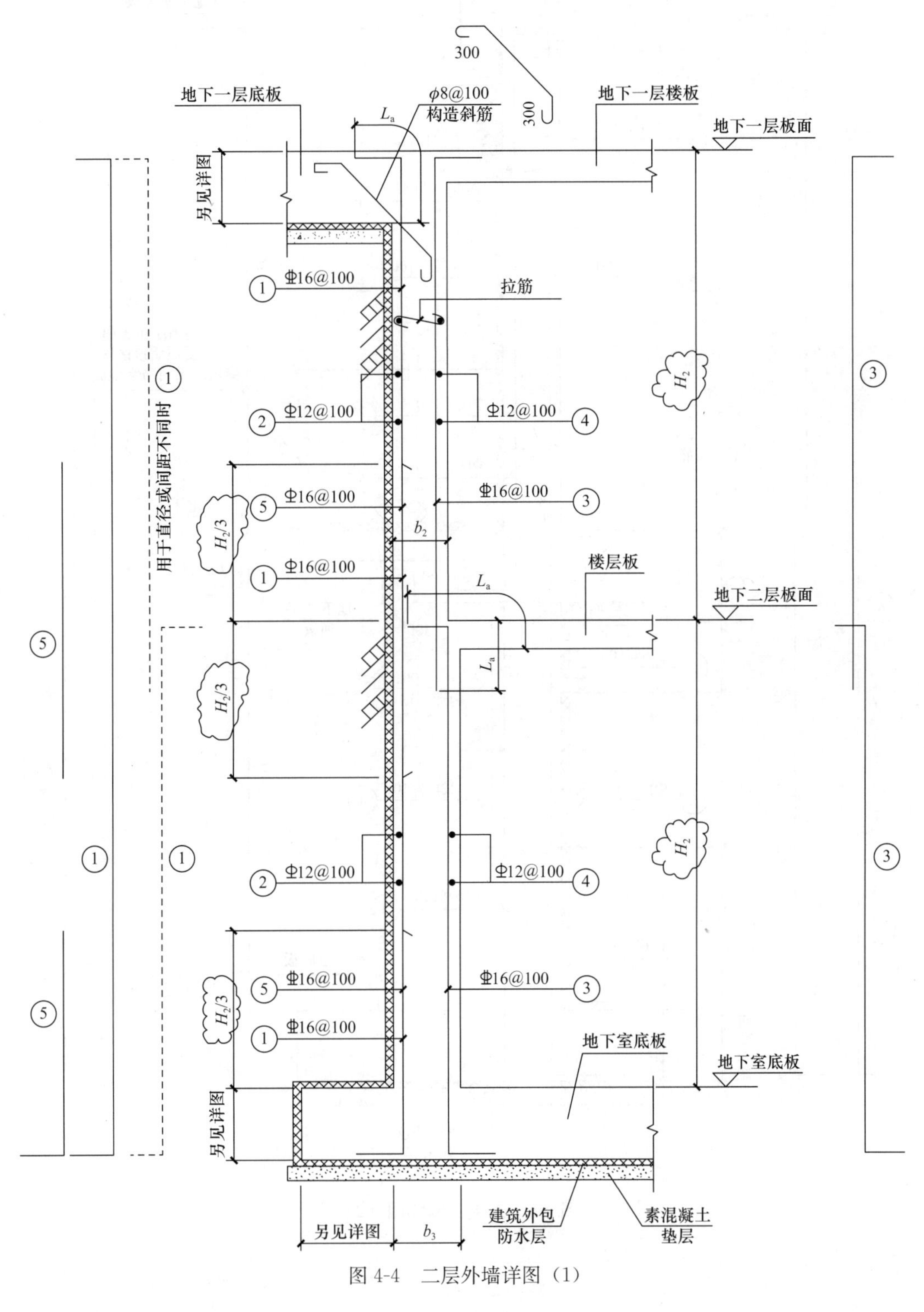

图 4-4　二层外墙详图（1）

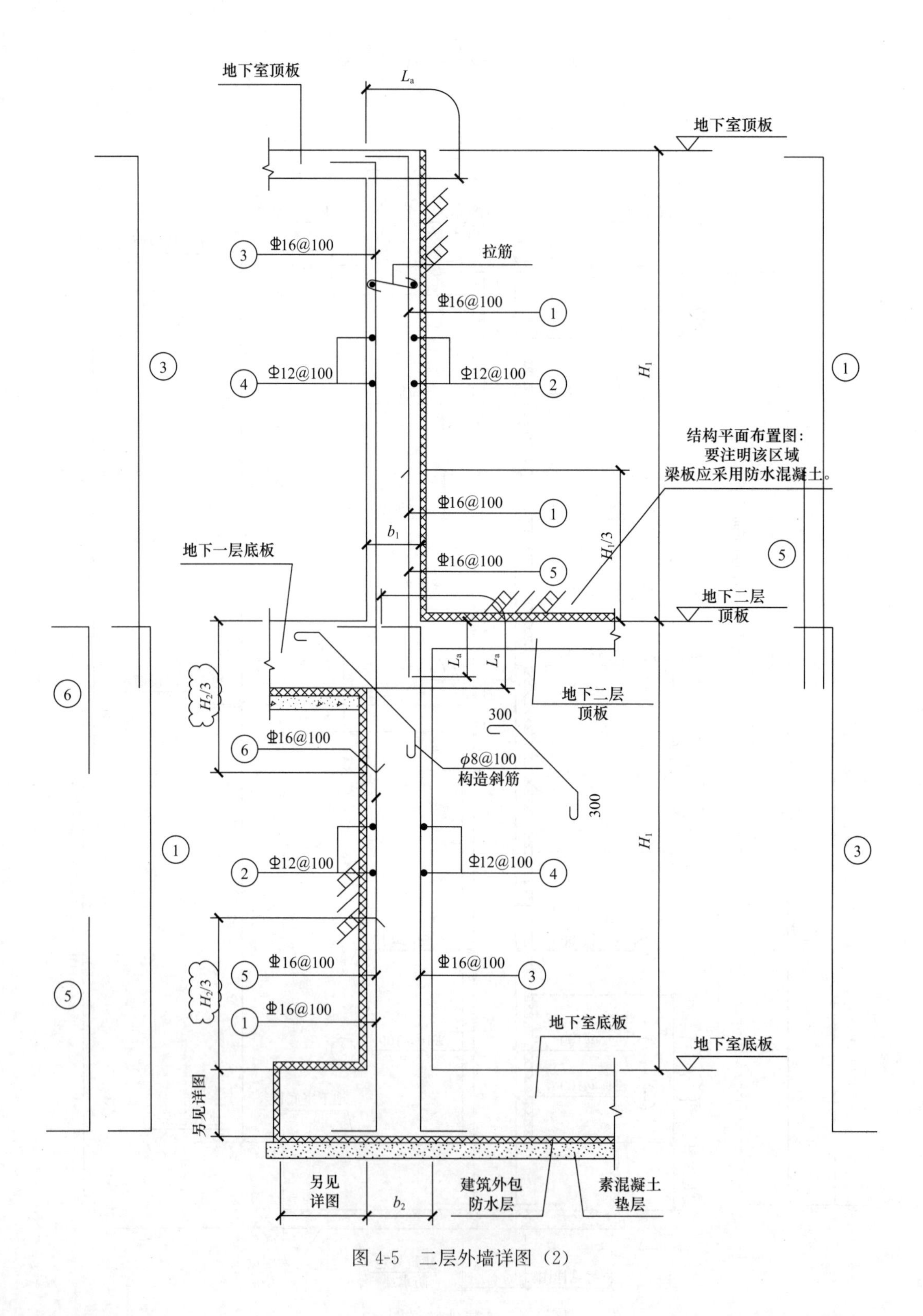

地下室顶板
L_a
地下室顶板
3
Φ16@100
拉筋
Φ16@100
1
3
1
4
Φ12@100
Φ12@100
2
H_1
结构平面布置图：
要注明该区域
梁板应采用防水混凝土。
Φ16@100
1
b_1
$H_1/3$
地下一层底板
Φ16@100
5
5
地下二层
顶板
L_a
L_a
6
$H_2/3$
地下二层
顶板
300
6
Φ16@100
φ8@100
构造斜筋
300
1
H_1
3
2
Φ12@100
Φ12@100
4
5
Φ16@100
Φ16@100
3
$H_2/3$
5
1
Φ16@100
地下室底板
地下室底板
另见详图
另见
详图
b_2
建筑外包
防水层
素混凝土
垫层

图 4-5　二层外墙详图（2）

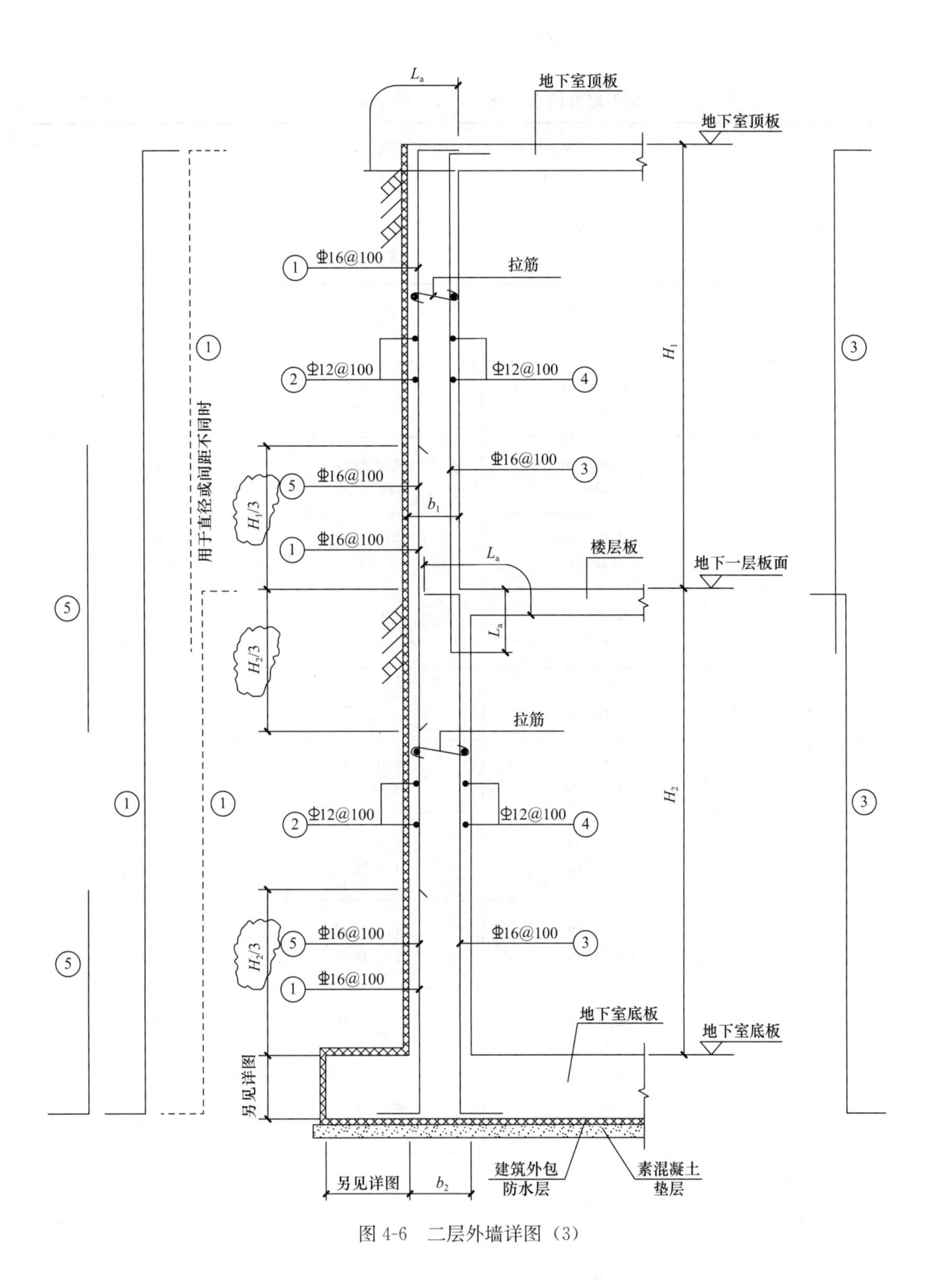

L_a
地下室顶板
地下室顶板
①
Φ16@100
拉筋
①
用于直径或间距不同时
②
Φ12@100
Φ12@100
④
③
H_1
⑤
Φ16@100
Φ16@100
③
$H_1/3$
b_1
①
Φ16@100
L_a
楼层板
地下一层板面
⑤
$H_2/3$
L_a
拉筋
①
①
②
Φ12@100
Φ12@100
④
H_2
③
⑤
Φ16@100
Φ16@100
③
⑤
$H_2/3$
①
Φ16@100
地下室底板
地下室底板
另见详图
另见详图
b_2
建筑外包
防水层
素混凝土
垫层

图 4-6　二层外墙详图（3）

4.3 外墙水平分布筋规格

地下室外墙水平分布筋（用于单向受力时） 表 4-2

地下室外墙水平分布筋(用于单向受力时)

外墙厚度	迎土面	背土面	
		非悬臂墙	悬臂墙
200	ϕ8@120 0.2096%	ϕ8@150 0.1675%	ϕ8@200 0.1250%
250	Φ10@150 0.2096%	ϕ8@120 0.1677%	ϕ8@150 0.1340%
300	Φ10@120 0.2181%	Φ10@150 0.1747%	Φ10@200 0.1310%
350	Φ10@100 0.2243%	Φ10@150 0.1497%	Φ10@200 0.1123%
400	Φ12@120 0.2356%	Φ10@120 0.1635%	Φ10@150 0.1310%
450	Φ12@120 0.2094%	Φ10@120 0.1453%	Φ10@150 0.1164%
500	Φ12@100 0.2262%	Φ10@100 0.1570%	Φ10@120 0.1308%
550	Φ12@100 0.2056%	Φ10@100 0.1427%	Φ10@120 0.1190%
600	Φ14@120 0.2138%	Φ12@120 0.15708%	Φ10@100 0.1308%
650	Φ14@120 0.1973%	Φ12@120 0.1450%	Φ10@100 0.1207%
700	Φ14@100 0.2199%	Φ12@100 0.1616%	Φ10@100 0.1121%
750	Φ14@100 0.2052%	Φ12@100 0.1508%	Φ12@120 0.1257%
800	Φ14@100 0.1923%	Φ12@100 0.1414%	Φ12@120 0.1178%

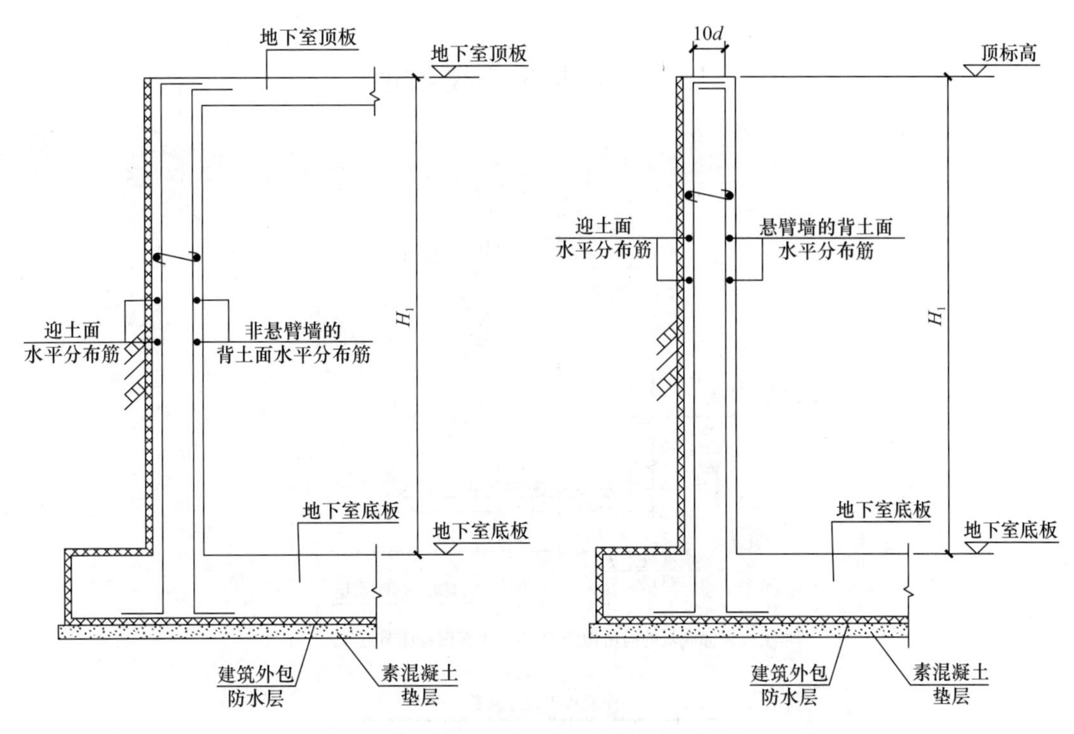

图 4-7　一层外墙详图

4.4　侧壁（或混凝土墙）水平筋转角构造（图 4-8）

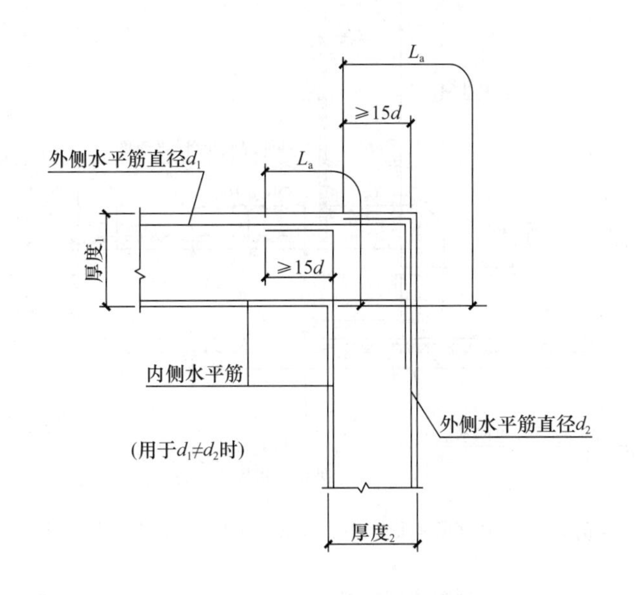

图 4-8　侧壁（或混凝土墙）水平筋转角构造

4.5 外墙下底板构造

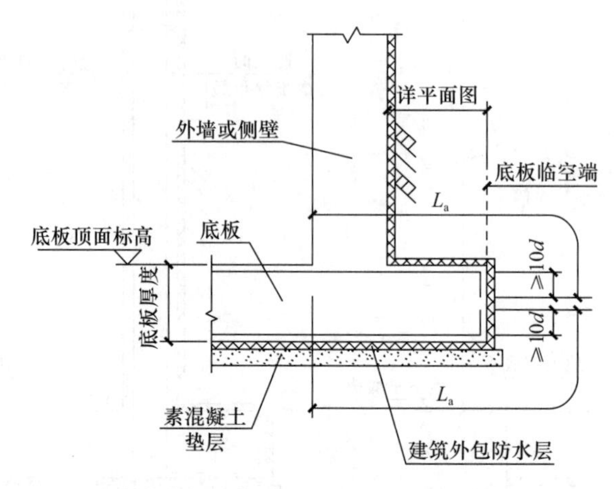

本工程外伸底板的通用构造，不需在平面图标注节点号。

B7 外伸底板不加厚构造

附注：1. 底板钢筋在各临空端应设置垂直段，其长度≥10d。
2. 除另注明外，该构造是本工程外伸底板的通用构造。

图 4-9 外伸底板不加厚构造

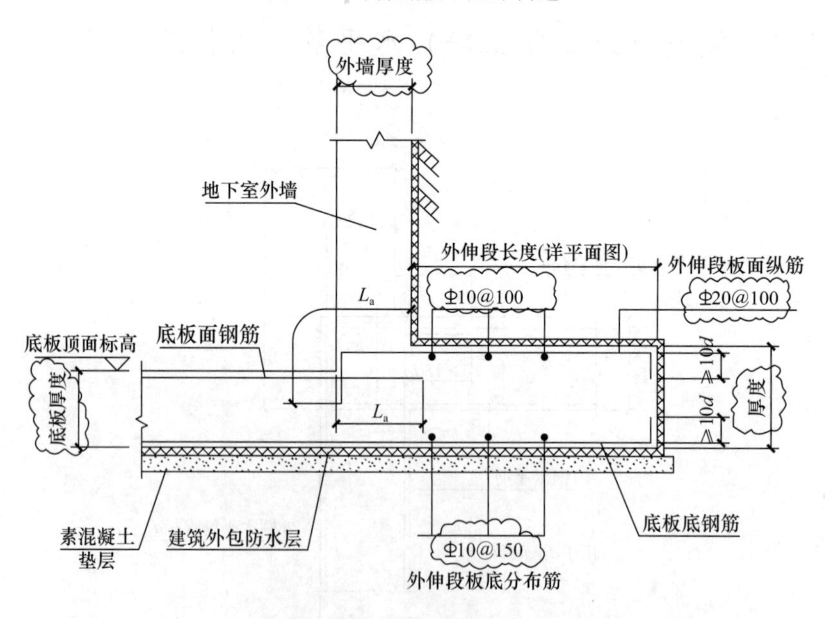

选用本节点时，应在平面图标注使用区间或范围；圈出的数值由设计者选择。

B8 外伸底板加厚构造

附注：底板钢筋在各临空端应设置垂直段，其长度≥10d。

图 4-10 外伸底板加厚构造（1）

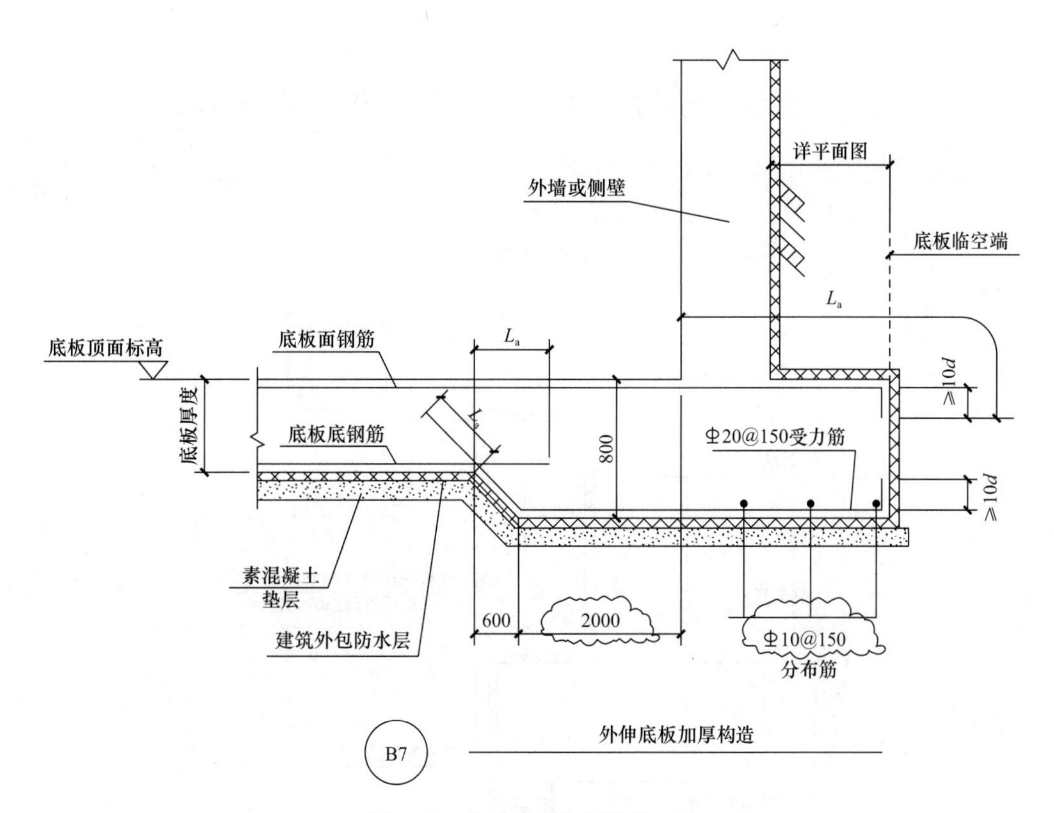

图 4-11　外伸底板加厚构造（2）

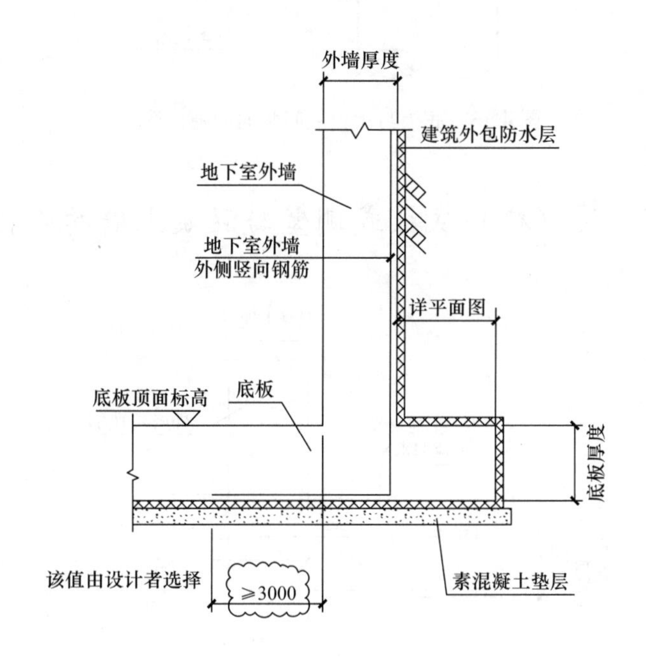

选用本节点时，应在平面图标注使用区间或范围。

W1　外墙竖向筋在底板内锚固

附注：底板钢筋在各临空端应设置垂直段，其长度≥10d。

图 4-12　外墙竖向筋在底板内锚固

4.6 底板与承台之间竖向间隙构造（图 4-13）

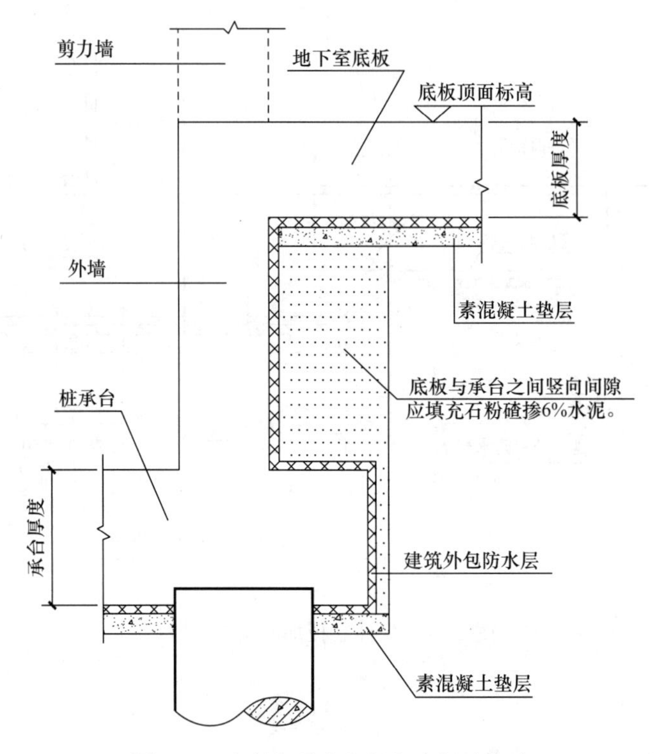

图 4-13 底板与承台之间竖向间隙构造

4.7 坑（槽）底板或侧壁与混凝土墙的连接

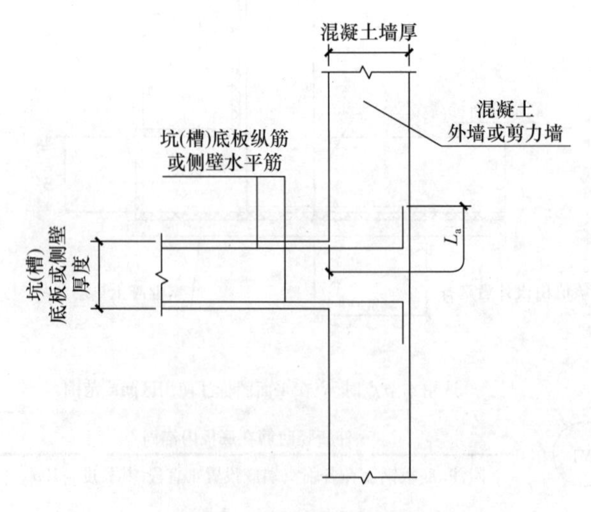

图 4-14 坑（槽）底板或侧壁与混凝土墙的连接

4.8 坑（槽）底板或侧壁与承台的连接

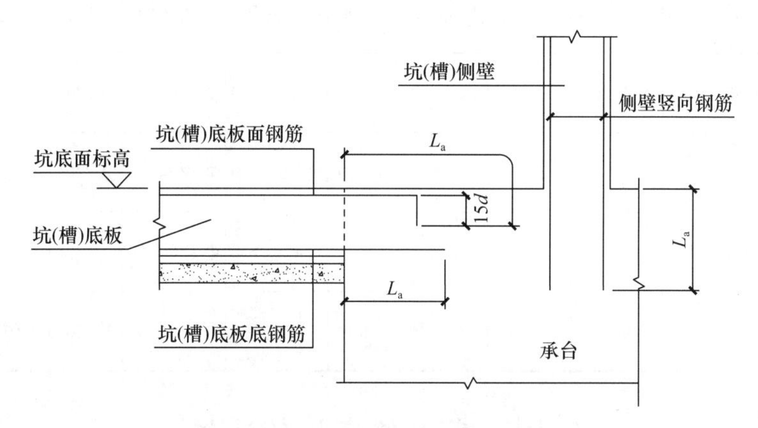

图 4-15　坑（槽）底板或侧壁与承台的连接

4.9 底板的坑（槽）详图

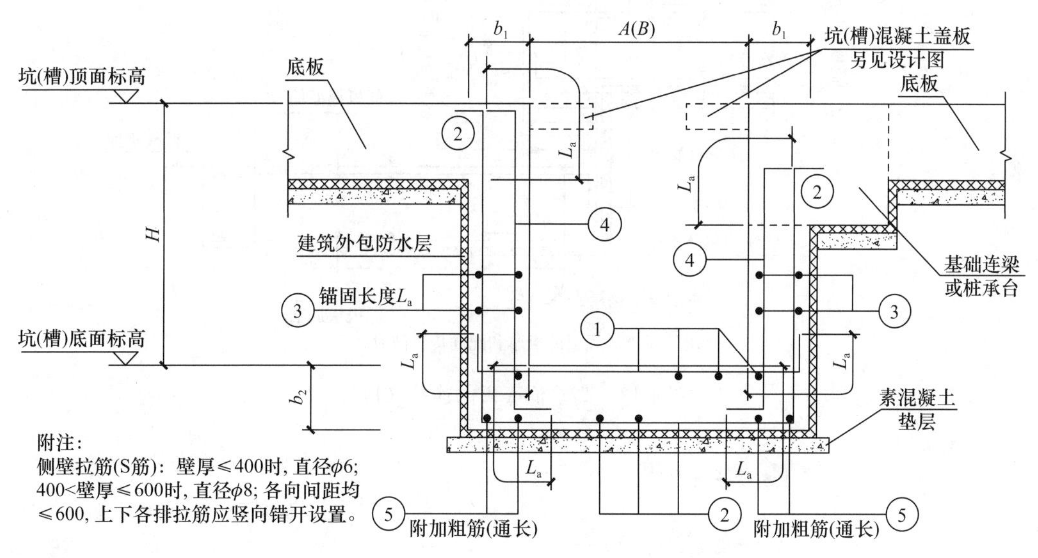

图 4-16　坑（槽）底板或侧壁与承台的连接

注：紧贴承台的集水坑，侧壁（或砖侧模）可能会与桩（或桩护壁）打架。

地下室底板的坑（槽）参数表　　**表 4-3**

地下室底板的坑（槽）参数表　　表中所有内容仅为模拟数值

编号	名称	平面尺寸 $A\times B$	坑顶面标高	坑底面标高	H	b_1	b_2	①	②	③	④	⑤
S1	集水坑	1000×1000	−23.600	−7.900	1300	300	300	Φ12@100	Φ12@100	Φ12@100	Φ12@100	—
S2	集水坑	1500×1500	−6.600	−7.900	1300	300	300	Φ12@100	Φ12@100	Φ12@100	Φ12@100	—
S3	集水坑	1000×1000	−6.600	−7.900	1300	300	300	Φ12@100	Φ12@100	Φ12@100	Φ12@100	—

续表

编号	名称	平面尺寸 $A\times B$	坑顶面标高	坑底面标高	H	b_1	b_2	①	②	③	④	⑤
S4	消防水池吸水槽	1000×1000	－6.600	－7.900	1300	300	300	Φ12@100	Φ12@100	Φ12@100	Φ12@100	—
S5	消防水池吸水槽	1000×1000	－6.600	－7.900	1300	300	300	Φ12@100	Φ12@100	Φ12@100	Φ12@100	—
S6	生活水池吸水槽	1500×4750	－6.600	－7.900	1300	300	300	Φ12@100	Φ12@100	Φ12@100	Φ12@100	—
S7	生活水池吸水槽	1000×7750	－6.600	－7.900	1300	300	300	Φ12@100	Φ12@100	Φ12@100	Φ12@100	—
FT1	自动扶梯机坑	3070×4980	－6.600	－7.800	1200	400	500	Φ14@100	Φ14@100	Φ14@100	Φ14@100	2Φ22

4.10 高、低底板的连接

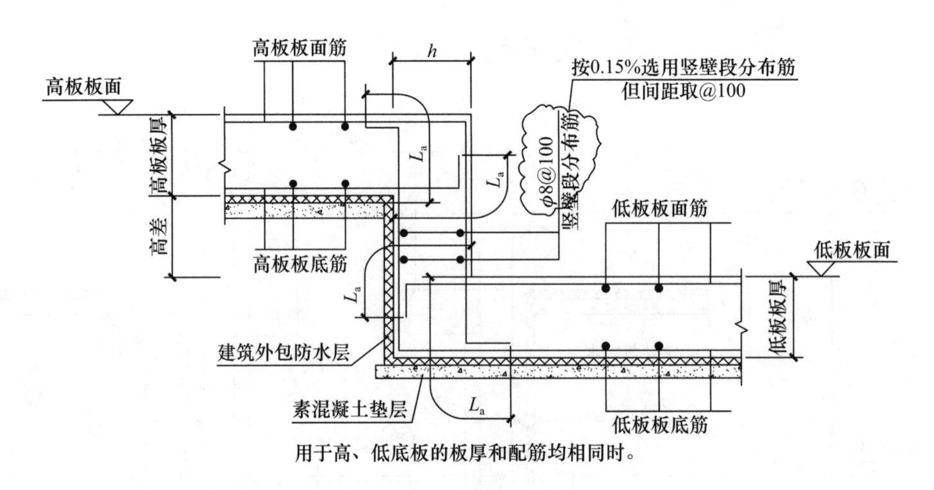

图 4-17 高、低底板的连接（1）

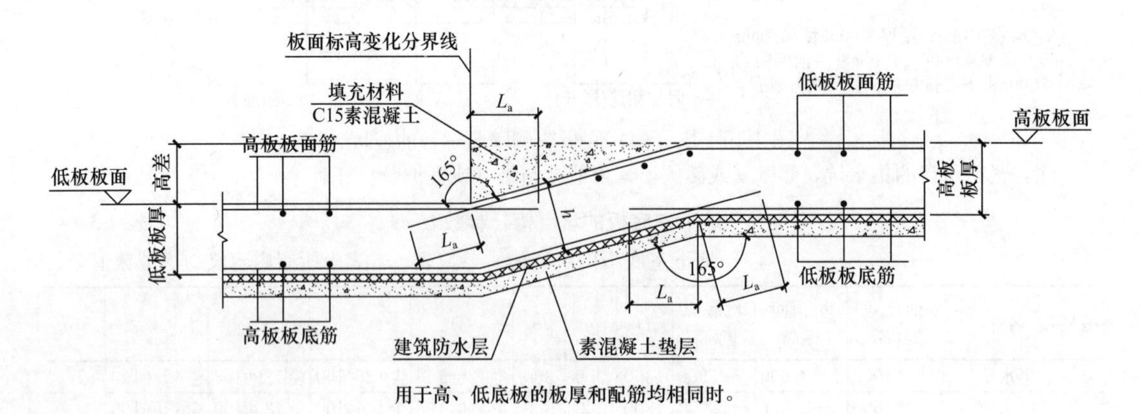

图 4-18 高、低底板的连接（2）

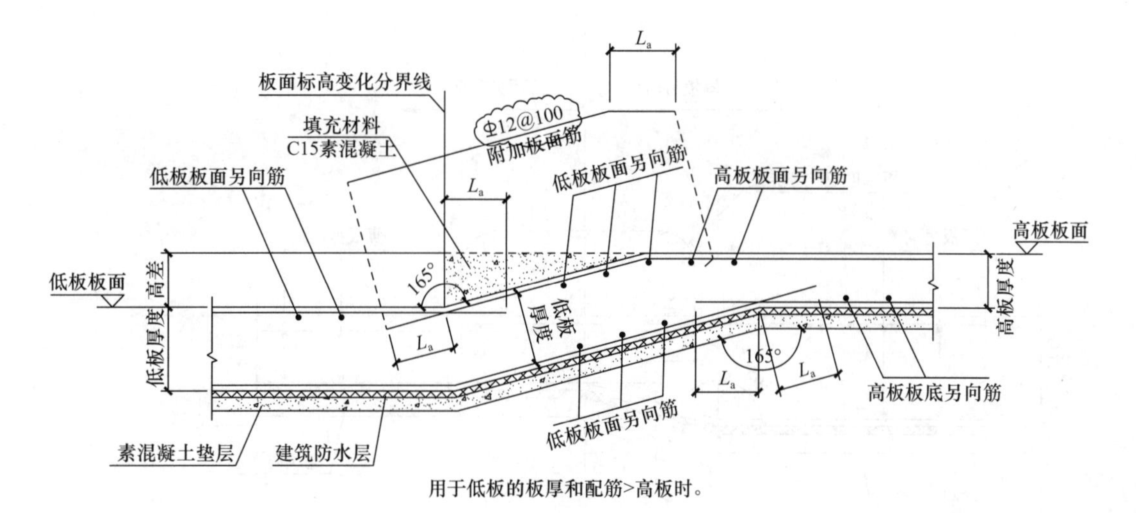

图 4-19 高、低底板的连接（3）

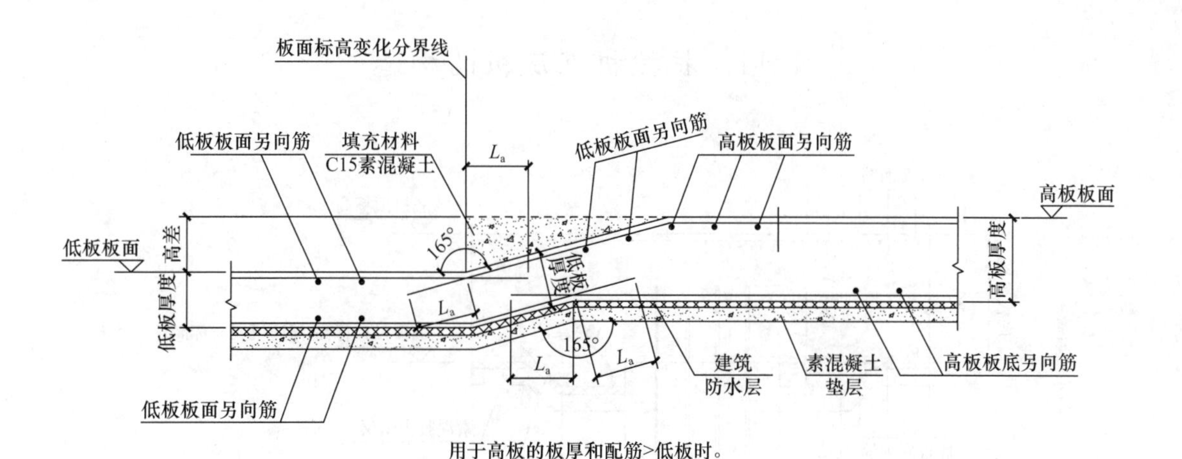

图 4-20 高、低底板的连接（4）

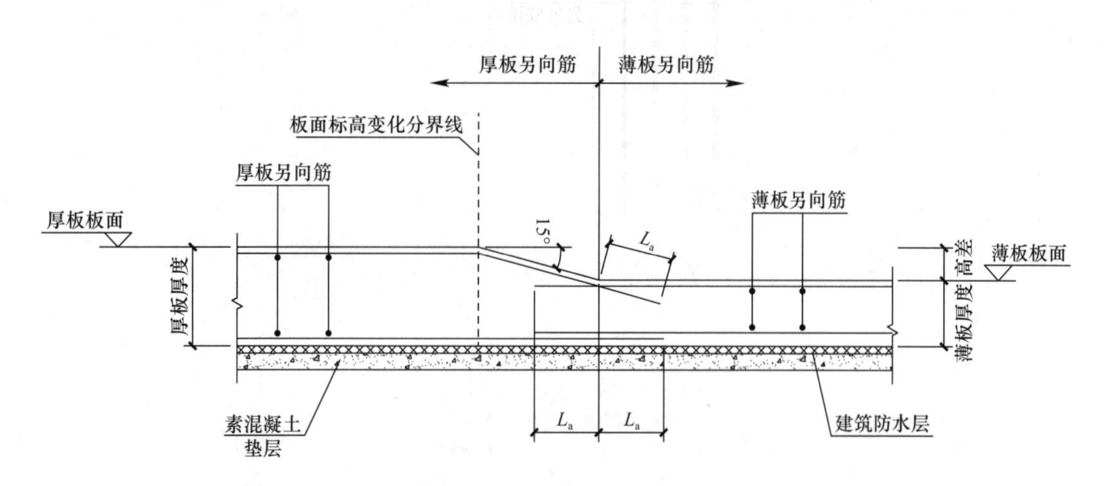

图 4-21 底板厚度变化处连接（1）

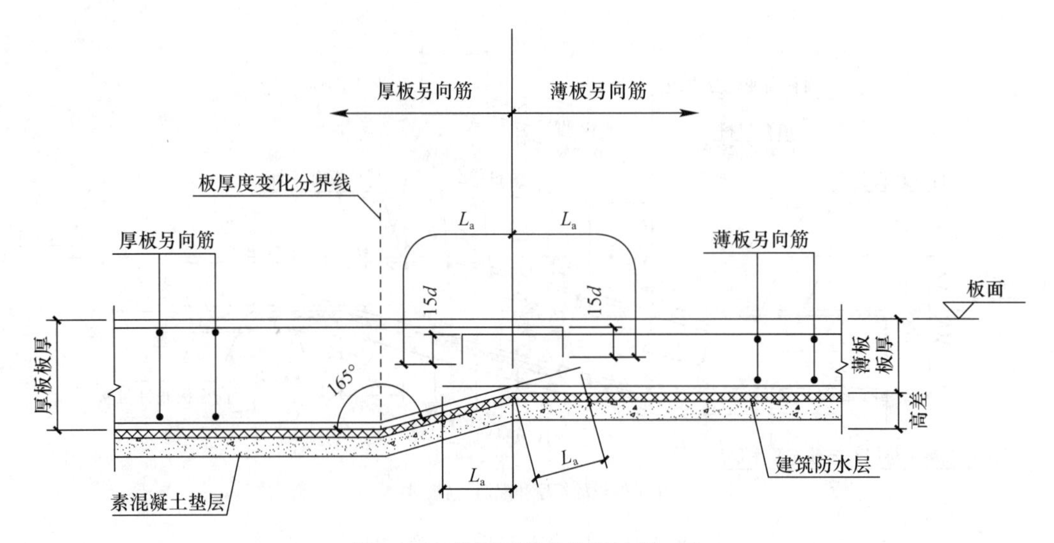

图 4-22　底板厚度变化处连接（2）

4.11　抗拔桩在底板的构造

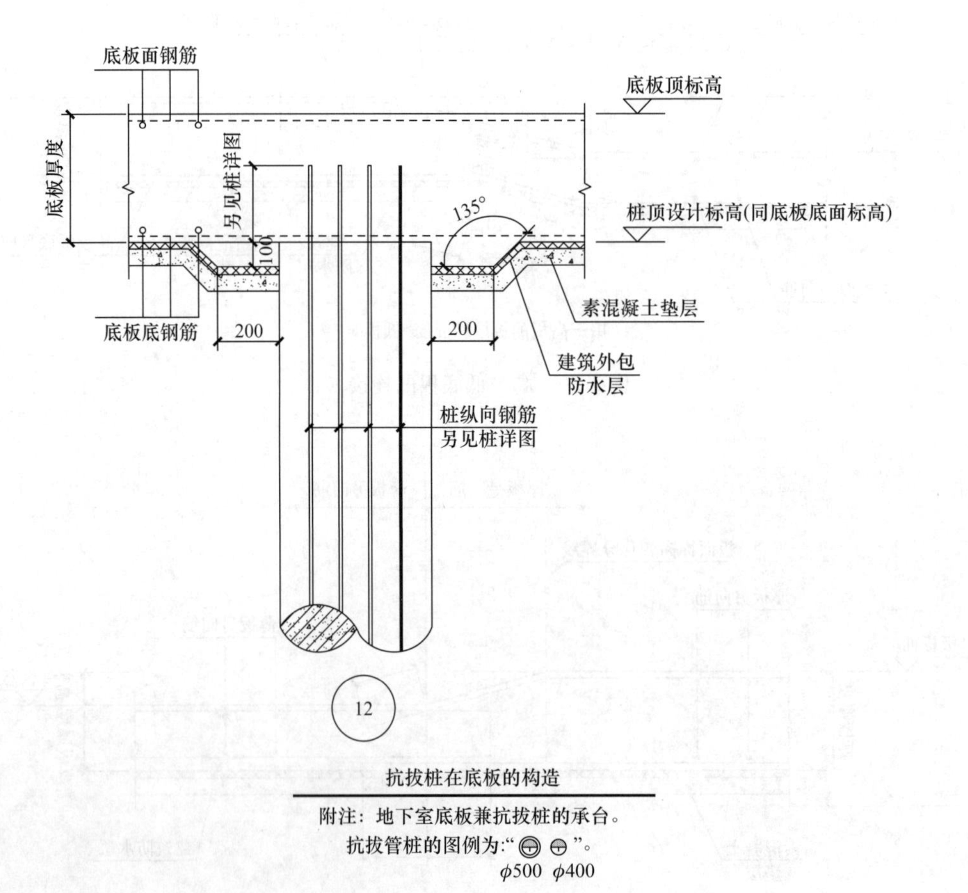

图 4-23　抗拔桩在底板的构造

4.12 底板暗梁（图4-24）

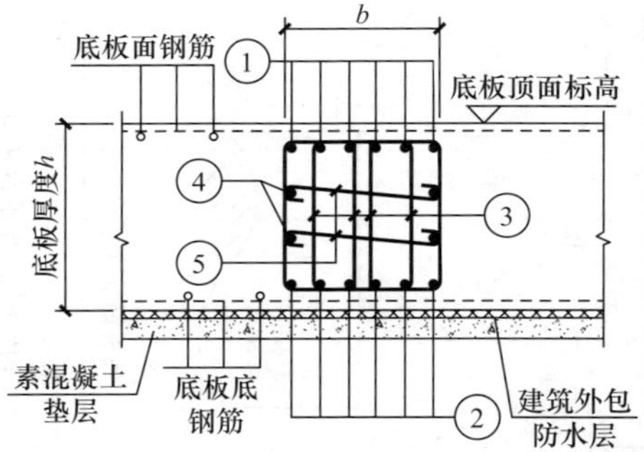

附注：

1. ②号筋放置于桩顶面；
2. ①、②号筋两端锚固长度为L_a。

底板暗梁表　　表中所有内容仅为模拟数值

编号	$b \times h$	①	②	③	④	⑤	备注
DBAL1	1000×900	11Φ25　6/5	11Φ25　6/5	Φ10@200(4)	2×4Φ12	Φ8@400	
DBAL2	1000×900	11Φ25　6/5	11Φ25　6/5	Φ12@200(6)	2×4Φ12	Φ8@400	
DBAL3	1000×900	11Φ25　6/5	11Φ25　6/5	Φ10@200(6)	2×4Φ12	Φ8@400	
DBAL4	1000×2000	11Φ28　6/5	22Φ28　6/5	Φ14@200(6)	2×8Φ16	Φ10@400	

图4-24　底板暗梁

4.13 底板钢筋在承台内构造

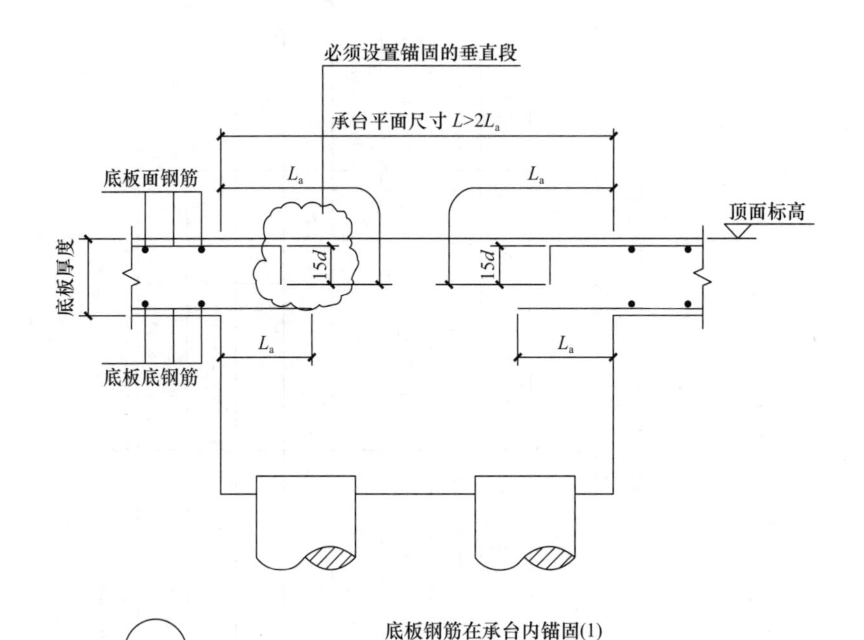

B1

底板钢筋在承台内锚固(1)

附注：承台平面尺寸$L>2L_a$时，底板面钢筋是否在承台内锚固,应见承台详图。

图 4-25 底板钢筋在承台内锚固（1）

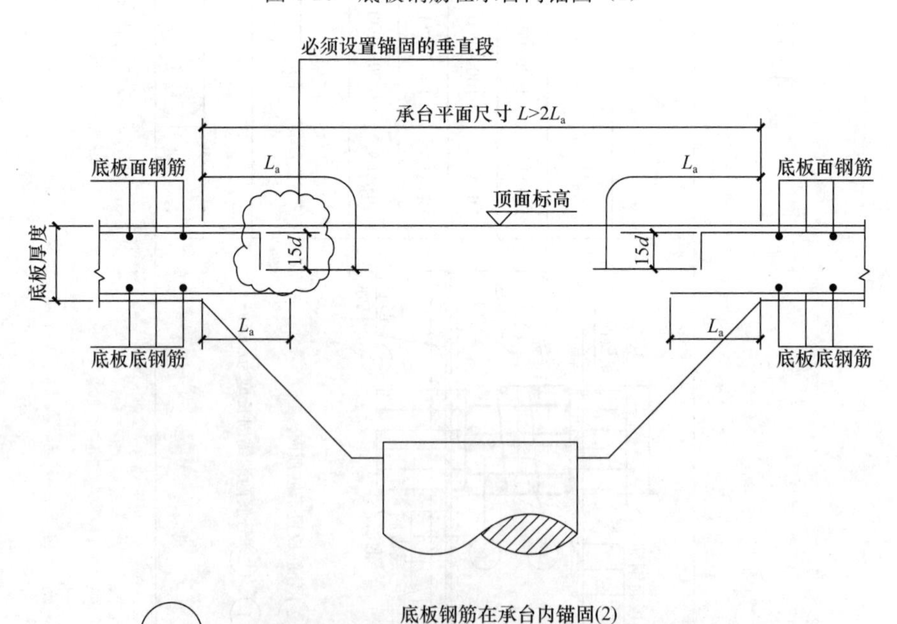

B2

底板钢筋在承台内锚固(2)

附注：承台平面尺寸$L>2L_a$时，底板面钢筋是否在承台内锚固,应见承台详图。

图 4-26 底板钢筋在承台内锚固（2）

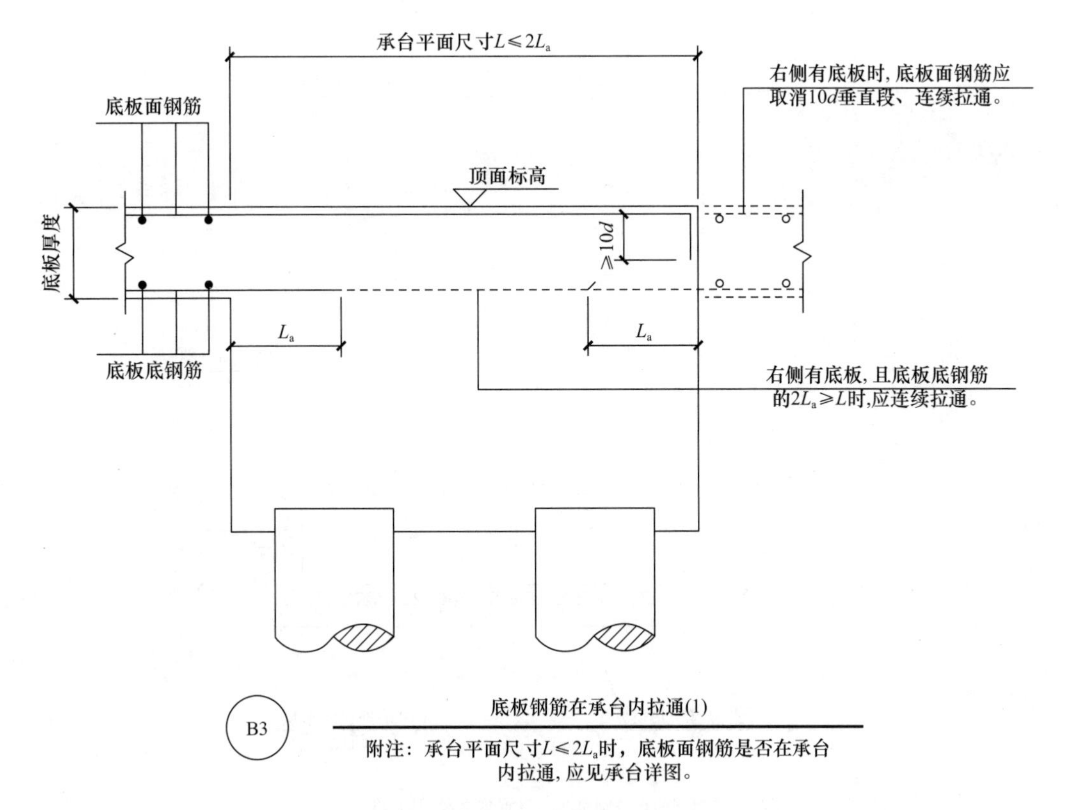

图 4-27　底板钢筋在承台内拉通（1）

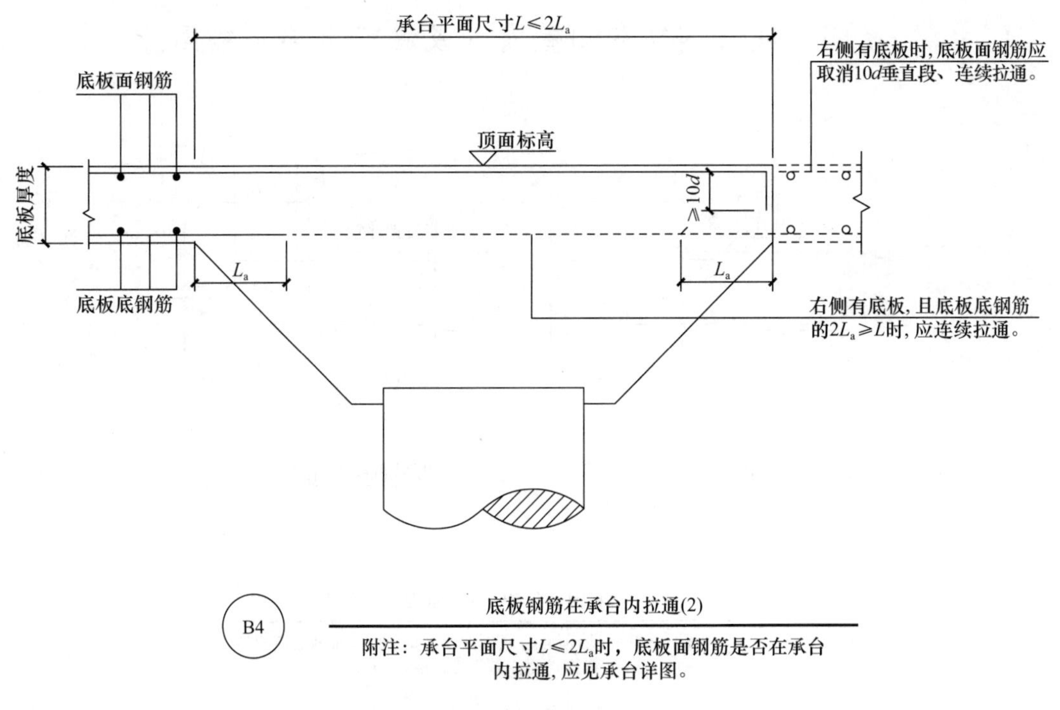

图 4-28　底板钢筋在承台内拉通（2）

4.14 底板钢筋在临空端构造

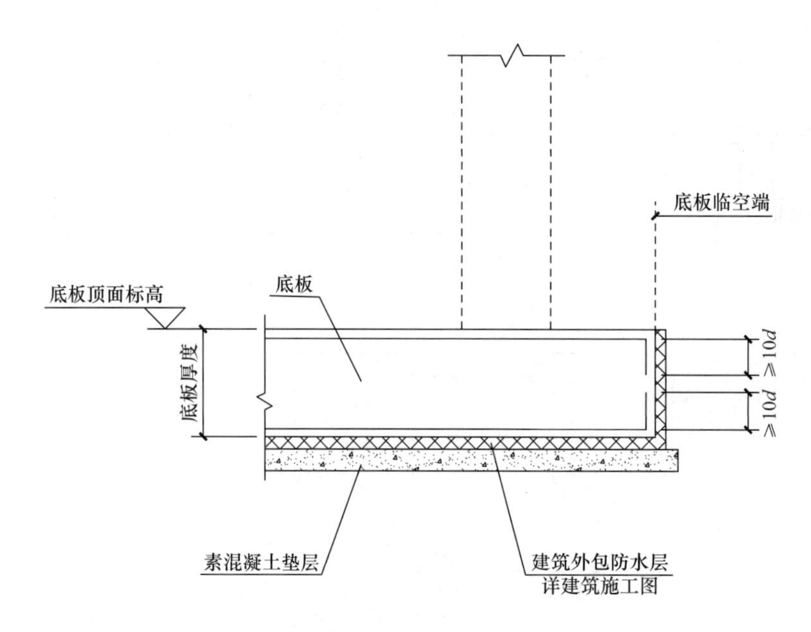

附注：底板钢筋在各临空端应设置垂直段，其长度≥10d。

图 4-29　底板钢筋在临空端构造

4.15 底板钢筋在侧壁内（或混凝土墙）锚固

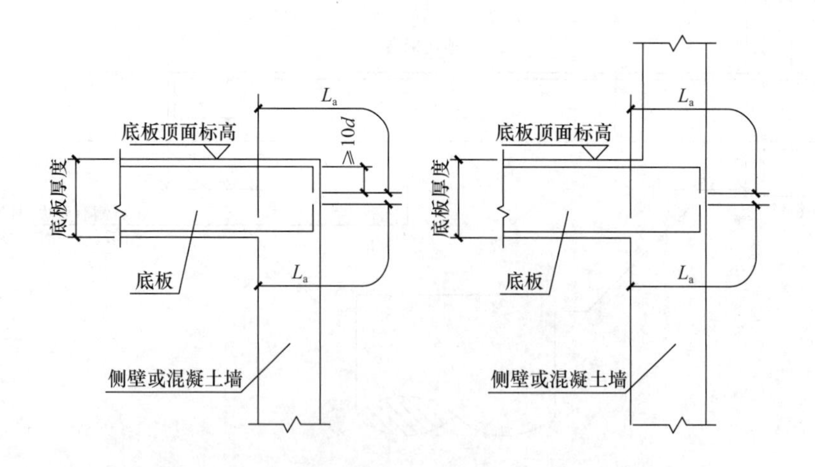

B5　底板钢筋在侧壁内(或混凝土墙)锚固

附注：侧壁或墙顶面与底板面平齐时，底板面钢筋应设置锚固的垂直段，其长度≥10d。

图 4-30　底板钢筋在侧壁内（或混凝土墙）锚固

4.16 基础连梁纵筋在承台内构造

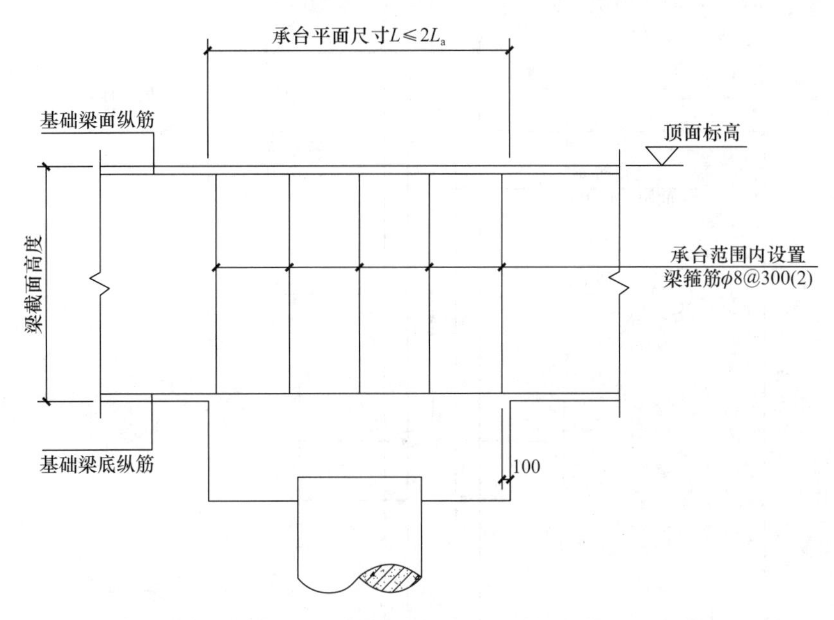

图 4-31 基础连梁纵筋在承台内拉通

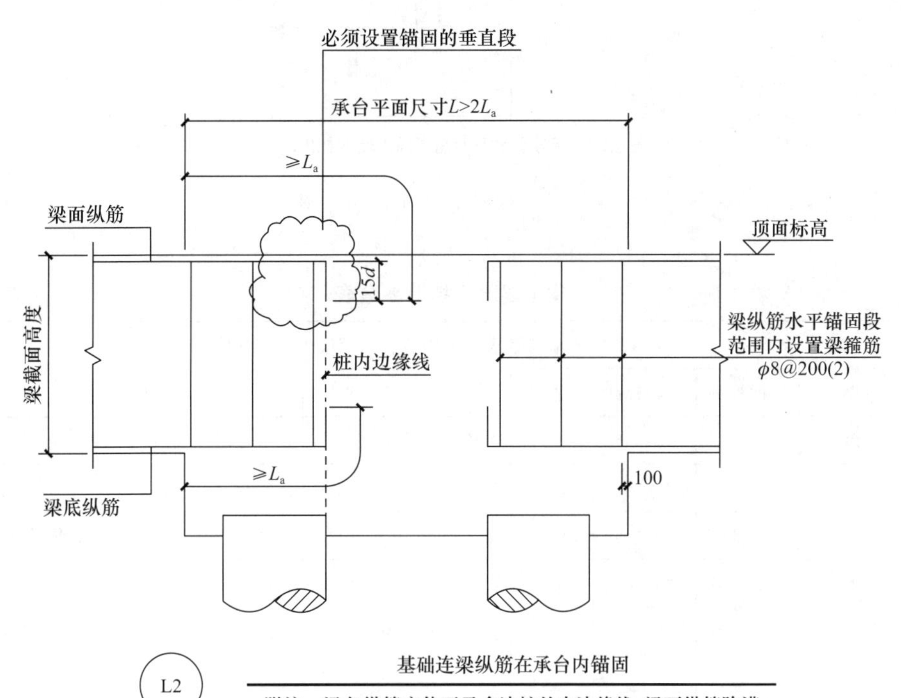

图 4-32 基础连梁纵筋在承台内锚固

4.17 梁上混凝土挡墙详图

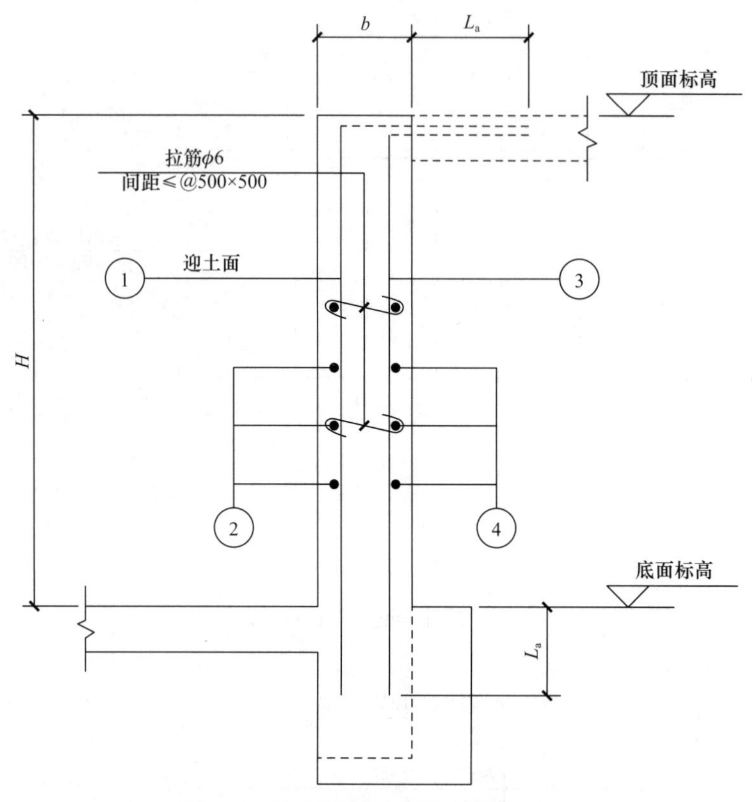

附注：2、4号水平筋两端应锚入墙或柱内L_a。

图 4-33 梁上混凝土挡墙详图

梁上混凝土挡墙参数表 **表 4-4**

梁上混凝土挡墙参数表 表中所有内容仅为模拟数值									
编号	b（墙厚）	底面标高	顶面标高	H(高度)	①	②	③	④	备注
DQ1	200	−1.250	0.350	1600	⌽10@100	Φ8@100	⌽10@150	Φ8@150	室内外分界挡墙
DQ2	200	−1.950	0.350	2300	⌽12@100	Φ8@100	⌽10@150	Φ8@150	车道挡墙
DQ3	200	−1.250	−0.600	650	—	—	—	—	素混凝土车道挡墙
DQ4	200	−2.000	0.300	2300	⌽12@100	Φ8@100	⌽10@150	Φ8@150	室外风井处挡墙
DQ5	200	−1.250	0.100	1350	⌽12@100	Φ8@100	⌽10@150	Φ8@150	人防楼梯口挡墙

4.18 楼板上混凝土挡墙

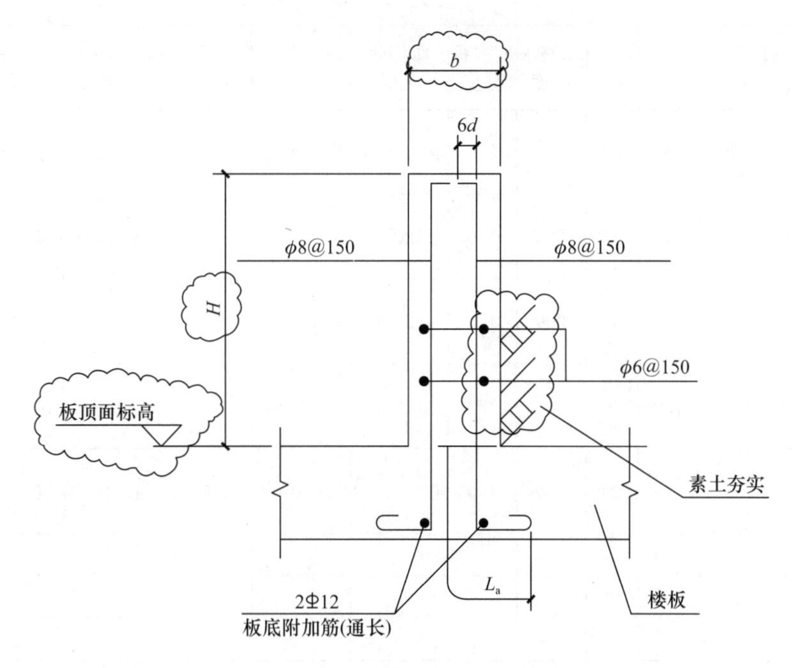

图 4-34　板上混凝土挡墙

附注：板上挡墙的混凝土强度等级同楼板。板上混凝土挡墙配筋由设计者选择。

4.19 楼面混凝土坑详图

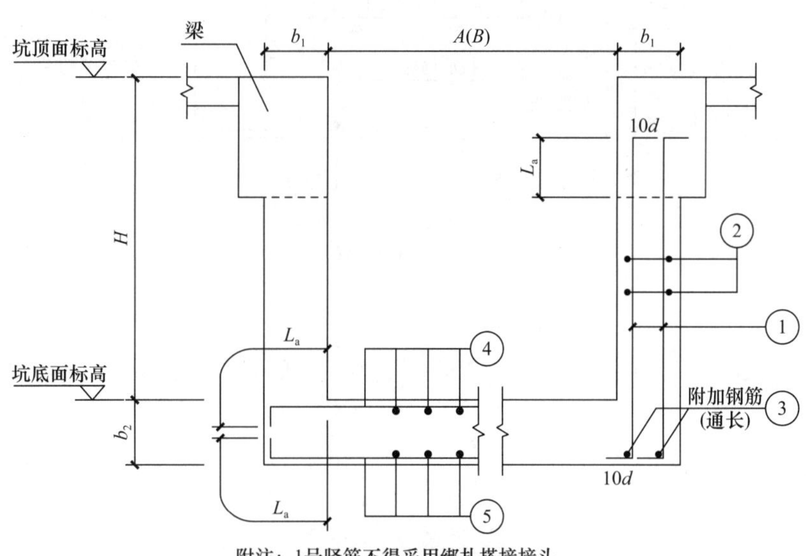

图 4-35　楼面混凝土坑详图

楼面混凝土坑参数表 **表 4-5**

楼面混凝土坑参数表 （表中所有内容均为模拟数值）

编号	平面尺寸 A×B	坑顶面标高	坑底面标高	H 坑深度	b_1 侧壁厚度	b_2 底板厚度	①侧壁竖筋	②侧壁水平筋	③附加钢筋（通长）	④底板面筋	⑤底板底筋	备注
S1	1000×1000	−6.600	−7.900	1300	200	200	Φ10@100	Φ12@100	—	Φ12@100	Φ12@100	集水坑
S2	1500×1500	−6.600	−7.900	1300	200	150	Φ12@100	Φ12@100	—	Φ12@100	Φ12@100	集水坑
S6	1500×4750	−6.600	−7.900	1300	200	150	Φ12@100	Φ12@100	—	Φ12@100	Φ12@100	集水坑
S7	1000×7750	−6.600	−7.900	1300	200	150	Φ12@100	Φ12@100	—	Φ12@100	Φ12@100	集水坑
FT1	3070×4980	−6.600	−7.800	1200	200	150	Φ14@100	Φ14@100	2Φ22	Φ14@100	Φ14@100	自动扶梯机坑

4.20 人孔翻檐大样

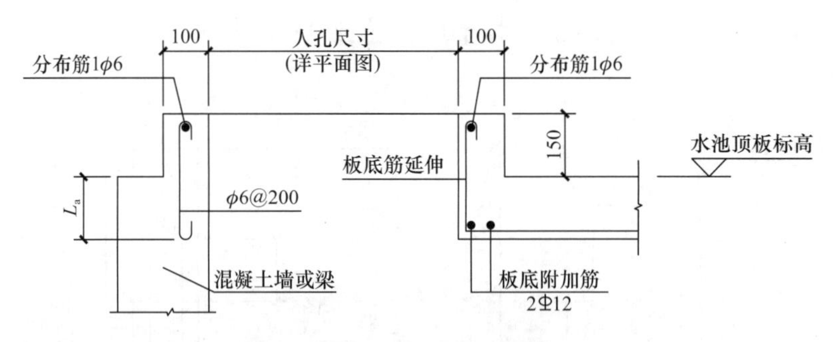

图 4-36 人孔翻檐大样

5 地下室设计技术要点

5.1 地下室设计思维

地下室设计，就是要熟知其设计套路（梁布置、板布置及后浇带布置等），然后玩数字游戏。所谓数字游戏，我们可以理解为：构件的编号数字游戏、构件在 XYZ 方向定位的数字游戏（确定其定位及用量）、构件的配筋数字游戏。玩好数字游戏后，要注重连接和构造，因为地下室的标高系统很复杂，要特别注重变标高、有高差的部位的主次梁连接（能否搭接住）及挡土墙大样的顶标高是多少（并且要知道其覆土标高去算挡土墙的配筋）。

地下室设计是个协调配合的过程，要在地下室与塔楼相交处与上部塔楼的人员不断的协调，因为塔楼翼缘端柱的布置往往是做地下室的人先决定，塔楼外墙与地下室外墙相接时，塔楼外墙的长度及厚度往往要跟着地下室外墙走，做地下室的人要提醒做塔楼的设计师。

地下室设计时，设计师应清楚不同的构件的周边的连接情况，或者直接套上部结构的竖向构件，不然，很容易出错误。地下室设计时，由于建筑师在不停地改图，结构设计师应该不断地对建筑图，从上到下，从左至右，每个细节的部位都要与建筑一一对应，然后构造和连接应该合理，弄清地下室设计套路后，其实就是在玩对图游戏。

施工图的合理性和美观性，其实是要求结构与建筑等在每个细节都一一对应，这要求结构设计师养成认真对图的习惯。地下室设计时，要多结合建筑总图确定覆土的标高，知道图的标高及位置。如果地下室施工图纸太密，可以用加减分合思维，进行重新拆分或者组合，让图纸变得更加简明：比如地下室梁平法施工图拆分成 X 及 Y 方向的，配筋图与基础布置图进行拆分，车道处的挡土墙大样进行组合。

地下室设计时，排水沟如果是建筑做，比如 300mm 厚，则集水坑的高度应该是减去这 300mm 厚度的；集水坑如果靠近条形基础或者独立基础，画集水坑的大样时，应该先在草稿中真实地反映出周边的连接情况，如果集水坑 60°的斜放坡度独立基础或者条形基础形成一个不好施工的尖角，则不如连接在一起，不做 60°的斜放坡。车道挡土墙处，如果没有柱子及其他荷载，挡土墙可以直接搁置在 300mm 厚的底板上面而不用做条形基础。

地下室外墙往往有柱子，建模时真实的建模与传力，做条形基础，柱子下面由于力很小，可以不做独立基础。内部人防墙可能变来变去的，可以用深梁模拟人防墙，让独立基础的力偏保守。

地下室顶板作为嵌固端时，塔楼范围内的板厚可取 180mm，不作为嵌固端时，塔楼范围内的板厚可取 160mm，地下室中间楼层板厚可取 120mm，人防区一般不宜小于 250mm。塔楼范围外的板厚有防水要求，应根据地区的要求与经验取值，有的地方要求取

250mm，而有的地区可以取160mm、180mm、200mm、250mm。塔楼范围内与塔楼范围外的顶板，不管是否作为嵌固端，其配筋率可参考《高规》10.6.2条，最小配筋率按0.25%（单层单向）控制。

地下室顶板：设双层双向拉通钢筋，最小配筋率0.25%。通长钢筋不小于ϕ10@200（160mm板厚）、ϕ10@170（180mm板厚）、ϕ12@200（200mm）和ϕ12@180（250mm板厚），板面钢筋视计算需要设支座另加筋。地下室顶板配筋为了包络住大部分配筋，往往在最小配筋率的基础上提高配筋值，方便双层包络住更多的板。地下室底板：设双层双向拉通钢筋，最小配筋率0.2%，250板厚板面通长钢筋ϕ10@150。如果不考虑防水，则最小配筋率可按0.15%控制。

《高层建筑混凝土结构技术规程》JGJ 3—2010　第12.2.5条：高层建筑地下室外墙设计应满足水土压力及地面荷载侧压作用下承载力要求，其竖向和水平分布钢筋应双层双向布置，间距不宜大于150mm，配筋率不宜小于0.3%。一般情况下，侧壁按单向连续板计算，底层固端，顶层铰接。竖向钢筋按计算确定，通长钢筋间距200mm或150mm，迎土面支座不足设另加筋（1/3净高处截断）；水平分布筋按0.15%最小配筋率控制，间距150mm，对于300mm厚侧壁为ϕ12@150。底板与地下室外墙连接处应充分考虑外墙底部固端弯矩对底板的影响，伸出外墙边300～600mm。

一般情况下，侧壁按单向连续板计算，底层固端，顶层铰接。竖向钢筋按计算确定，通长钢筋间距200mm或150mm，迎土面支座不足设另加筋（1/3净高处截断）；水平分布筋按0.15%最小配筋率控制，间距150mm，对于300mm厚侧壁为ϕ12@150。总配筋率一般控制在0.6%以内为宜。

地下室现在流行采用加腋梁板体系，常见覆土厚度为1.2m，常见柱网7.8m。对于加腋梁，腋是有一个合理的尺寸的，在这个合理的尺寸范围内，就会产生好的空间拱效应，即有好的受力性能。一般来说，支托坡度取1∶4，高度小于等于0.4倍的梁高时，空间拱效应比较大，即此时的受力性能比较好。腋高h定为300mm，坡度1∶4，因此腋长定为1200mm，梁截面可取500mm×700mm，Y1200mm×300mm，板厚为200/400mm（中间板厚200mm，加腋后板厚400mm）。

对于加腋板，非人防地下室加腋梁跨中梁高不得大于750mm，人防地下室加腋梁跨中梁高不得大于850mm，以保证车库2.2m净高使用要求。对于加腋板，加腋板的腋长为板净跨的1/5～1/6，针对8.1柱跨地下室，梁宽500mm，因此腋长取1300mm；加腋区板总高为跨中板厚的1.5～2倍，跨中板厚可取柱跨的1/35。

当地下室采用有梁体系时，7.8m的柱网，1.0～1.5m覆土，主梁截面一般取（400～450）mm×1000mm，次梁一般取（300～350）mm×（700～900）mm。需要在地下室顶板有高差处加高差大样，在风井处加挡土墙大样，在楼梯间洞口加挡土墙大样等。

地下室防水板一般可取300～400mm厚。塔楼范围内的防水板一般不用设置承台拉梁（400mm厚时），防水板一般构造配筋。对于正方形柱网，防水底板（带桩承台）或者无梁楼盖（带柱帽）配筋时，一般从独立基础或承台或柱帽边伸出的长度为独立基础与独立基础、承台与承台、柱帽与柱帽之间距离的1/4，加腋大板从轴线处伸出的长度为柱网的1/4，并能包络柱YJK有限元的计算结果，附加钢筋的范围为柱上板带（柱跨的1/2＝每边柱跨的1/4＋每边柱跨的1/4），分别如图5-1～图5-5所示。

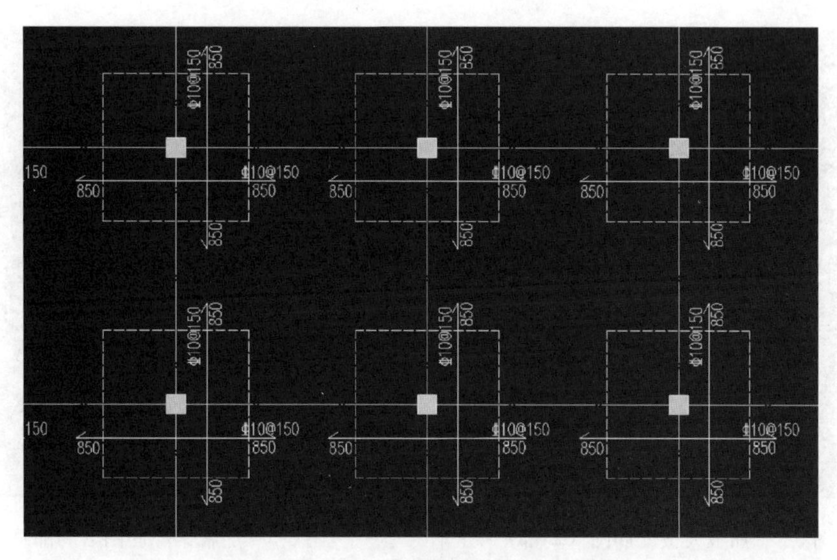

图 5-1　底板配筋平面图

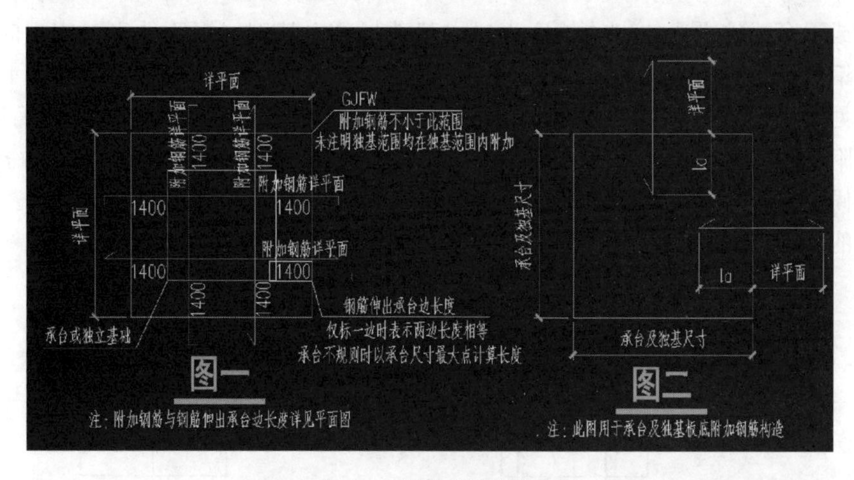

图 5-2　附加钢筋说明

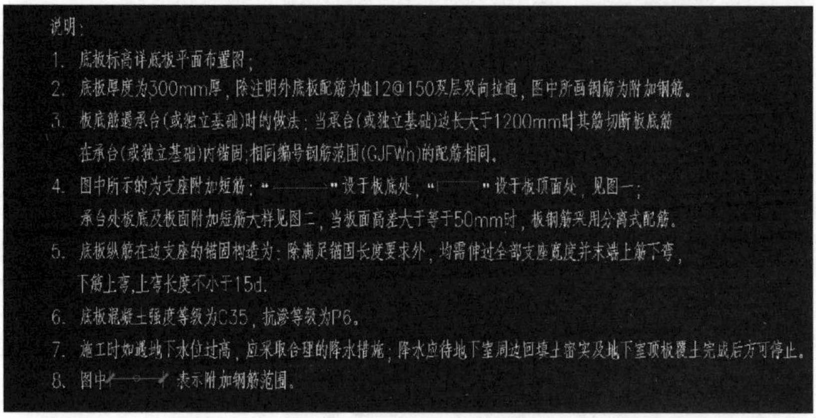

说明：

1. 底板标高详底板平面布置图；
2. 底板厚度为300mm厚，除注明外底板配筋为Φ12@150双层双向拉通，图中所画钢筋为附加钢筋。
3. 板底筋遇承台（或独立基础）时的做法：当承台（或独立基础）边长大于1200mm时其筋切断板底筋在承台（或独立基础）内锚固；相同编号钢筋范围（GJFWn）的配筋相同。
4. 图中所示的为支座附加短筋："————"设于板底处，"————"设于板顶面处，见图一；承台处板底及板面附加短筋大样见图二，当板面高差大于等于50mm时，板钢筋采用分离式配筋。
5. 底板纵筋在边支座的锚固构造为：除满足锚固长度要求外，均需伸过全部支座宽度并末端上筋下弯，下筋上弯，上弯长度不小于15d。
6. 底板混凝土强度等级为C35，抗渗等级为P6。
7. 施工时如遇地下水位过高，应采取合理的降水措施；降水应待地下室周边回填土密实及地下室顶板覆土完成后方可停止。
8. 图中⟋—○—⟋表示附加钢筋范围。

图 5-3　底板配筋平面图-说明

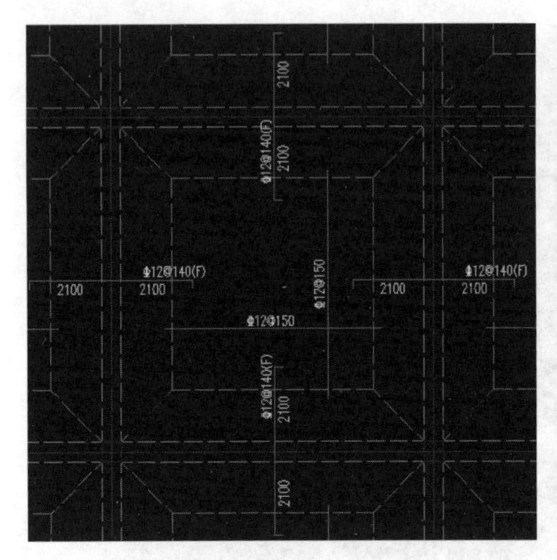

图 5-4　加腋大板配筋图（局部）

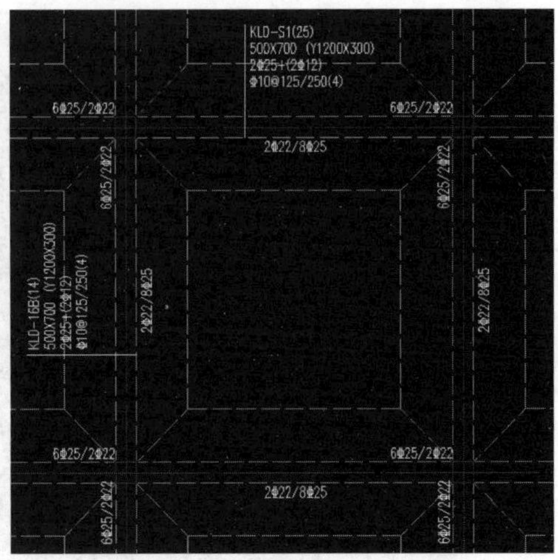

图 5-5　加腋梁配筋图（局部）

对于非正方形柱网，防水底板（带桩承台）或者无梁楼盖（带柱帽）配筋时，一般从独立基础或承台或柱帽边伸出的长度为独立基础与独立基础（钢筋伸出对应方向）、承台与承台（钢筋伸出对应方向）、柱帽与柱帽（钢筋伸出对应方向）之间距离的 1/4，加腋大板从轴线处伸出的长度为柱网（钢筋伸出对应方向）的 1/4，并能包络柱 YJK 有限元的计算结果，附加钢筋的范围为柱上板带（柱跨的 1/2＝每边柱跨的 1/4＋每边柱跨的 1/4），但是有时候短向跨度之间的附加钢筋距离太短，不如直接拉通，如图 5-6 所示，并且一般短跨之间的附加钢筋大小值一般比较小。

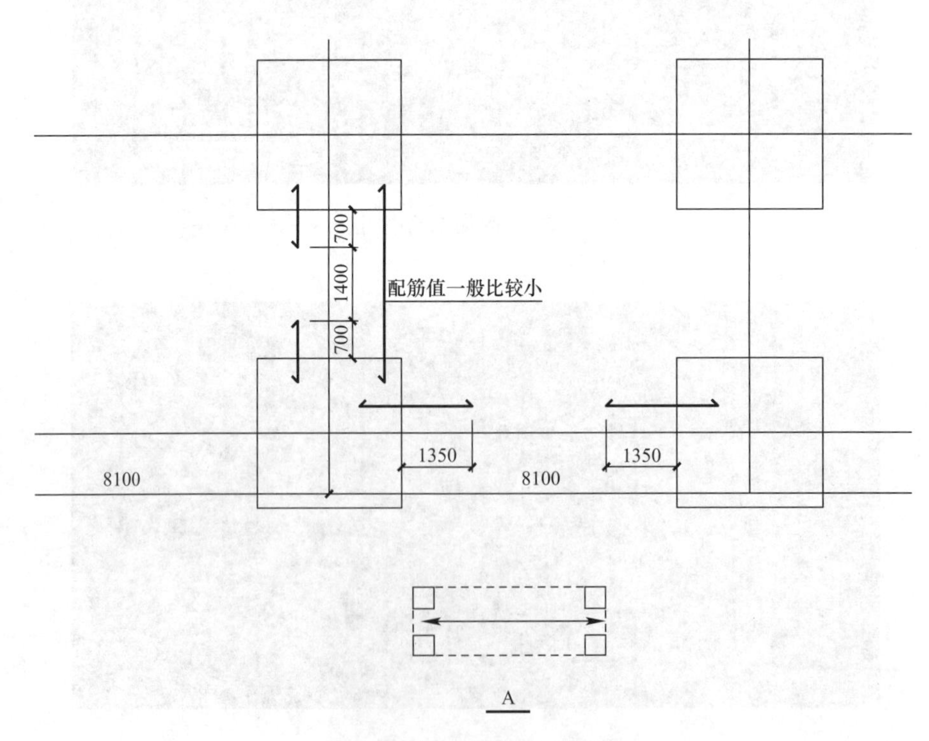

图 5-6　防水板附加钢筋示例

5.2　消防车的等效均布活荷载

消防车的等效均布活荷载如表 5-1 所示。

消防车的等效均布活荷载　　　　表 5-1

板的跨度（m）	覆土厚度（m）									
	≤0.25	0.50	0.75	1.00	1.25	1.50	1.75	2.00	2.25	≥2.50
2.0	35	33	30	27	25	22	19	17	14	11
2.5	33	31	28	26	24	21	19	16	14	11
3.0	31	29	27	25	23	20	18	16	14	11
3.5	30	28	26	24	22	19	17	15	13	11
4.0	28	26	24	22	20	19	17	15	13	11
4.5	26	24	23	21	19	18	16	15	13	11
5.0	24	23	21	20	18	17	16	14	13	11
5.5	22	21	20	19	17	16	15	14	13	11
≥6.0	20	19	18	17	15	15	14	13	12	11

注：1. 楼面次梁的消防车等效均布活荷载，应将楼板等效均布活荷载数值乘以 0.8 确定。
2. 设置双向次梁的楼盖主梁，消防车等效均布活荷载应根据主梁所围成的“等代楼板”确定的等效均布活荷载，乘以折减系数 0.8 确定。
3. 墙、柱的消防车等效均布活荷载，应先根据墙、柱所围成的“等代楼板”确定的等效均布活荷载，乘以折减系数 0.8 确定。

5.3　塔楼与地下室周边的连接

塔楼与地下室周边的连接，可以用一根深梁，梁底兜住板底，也可以用图 5-7 中的大样，施工图如图 5-8、图 5-9 所示。

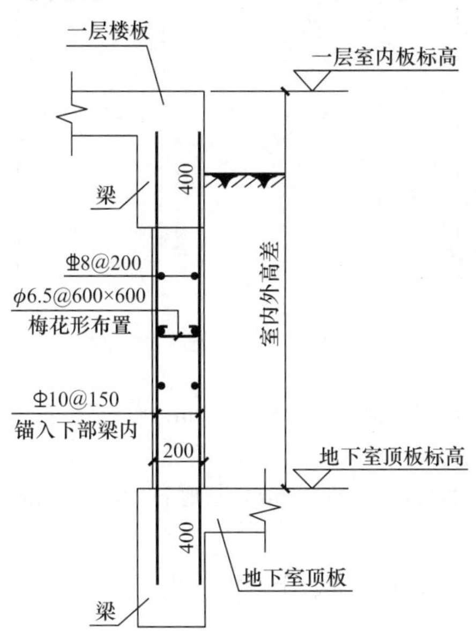

图 5-7　地下室顶板与一层楼板连接构造

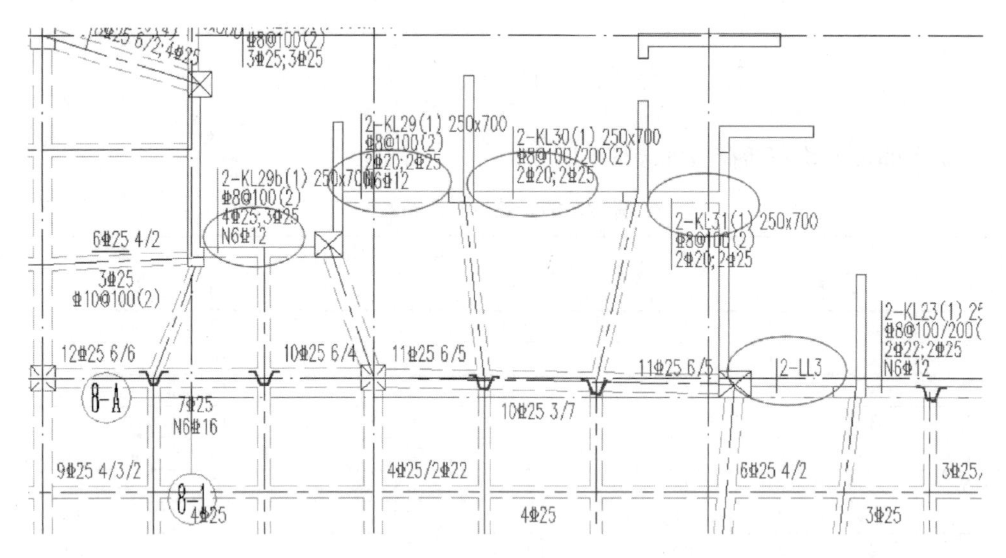

图 5-8　地下室梁平法施工图（局部 1）

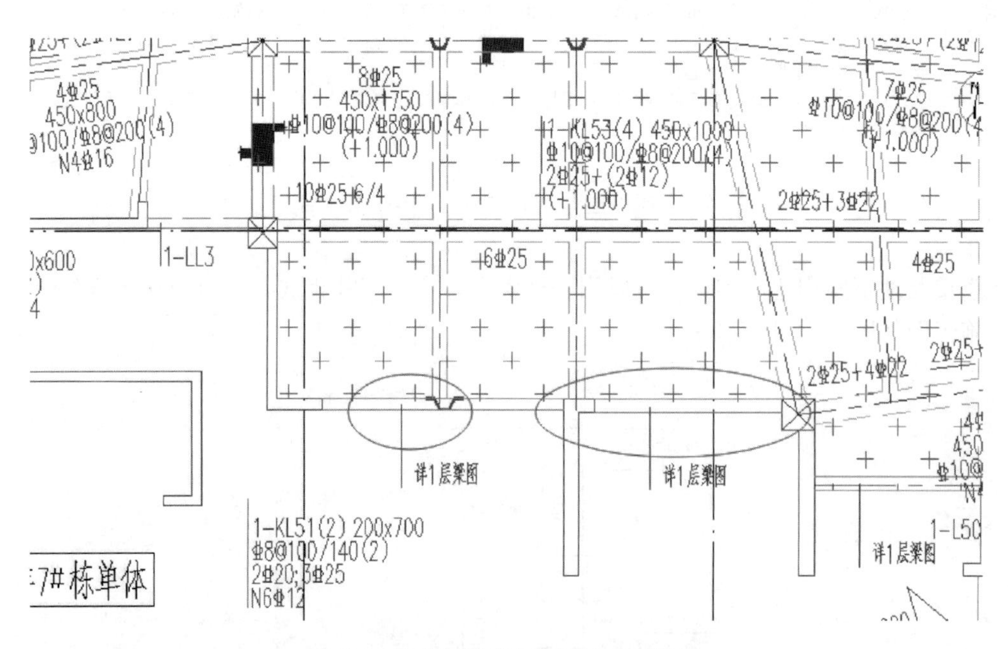

图 5-9　地下室梁平法施工图（局部 2）

注：塔楼 7 号本层的梁平法施工图顶标高为－0.700m，由于周边有升板，升板顶标高为－0.800m，所以画圈中的梁都是塔楼画，画地下室的人只需表示：详见 1 层梁图即可（有次梁时要兜住次梁底）。其他部位的周边板没有升标高，顶板标高为－1.800m，画地下室的人应该画出梁平法施工图。

5.4　风井处挡土墙大样

风井处梁标高一般随着地下室顶板标高，比如－1.500m，但是覆土往往有 1m 多，所以风井处往往要布置挡土墙，如图 5-10～图 5-13 所示。

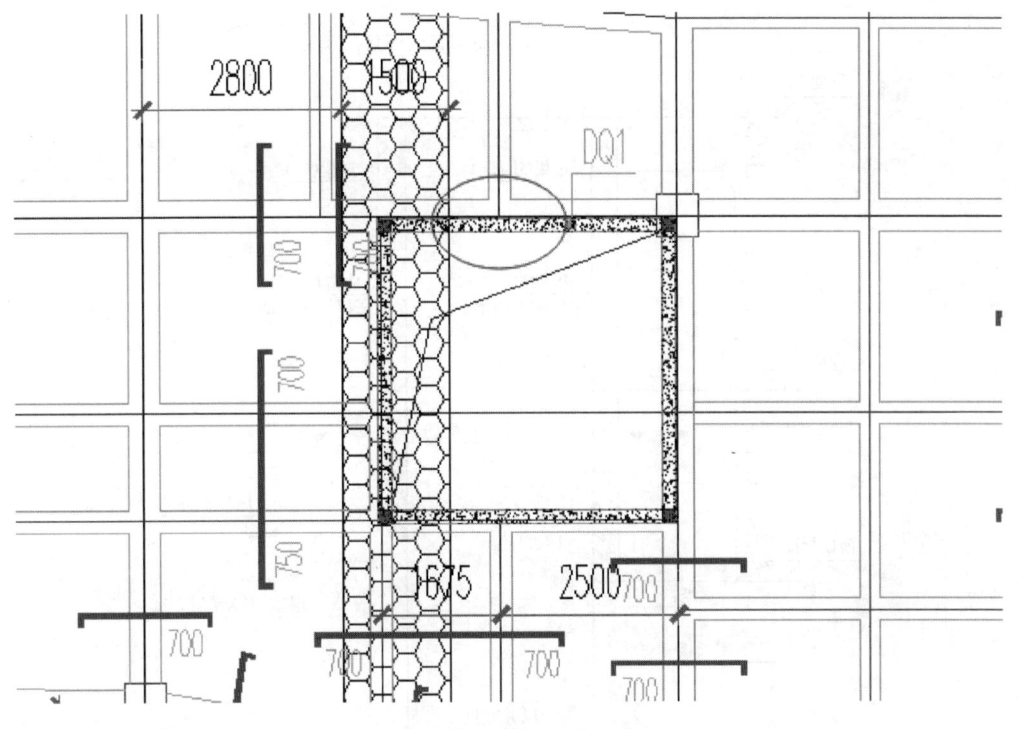

图 5-10　风井平面布置图

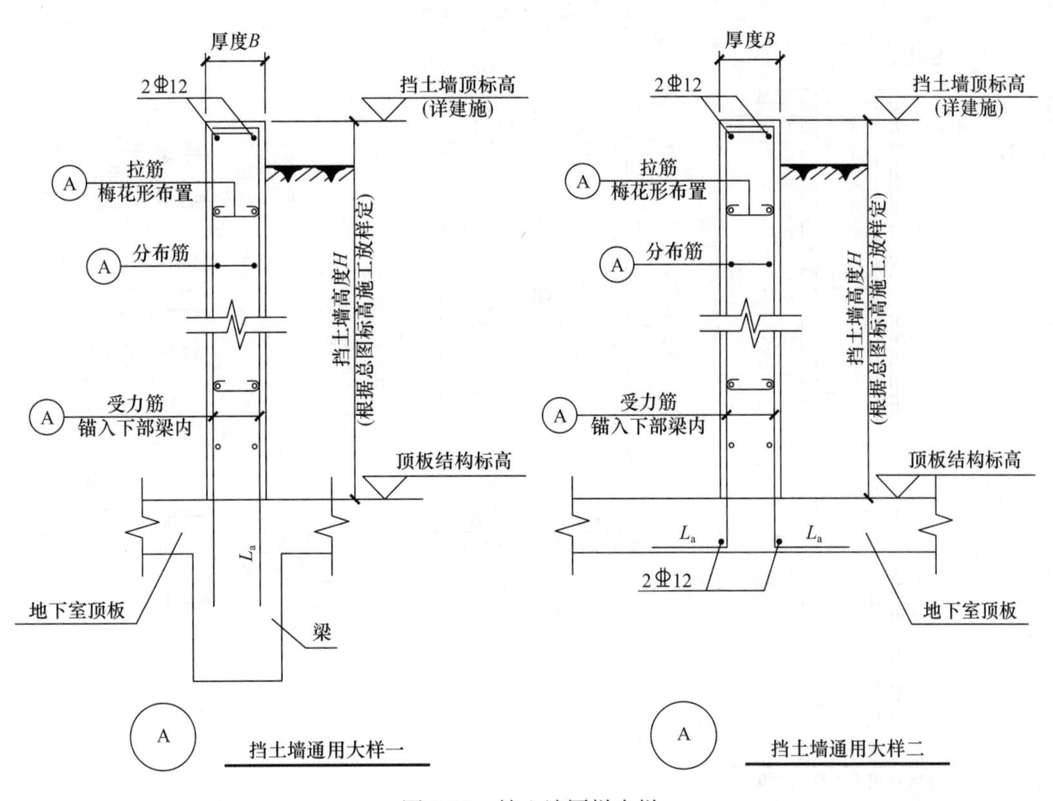

图 5-11　挡土墙同样大样

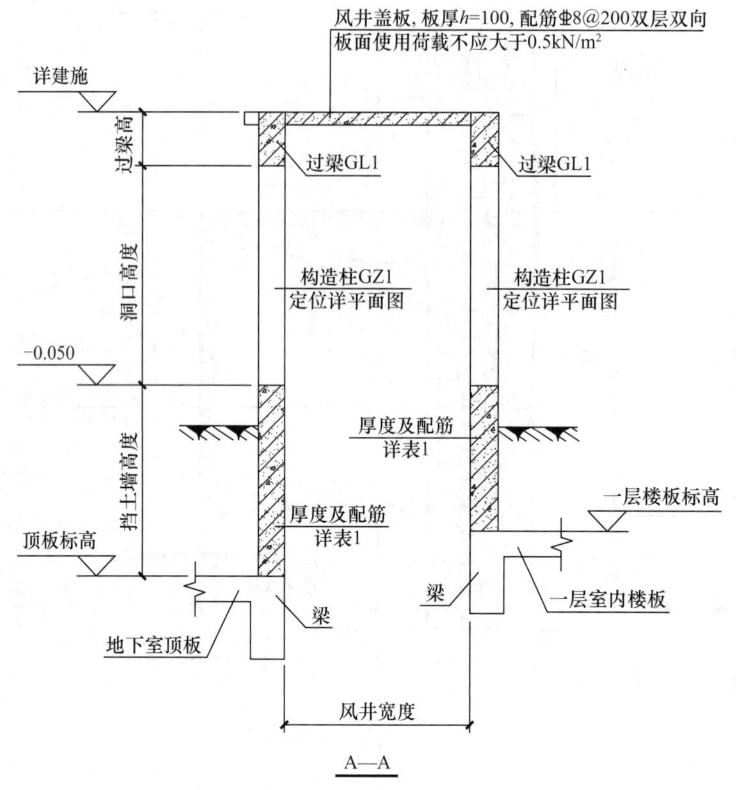

图 5-12　风井剖面图

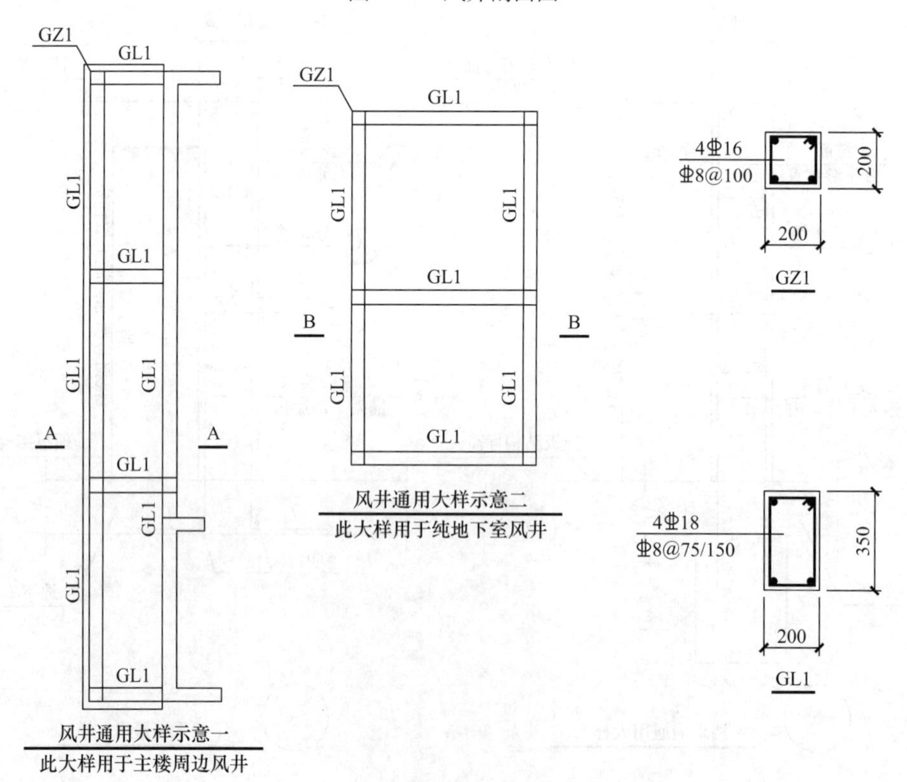

图 5-13　风井通用大样示意

挡土墙配筋参数表 **表 5-2**

挡土墙高度 H（m）	厚度 B（mm）	受力筋①	分布筋②	拉筋③	La（mm）
500＜H≤1000	200	Φ10@180	Φ8@200		400
1000＜H≤2000	200	Φ10@150	Φ8@200		400
2000＜H≤2500	250	Φ12@150	Φ10@200	Φ6.5@600×600	500
2500＜H≤3000	250	Φ14@125	Φ10@200	Φ6.5@500×600	600

注：1. 总图竖向有较大高差而图中未注明挡土墙时可根据挡土墙高度选用挡土墙厚度和配筋；
2. 此表应结合挡土墙通用大样一、二；
3. 挡土墙混凝土强度等级为 C30。

5.5 车　　道

（1）车道处应特别注意，因为车道周边的梁往往随着地下室顶板标高，所以车道处应也设置挡土墙，如图 5-14、图 5-15 所示。

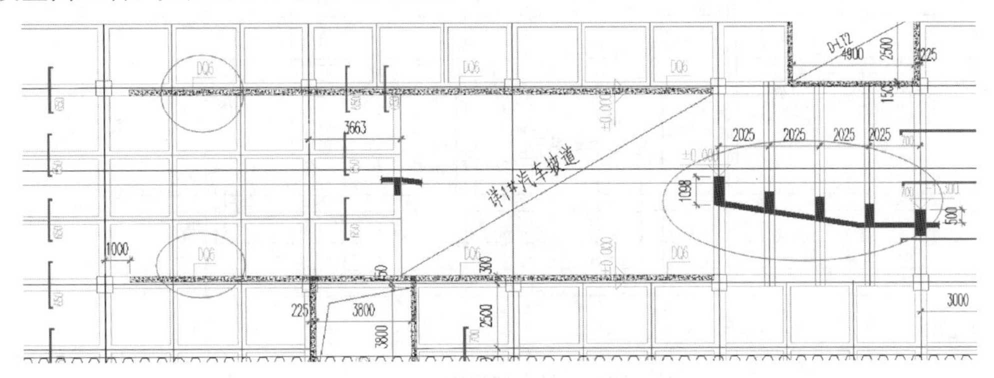

图 5-14　车道平面布置图

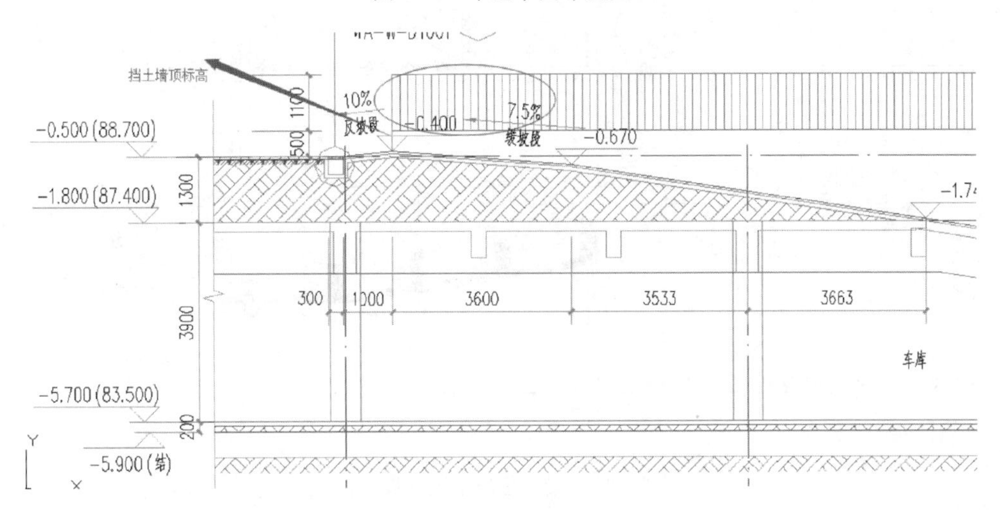

图 5-15　车道剖面图

注：从车道建筑剖面图中可以通过查看栏杆底部标高，来确定车道周边挡土墙的顶部标高，根据栏杆水平方向的长度来确定剪力墙或者梁上的 200mm 厚挡土墙的长度范围。

（2）可以在车道建筑剖面图中，准确地画出次梁主梁的截面及位置，用 di 命令测量出梁顶标高，如图 5-16～图 5-18 所示。

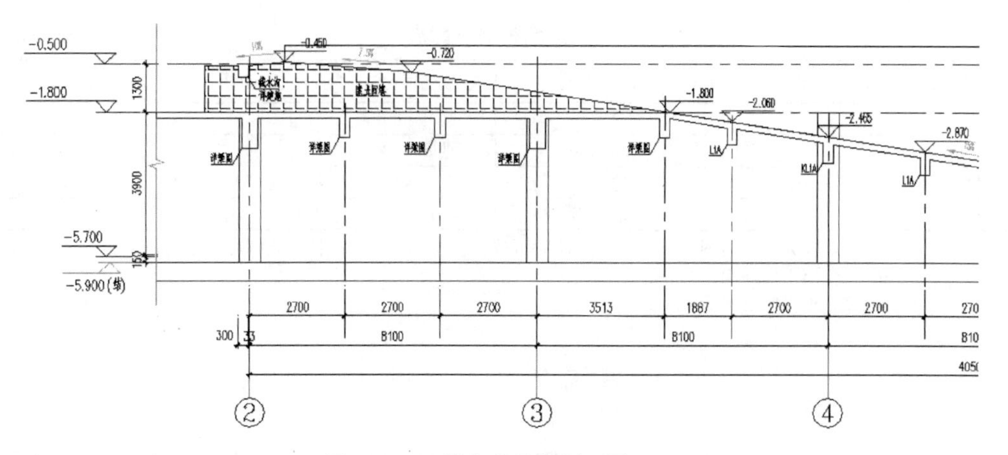

图 5-16　一号车道局部剖面图（1）

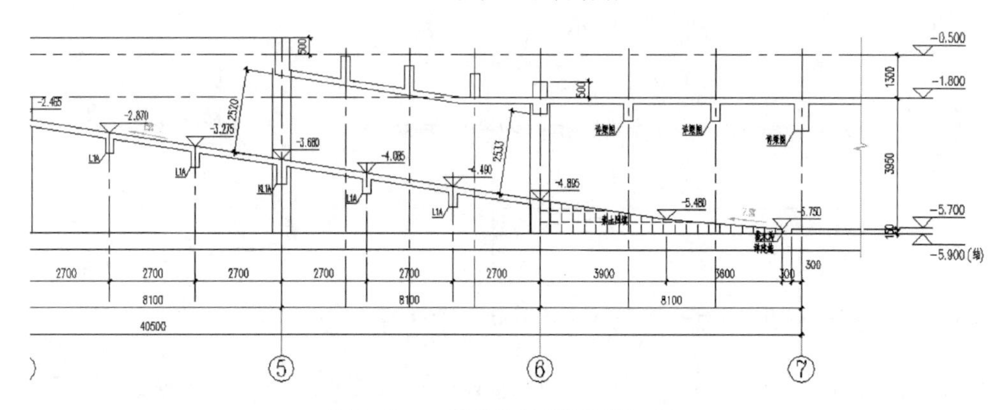

图 5-17　一号车道局部剖面图（2）

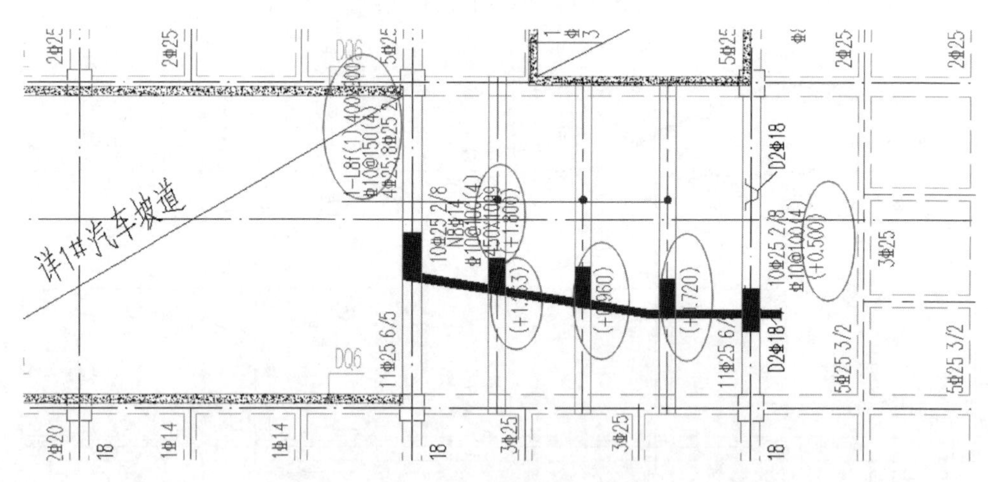

图 5-18　梁平法施工图（局部）

5.6　楼　　梯

假如地下室顶板标高为－1.500m，则楼梯在－1.500m 以上部分的四周是有覆土的，也应该有 200mm 厚挡土墙，如图 5-19 所示。

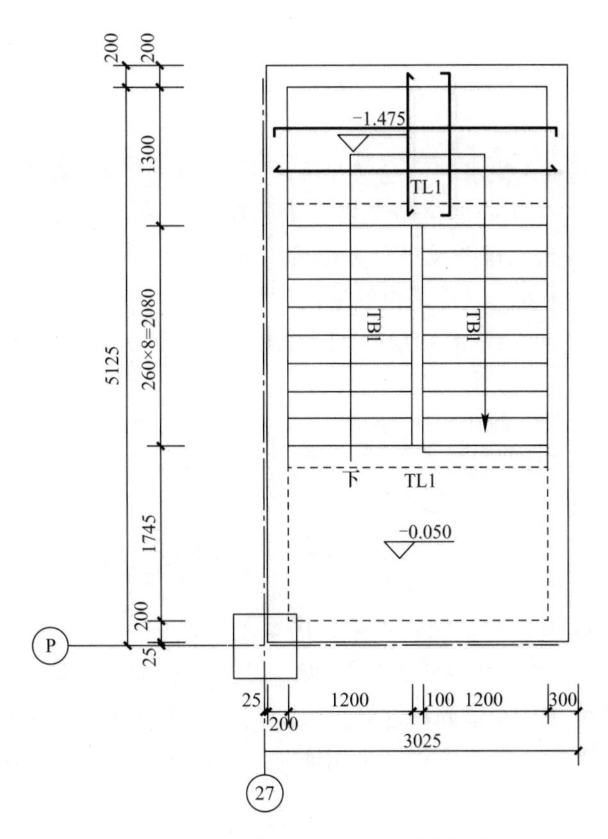

图 5-19　D-LT5－0.050m 标高平面图

有时候 KL 平台板比较近时，可以让 KL 兜住平台板的底板，如图 5-20 所示。

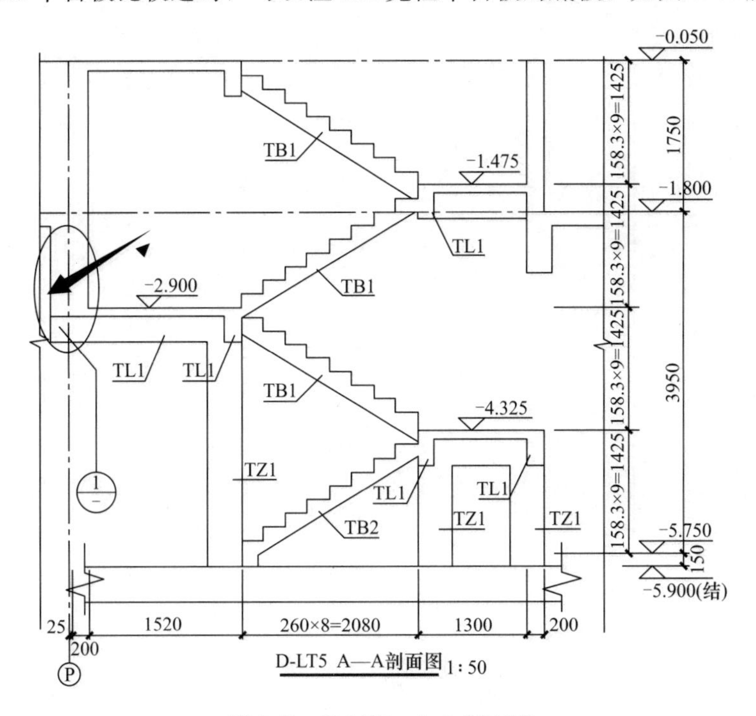

图 5-20　D-LT5　A-A 剖面图

5.7 后　浇　带

后浇带应该避开基础、集水坑，电梯井坑、竖向构件（非人防区应避开，人防区没必要避开）、人防门洞口等。沉降后浇带在塔楼周边第一跨或者第二跨布置，伸缩后浇带可以每隔35～40m布置一道（审图没提时可以按40m）。地下室底板的后浇带除了在有竖向构件处和地下室顶板一样外，其他部位的后浇带没必要和顶板做成一样。地下室顶板的后浇带碰到竖向构件（人防墙）时，应该对照基础布置图，避开独立基础与集水坑，拐过去。

地下室的后浇带一般设置在跨中的1/3处，应避免后浇带范围内有顺向的次梁（离梁边、墙边至少150）。后浇带与后浇带之间的间距，能尽量均匀就均匀。

5.8 其　　他

地下室顶板平面图中，本是同一根梁，因为有弯折而变成2根梁，其在相接的支座处，弯矩应该是连续的（有柱除外），此处两端梁的配筋大小、根数，要尽量选择一样，让钢筋连续穿过，避免搭接和锚固，这样更浪费钢筋，并且施工也麻烦。

次梁末端与剪力墙翼缘端或者将柱子相连时，箍筋应加密处理。地下室末端与外墙连接建模时，应设定为铰接。

6 地下室优化设计要点及实例

6.1 地下室优化设计要点

6.1.1 模型计算主要控制要素

（1）地下室顶板的重度、覆土自重、平时荷载、消防车荷载、人防荷载均按规范和建筑条件取值，不得放大。

（2）可选“梁柱重叠部分简化为刚域”。

（3）对地下室顶板梁，可按T形截面计算。对8.1m×8.1m柱网，1.5m覆土，平时荷载作用下，按T形梁计算时，主梁底筋比正常减少15%～20%（数据从具体工程中摘录）。

（4）人防荷载作用下，顶板计算要采用塑性算法。对8.1m×8.1m柱网，1.5m覆土，核六人防荷载作用下，对大梁大板结构形式，弹性算法比塑性算法钢筋量多20kg/m^2左右（数据从具体工程中摘录）。

（5）对基础底板和柱帽计算时，宜采用YJK。

6.1.2 施工图绘制主要控制要素

（1）地下室顶板在非消防车荷载作用下（覆土较厚），顶板梁截面按照承载能力极限状态（强度）及正常使用极限状态（裂缝）进行包络设计配筋；地下室梁端顶部配筋按照承载能力极限状态（强度）计算结果放大1.1倍后（考虑楼板翼缘作用），基本满足正常使用极限状态（裂缝）要求。如设计院常规做法许可，也可不放大梁负筋。不应直接采用PKPM平法施工图软件绘制的梁配筋图，该软件绘制的梁配筋图没有考虑楼板翼缘作用，梁端钢筋放大较多，与实际情况不符合，对土建成本照成极大浪费。

（2）地下室顶板有消防车荷载（人防）作用的区域，顶板梁截面按照消防车荷载（人防）作用下承载能力极限状态（强度）及正常使用（活荷载5.0kN/m^2）极限状态（裂缝）进行包络设计配筋。根据以往工程经验，地下室顶板有消防车荷载（人防）作用的区域，顶板梁截面按照消防车荷载（人防）作用下承载能力极限状态（强度）的配筋量配筋，配筋量不应放大。

（3）地下车库如果是单建式，不作为主楼的嵌固层，楼板最小通长配筋率，板顶可为0.15%双向拉通，板底可为0.2%双向拉通（人防除外）。

（4）地下车库如和主楼合建，并作为主楼的嵌固层，主楼周边一跨或两跨的楼板通长配筋率可为0.25%双层双向拉通。

（5）地下室顶板如采用无梁楼盖形式，不宜设暗梁。

（6）普通车库楼面框架梁宜按四级抗震进行构造措施（与主楼相连的一跨或两跨同主楼），楼面次梁按非抗震梁设计，除计算要求外，不设箍筋加密区，框架梁、次梁上铁均应按“架立筋＋支座钢筋”方式配置，按四级抗震考虑，架立筋直径可取为12，不应将支座钢筋确定的直径在上部拉通作为架立筋使用。

（7）正常情况下，单层地下室基础底板厚度不宜大于400，柱帽按冲切控制，不宜加大高度。柱帽尺寸不宜大于柱网尺寸的1/3。基础底板通长钢筋和柱帽钢筋的配筋率按0.15%控制（防水板按0.2%，人防详人防规范）。

（8）基础底板形式为筏板加柱帽或独立基础加防水板时，基础底板不应设暗梁。

（9）地下室挡土墙和人防临空墙的配筋建议采用分离式配筋，即通长竖筋加支座附加短筋的方式，不得将支座处的计算钢筋沿全高布置。

（10）地下室挡土墙顶部和底部不设暗梁。

（11）基础底板的裂缝控制宽度可参看2009年《全国民用建筑工程设计技术措施》的规定。地下室挡土墙和顶板的裂缝控制宽度可为0.2/0.7＝0.285。

（12）当满足地基承载力要求时，除条形基础和独立基础外，地下室底板外边缘不得凸出地下室外墙范围。

（13）设备专业的集水井应尽量避开承台或条形基础。集水井宽度可加大，深度应尽量减少。

（14）温度后浇带不宜采用超前止水后浇带。

（15）集水井和承台如是桩筏基础，宜采用90°放坡，如果采用45°或60°，需在模型中按实际角度输入计算，减少柱帽配筋量。

6.1.3 人防施工图核对意见

（1）地下室顶板除消防车道外有1.2m覆土处活荷载可由原设计5.0kN/m^{2}改为4.0kN/m^2；

（2）补充说明：“墙暗柱纵筋的加密区箍筋最小间距可按10d及100的最小值”（依据《混规》8.3.1第3条）；

（3）补充钢筋连接方式：建议框架梁、剪力墙的主筋直径大于等于12mm小于25mm时，采用焊接；直径大于等于25mm时，应采用机械连接；直径大于16mm小于等于25mm的次梁纵向钢筋，采用焊接；直径大于25mm的次梁纵向钢筋，应采用机械连接；

（4）当梁、柱中的钢筋保护层厚度大于50mm时，可在离构件表面25mm处设置ϕ4@150×150镀锌钢筋网片改用“ϕ4@200×200镀锌钢筋网片”；

（5）板钢筋采用HRB400级钢时，补充说明“板附加钢筋不做弯钩”；

（6）补充说明“地下室框架梁梁底部钢筋做法：底筋最下面一排锚入支座，其余断开（见图6-1）”；

（7）建议地梁伸出承台内锚固长度由原设计L_{ae}改用L_a；

（8）局部圈梁构造柱可取消或配筋减少。

1. 基础施工图咨询意见

（1）减小基础底板厚度，配筋率按0.15%控制，双层双向通长配筋，不足处附加。

（2）建议用YJK计算基础。

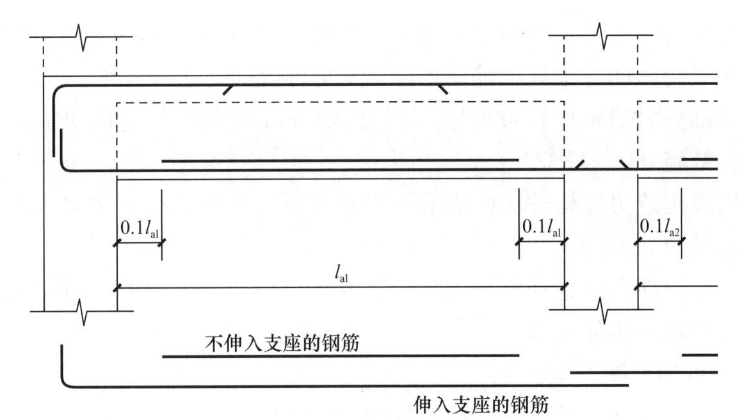

图 6-1　地下室框架梁梁底部钢筋做法

2. 板施工图咨询意见

（1）建议构造柱纵筋、箍筋由原设计 4ϕ12、ϕ6@100/200 改用 4ϕ10、ϕ6@250。

根据《江苏省住宅质量通病》，建议卫生间、阳台等楼板板厚由原设计 100mm 改用 90mm，配筋亦作相应减小。

（2）局部楼板板厚减小，相应的配筋亦可减小。

（3）板厚为 100mm 时或 90mm 时，板底钢筋建议 ϕ6@150。

3. 梁施工图咨询意见

（1）建议抗震等级为四级时，梁箍筋加密区箍筋间距选取 $h/4$，$8d$，150mm 的最小值，箍筋间距可以 10mm 为模数；

（2）局部连梁配筋可按计算面积减小，满足计算与构造要求即可；

（3）建议框架梁支座上部纵筋满足计算与构造要求即可，实际配筋不宜超过计算面积的 1.05 倍，可减小实际配筋；

（4）建议取消局部框架梁计算无抗扭钢筋的抗扭筋，按构造配筋设置即可；

（5）建议减小框架梁通长钢筋的直径，支座上部端部钢筋不满足计算要求时，可附加钢筋以满足设计要求，可减小实际配筋；

（6）建议框架梁底部纵筋在满足计算与构造要求条件下，可不人为放大配筋，以减小实际配筋；

（7）建议框架梁支座上部纵筋、底部纵筋可采用大直径＋小直径的方式搭配使用，使得实际配筋面积接近计算配筋面积，可经济合理利用配筋；

（8）建议次梁通长钢筋采用直径 12 的钢筋；

（9）建议调整模型中局部梁截面，控制在经济合理配筋率。

4. 竖向构件施工图咨询意见

（1）标高为－0.750～11.550m 范围内除楼电梯，端开间等特殊位置之外剪力墙墙身配筋可减小，如图 6-2 所示。

Q1	−0.750~11.550	200	Φ8@200(外侧)	Φ8/10@200(内侧)
			Φ8@250(外侧)	Φ8/10@250(内侧)

图 6-2　剪力墙墙身配筋表

（2）抗震等级为四级时，剪力墙底部加强区可不设置约束边缘构件，仅需按照构造设置即可，可减小竖向纵筋、暗柱箍筋；如图 6-3 均可设构造边缘构件。

（3）建议局部剪力墙暗柱拉筋间距不超过 300mm 及两倍的竖向纵筋间距；局部拉筋可取消，例如：结施 08 中 GBZ1。

（4）建议局部构造边缘构件竖向纵筋在满足规范要求纵筋配筋率要求时，可增大纵筋间距，间距不超过 300mm。

（5）建议边缘构件纵向钢筋配筋满足计算要求与构造配筋率时，可采用大直径＋小直径的方式搭配，可减小实际配筋。

5. 楼梯、节点施工图咨询意见

（1）建议减小 PTB 板配筋，可由原设计Φ 8@150 改用Φ 8@200；

（2）楼梯梯板分布钢筋可减小，例如，板厚为 120mm 时，分布钢筋由原设计Φ 8@200 改用Φ 8@250（图 6-4）；

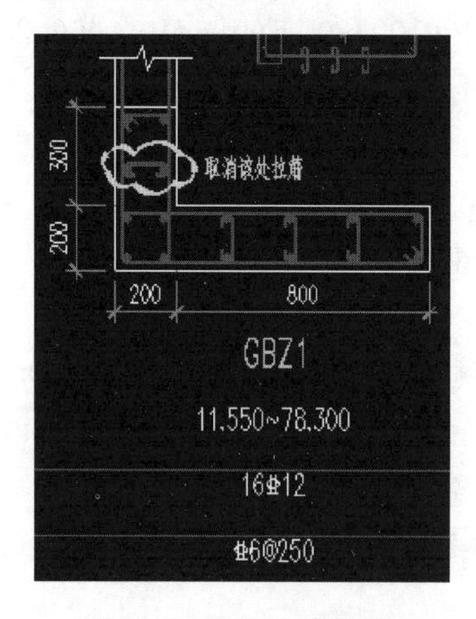

图 6-3　构造边缘构件

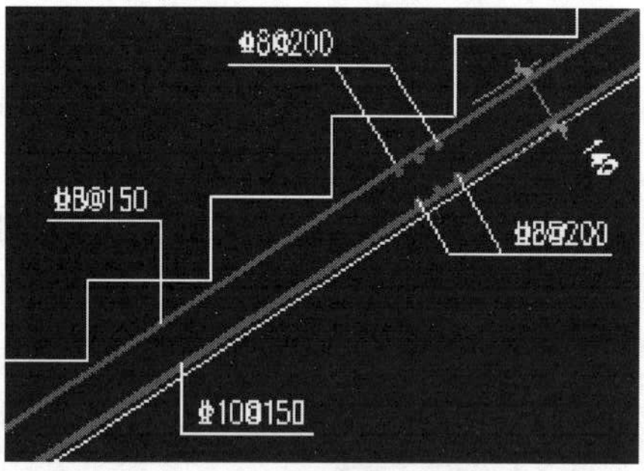

图 6-4　梯段板配筋

（3）楼梯梯梁配筋可按计算确定，局部可减小。

6.1.4　地下车库设计各阶段的控制方法

1. 方案阶段

（1）在方案阶段，通过与建筑专业的充分沟通，对建筑的柱网布置、层高、轮廓、分缝等提出合理的建议和可行性要求，使结构的高度、结构形式控制在合理范围内，为控制土建成本创造有利条件。

（2）柱网尺寸一般可分三种：大柱网（8.1×8.1）、小柱网［5.4×(5.2＋6.6＋5.2)］、大小柱网［8.1×(5.2＋6.6＋5.2)］。柱网尺寸对层高会有直接影响，一般大柱网，非人防区层高 3.6m，人防区层高 3.7m。对小柱网或大小柱网，根据项目具体情况，可将层高相应降低 0.1～0.2m。

（3）当建筑位于地库外围时宜采用联通口的方式，脱开主体结构；当建筑包裹在地库中间时（及有三面或三面以上紧临地库时）宜采用大底板与地库联通的方式。地下车库如与主体结构脱开，其抗震等级会降低，楼板的配筋率相应降低，主楼地下室层高也相应降低，其经济性更合理。

2. 初步设计阶段

(1) 在初步设计阶段，通过对荷载复核、结构体系、结构布置、设计参数、基础形式等内容的多方案技术经济性比较和论证，选出最优方案，整体控制土建造价。

(2) 对三种形式的柱网尺寸，在覆土厚度、人防等级相同的条件下，其最优的地下室顶板结构布置方案可通过技术经济比较来确定。

(3) 对大柱网 (8.1×8.1)，覆土厚度 1.5m，在平时荷载或消防车荷载作用下，其结构布置形式从综合成本考虑，从小到大排列顺序均为：无梁楼盖、井字梁、十字梁、大梁大板（双次梁或单次梁方案因主梁梁高差异较大，影响地下室层高，暂不考虑；十字梁和井字梁价格差异较小，井字梁梁高稍小，对层高有利）。

(4) 对大柱网 (8.1×8.1)，覆土厚度 1.5m，人防荷载作用下，如果采用弹性算法，其结构布置形式从综合成本考虑，从小到大排列顺序均为：无梁楼盖、井字梁、十字梁、大梁大板。如果采用塑性算法，其结构布置形式从综合成本考虑从小到大排列顺序可为：无梁楼盖、大板、十字梁、井字梁。

(5) 对大小柱网 [8.1×(5.2+6.6+5.2)]，覆土厚度 1.5m，在平时荷载、消防车、人防荷载分别作用下，其结构布置形式从综合成本考虑，从小到大排列顺序可为：无梁楼盖、单次梁、大梁大板、十字梁。

(6) 对小柱网 [5.4×(5.2+6.6+5.2)]，覆土厚度 1.5m，在平时荷载、消防车、人防荷载分别作用下，其结构布置形式从综合成本考虑，从小到大排列顺序均为：无梁楼盖、大梁大板、十字梁。

(7) 对上海地区或苏南地区，地下车库基础做法常规采用筏形基础加柱帽。

3. 施工图阶段

(1) 在施工图阶段，通过标准化的配筋原则、精确的计算把控、细致的模型调整，精细化的施工图内审及优化，进一步降低土建造价。

(2) 模型计算主要控制要素

a. 地下室顶板的重度、覆土自重、平时荷载、消防车荷载、人防荷载均按规范和建筑条件取值，不得放大。

b. 地下室顶板如覆土，保护层可取 50，按《混规》7.1.2 条的条文说明，裂缝计算时，裂缝控制值可取 0.2/0.7=0.285。

c. 可选“梁柱重叠部分简化为刚域”；对地下室顶板梁，可按 T 形截面计算。对 8.1×8.1 柱网，1.5m 覆土，平时荷载作用下，按 T 形梁计算时，主梁底筋比正常减少 15%～20%（数据从具体工程中摘录）；人防荷载作用下，顶板计算要采用塑性算法。对 8.1×8.1 柱网，1.5m 覆土，核六人防荷载作用下，对大梁大板结构形式，弹性算法比塑性算法钢筋量多 20kg/m^2 左右（数据从具体工程中摘录）；对基础底板和柱帽计算时，宜采用 YJK。对 8.1×8.1 柱网，1.5m 覆土，两种软件的钢筋量差在 20kg/m^2 左右（数据从具体工程中摘录）。

(3) 施工图绘制主要控制要素

a. 地下室顶板在非消防车荷载作用下（覆土较厚），顶板梁截面按照承载能力极限状态（强度）及正常使用极限状态（裂缝）进行包络设计配筋；地下室梁端顶部配筋按照承载能力极限状态（强度）计算结果放大 1.1 倍后（考虑楼板翼缘作用），基本满足正常使用极限状态（裂缝）要求。不应直接采用 PKPM 平法施工图软件绘制的梁配筋图，该软件绘制的梁配筋图没有考虑楼板翼缘作用，梁端钢筋放大较多，与实际情况不符合，对土建成本造成极大浪费。

b. 地下室顶板有消防车荷载（人防）作用的区域，顶板梁截面按照消防车荷载（人防）作用下承载能力极限状态（强度）及正常使用（活荷载5.0kN/m²）极限状态（裂缝）进行包络设计配筋。根据以往工程经验，地下室顶板有消防车荷载（人防）作用的区域，顶板梁截面按照消防车荷载（人防）作用下承载能力极限状态（强度）的配筋量配筋，配筋量不应放大。

c. 地下车库如果是单建式，不作为主楼的嵌固层，楼板最小通长配筋率，板顶可为0.15%双向拉通，板底可为0.2%双向拉通（人防除外）。

d. 地下车库如和主楼合建，并作为主楼的嵌固层，主楼周边一跨或两跨的楼板通长配筋率可为0.25%双层双向拉通。其余处通长配筋率按上一条设置。

e. 地下室顶板如采用无梁楼盖形式，不宜设暗梁，如果审图要求设暗梁，暗梁纵筋采用底板钢筋，箍筋采用构造。

f. 普通车库楼面框架梁宜按四级抗震进行构造措施（与主楼相连的一跨或两跨同主楼），楼面次梁按非抗震梁设计，除计算要求外，不设箍筋加密区，框架梁、次梁上铁均应按“架立筋＋支座钢筋”方式配置，按四级抗震考虑，架立筋直径可取为12，不应将支座钢筋确定的直径在上部拉通作为架立筋使用。

g. 正常情况下，单层地下室基础底板厚度不宜大于400，柱帽按冲切控制，不宜加大高度。柱帽尺寸不宜大于柱网尺寸的1/3。基础底板通长钢筋和柱帽钢筋的配筋率按0.15%控制（防水板按0.2%，人防详见人防规范）。

h. 基础底板形式为筏板加柱帽或独立基础加防水板时，基础底板不应设暗梁，如果审图要求设暗梁，需充分沟通，取消暗梁。

i. 地下室挡土墙和人防临空墙的配筋建议采用分离式配筋，即通长竖筋加支座附加短筋的方式，不得将支座处的计算钢筋沿全高布置。

j. 地下室挡土墙顶部和底部不设暗梁。

k. 基础底板的裂缝控制宽度可参看2009年《全国民用建筑工程设计技术措施》的规定。地下室挡土墙和顶板的裂缝控制宽度可为0.2/0.7＝0.285。

l. 当满足地基承载力要求时，除条形基础和独立基础外，地下室底板外边缘不得凸出地下室外墙范围。

m. 设备专业的集水井应尽量避开承台或条基。集水井宽度可加大，深度应尽量减少。

n. 温度后浇带不宜采用超前止水后浇带。

o. 集水井和承台如是桩筏基础，宜采用90°放坡。

6.2 地下室优化设计实例

6.2.1 实例1

××二期位于××市××区××街道××村，用地南侧为××一期工程，东南侧邻近北环路白道坪东立交桥，西南侧邻近北环路白道坪西立交桥。

本次评估范围为×××二期G1404地块（地块一）

包括：1号组团（地上建筑总面积：85124.46m²；地下车库建筑总面积：16882.0m²）；

2 号组团（地上建筑总面积：122029.99m²；地下车库建筑总面积：24390.0m²）；
3 号组团（地上建筑总面积：109487.29m²；地下车库建筑总面积：23014.50m²）；
4 号组团（地上建筑总面积：154895.02m²；地下车库建筑总面积：33387.95m²）。
所有组团均设集中地下停车库、设备用房及人防工程。

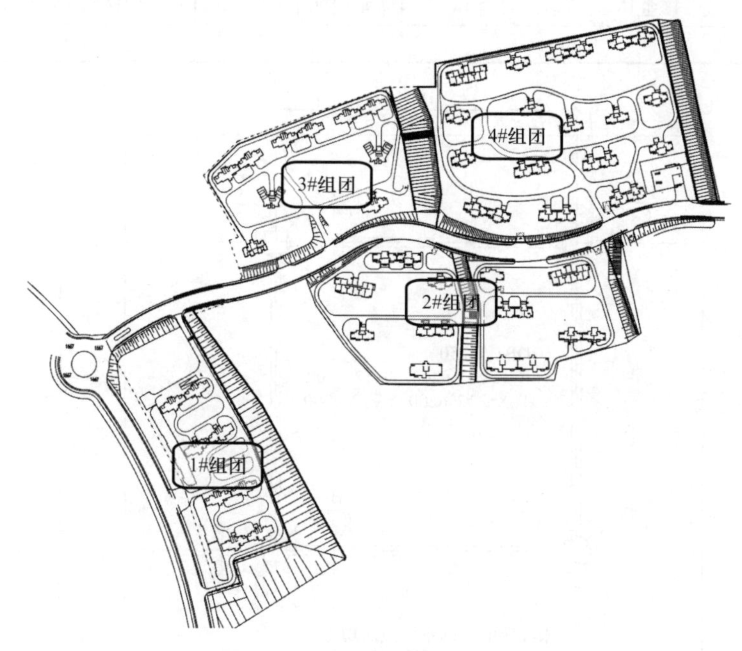

图 6-5　××二期 G1404 地块总平面图

1. 地基基础

1）1 号～3 号楼之间的场地为挖方区（①区），黄土状粉土层直接出露，厚度较均匀，处于中密状态，整体呈中～低压缩性，不具湿陷性，承载力特征值 200kPa。车库及商铺部分柱底内力较小，无地下水作用，原设计采用桩基础、250 厚的结构底板（配置 ⏀12@200 双层双向钢筋），建议将桩基础改为天然地基扩展基础，以上述黄土状粉土作为地基持力层，取消地下室基础梁，设构造底板（厚 250mm，双层双向按最小配筋率 0.15%配筋）。与塔楼之间的差异沉降可采取设沉降后浇带、按计算预留沉降差等措施处理。

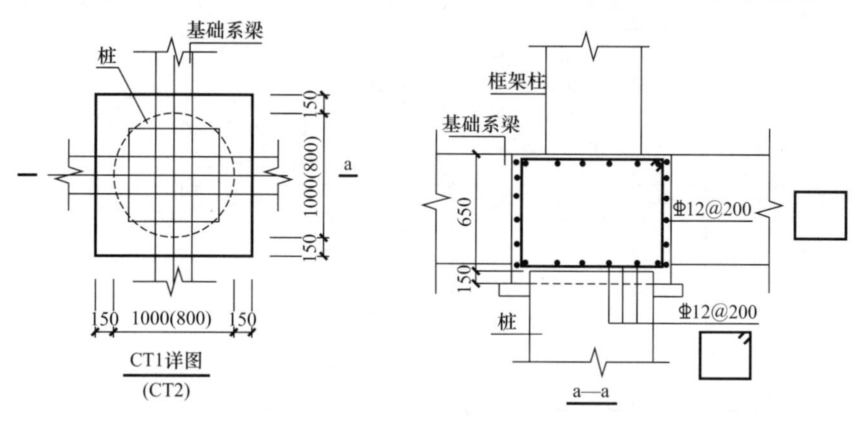

图 6-6　承台配筋

灌注桩选型表 **表 6-1**

桩号	桩身直径 d（mm）	桩身纵筋		桩身上部箍筋	桩身下部箍筋	单桩竖向承载力特征值 R_0（kN）	单桩竖向抗压静载荷试验极限值 R_0（kN）
		筏板底以下15m范围	筏板底以下15～55m范围				
ZH—1	800	11Φ16	11Φ16	Φ8@100	Φ8@200	4700	16000

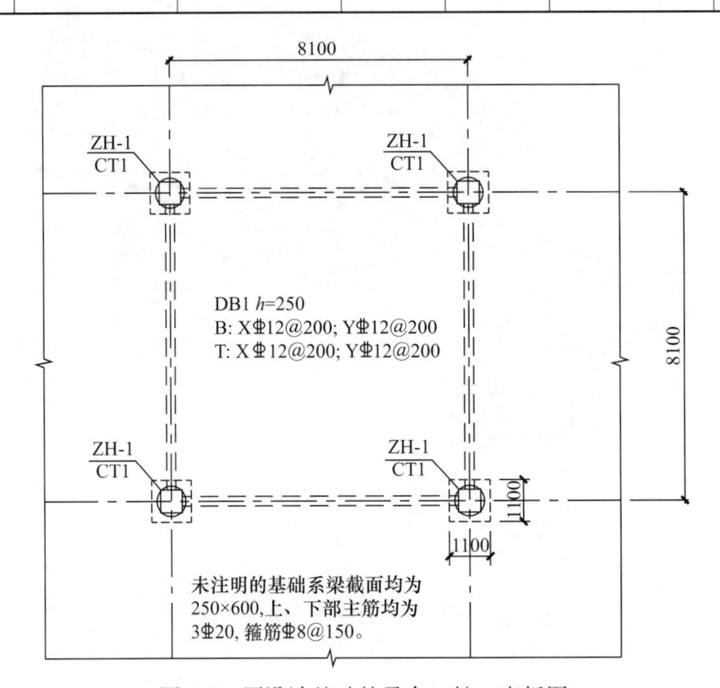

图 6-7　原设计基础的承台、桩、底板图

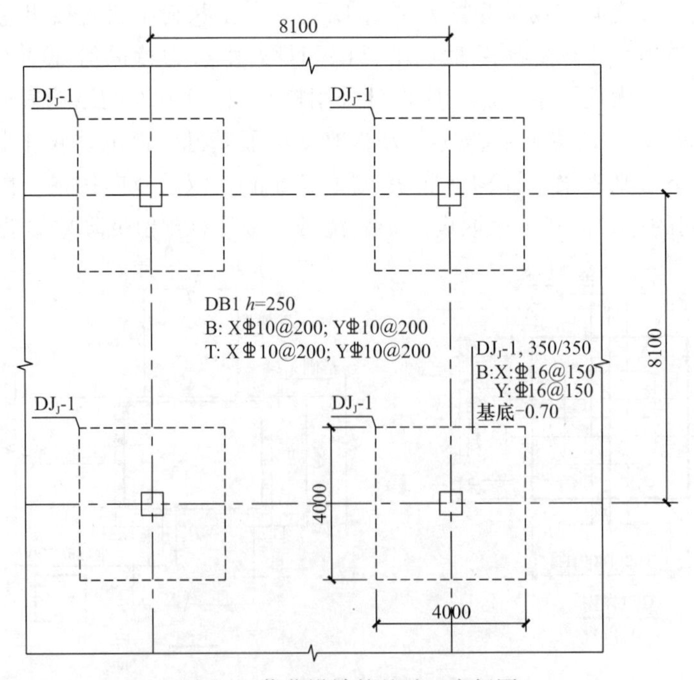

图 6-8　优化设计的基础、底板图

一个标准跨（8.1m×8.1m）优化前后工程量比较如表 6-2 所示。

化前后工程量比较表 **表 6-2**

		桩	基础梁	桩承台	天然地基扩展基础	结构底板	工程量合计
原设计	钢筋	1158kg	282kg	54kg	—	140kg	1634kg
	混凝土	25.12m^3	2.25m^3	0.97m^3	—	15.42m^3	43.76m^3
优化设计	钢筋	—	—	—	84kg	93kg	177kg
	混凝土	—	—	—	7.45m^3	14.28m^3	21.73m^3

注：a. 勘察报告桩长为 50～80m，现保守取统计的平均桩长为 50m；
b. 箍筋算量时，未考虑弯勾长度。

如上一个标准跨，可以节省钢筋 1457kg，混凝土 22.03m^3，也即节省钢筋 22.21kg/m^2，节省混凝土 0.336m^3/m^2，总即可节省约 266.25 元/m^2。1 号组团地下室建筑面积 16892m^2（扣去单体基底面积后为 13756m^2），现以 12500m^2 来估算，则单 1 号组团可节省造价 332.81 万元。

2）该组团的 1 号～4 号楼筏板计算未考虑地基反力作用，基础形式建议由桩筏基础改为桩基础，桩顶设承台，而取消筏板（厚 1200mm，双层双向 ϕ25@200），设 250mm 厚构造底板，双层双向按最小配筋率配筋 ϕ10@200。

3）本工程的主楼桩基础，采用桩径 800mm 桩长达 50m 以上的旋挖灌注桩，单桩竖向承载力特征值为 4000kN。根据《建筑桩基技术规范》（JGJ 94—2008）第 5.8.2 条中桩身强度应符合 $N\leqslant\psi f_c A_{ps}+0.9f_yA_s$。

对于本工程旋挖灌注桩 ZH-1，桩身混凝土强度等级为 C35，$f_c=16.7\text{N/mm}^2$，取 $\psi=0.75$，则：

$$N\geqslant\psi f_c A_{ps}+0.9f_yA_s$$
$$=0.75\times3.14\times16.7\times400\times400+0.9\times11\times201\times360=6293+716=7009\text{kN}。$$

单桩承载力特征值＝7009/1.35＝5192kN＞R_a＝4000kN。建议旋挖桩考虑扩底为 950mm，用足桩身承载力，能减小 23%的桩，也即一个 J681 单体可节省约 27.67 万，1 号组图 8 个单体可节省约 211.36 万。

4）对于二桩承台 CT-2、CT-3，由于框架柱截面中的一部分位于桩身内，柱底内力在承台中产生的弯矩、剪力较小，故承台纵筋、箍筋均可适当减小，并且面筋不必弯至承台底。

2. 地下室顶板

1）地下室柱跨为 8.1m×8m 左右，顶板厚度 350mm，绝大部分为非人防区顶板，配筋采用上部双向通长钢筋 ϕ18@200，另加附加钢筋主要为 ϕ18@200，上部通长筋的配筋率达到 0.363%，建议采用 ϕ16@200（配筋率为 0.287%），另加附加钢筋主要为 ϕ20@200，可节省部分工程造价。

2）地下室顶板配筋采用 PMCAD 计算结果，所有支座配筋均相同，底板配筋均相同，存在一定程度的浪费。建议采用 Slabcad 或其他有限元分析软件进行计算，合理划分板带，各板带采用不同计算结果，做精细化楼板配筋设计。

3）消防车道范围以外的地下室顶板活荷载取 16kN/m^2 过大，建议调整为设计总说明相应规定的活荷载值 5.0kN/m^2。

3. 梁构件

1）依《混凝土结构设计规范》GB 50010—2010 第 6.3.1 条、9.2.13 条规定，梁腹板高度应为梁有效高度减板厚。

本工程基础系梁高度大部分为 700mm，则计算的腹板高度应为 h_w＝700－250－25－8－11＝406mm＜450mm，可取消腰筋，能节省不少造价。

2）地下室顶板框架梁的箍筋配置超配严重，如 WKL4 加密区箍筋计算 2.1cm²，实配 4.52cm²，超配 115%。

4. 柱构件

车库大部分框架柱，按计算结果显示为构造配筋，满足纵筋满足最小配筋率 0.75%即可，但实配钢筋过大。如 KZ1，纵筋配筋率达 1.39%，超配 85%；箍筋直径 10mm 可改为 8mm，超配 56%。

6.2.2 实例 2

1. 地下室顶板

高层大部分为地上 32 层、地下 1 层，地上建筑面积 11048.6m²（单栋面积），建筑总高度 99.700m，抗震设防烈度为 6 度，剪力墙抗震等级为三级，框架抗震等级为三级，本工程地下室投影面积为 39333m²，典型柱网为 5500mm×8000mm，地下室顶板原设计采用了梁板结构进行设计，取典型板跨如图 6-9 所示。

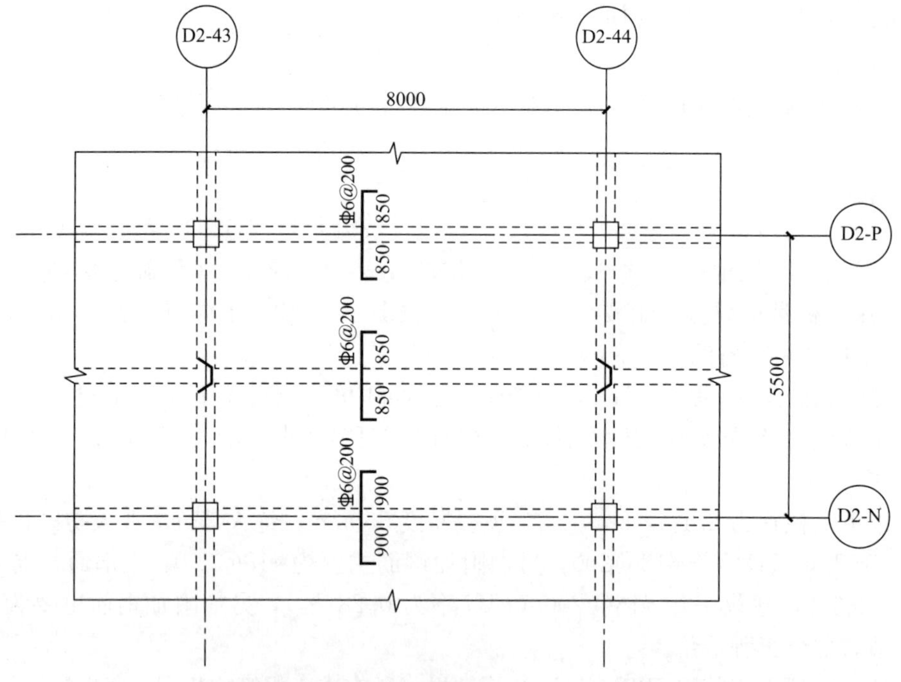

图 6-9 板配筋平面图

可以看出，结构 X 向结构高 800mm，Y 向结构高 900mm。即顶板的结构高度为 900mm。若将此标准跨按板厚为 h＝300，柱帽尺寸 2400×1650，h＝600mm 的无梁楼盖进行设计，如图 6-11 所示。

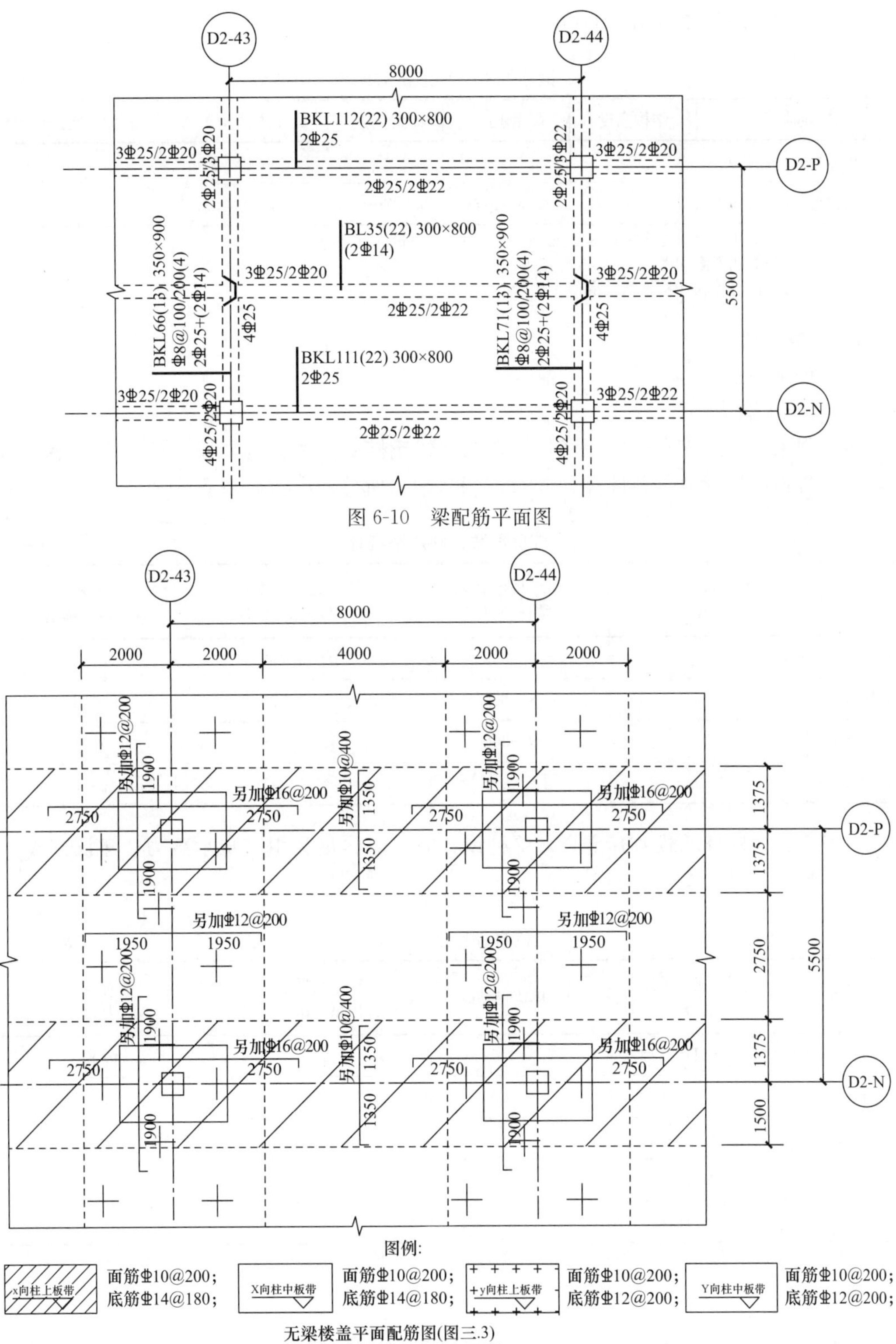

注: 1.未注明板厚为300mm。

2.柱帽尺寸2400×1650, 柱帽厚h=600mm。

图 6-11　无梁楼盖平面配筋图

表 6-3 列出两种楼盖结构的造价比较。

钢筋混凝土综造价对比表 **表 6-3**

类别	结构高度	钢筋	混凝土	每平方米楼盖造价	新旧方案造价差别
梁板方案（原设计）	800	33.18kg/m²	0.254m³/m²	303.82 元/m²	12.96 元/m²
无梁楼盖（新设计）	300	22.66kg/m²	0.327m³/m²	290.86 元/m²	

注：1. 上表估算用混凝土综合单价 543 元/m³，钢筋综合单价 5000 元/t；
2. 以上两对比方案均考虑 900mm 厚覆土；
3. 上表造价已计入柱帽钢筋及混凝土用量。

2. 地基基础及底板

主楼桩基础：

1）桩身承载力

本工程采用人工挖孔扩底灌注桩，根据《建筑桩基技术规范》JGJ 94—2008 第 5.8.2 条，将桩身强度按规范重新计算（$0.9f_cA/1.35$），所得计算值如表 6-4 所示。

桩身承载力利用率统计 **表 6-4**

桩号	桩身混凝土强度	单桩承载力特征值（kN）	桩身承载力计算值（kN）	桩身承载力富余幅度
ZH12（18）	C30	5000	10776	115.5%
ZH12（21）	C30	6900	10776	56.1%
ZH12（23）	C30	8300	10776	29.8%
ZH13（25）	C30	9800	12647	29.0%

由表可见，桩身承载力有富余，单桩设计时，应尽量利用桩身承载力，建议按表 6-5 采用，可节省一定成本。

桩身综合造价对比 **表 6-5**

原桩号	建议采用桩号	单栋桩数	节省混凝土用量（m³）	节省成本（万元）
ZH12（18）	ZH10（18）	2	5.5	0.50
ZH12（21）	ZH10（21）	23	63.6	5.79
ZH12（23）	ZH11（23）	8	11.6	1.06
ZH13（25）	ZH12（25）	6	9.4	0.85
合计			90.1	8.20

注：桩长 6～13m，此处桩身按建议可变化调整的桩长以 8m 考虑；桩体单方混凝土造价为 910 元/m³。

2）布桩设计

本工程底部所有墙柱的轴力标准组合之和为 218890.8kN，而设计的桩总承载力特征值为 293900kN，设计桩承载力/实际承载力＝1.343，有一定富余，具体统数据如表 6-6 所示。

桩承载力统计表 **表 6-6**

桩号	单桩竖向承载力（kN）	桩数	设计桩承载力（kN）	实际承载力（kN）	富余幅度
ZH12/18	5000	2	10000		$P=F_1/F_2-1$
ZH12/21	6900	23	158700		
ZH12/23	8300	8	66400		
ZH13/25	9800	6	58800		
合计			$F_1=293900$	$F_2=218890.8$	$P=34.27\%$

3）车库底板设计

本工程地下室典型柱跨为 5500×8000，板厚 $h=400$mm，承台兼做柱帽，承台尺寸 2600×2000，防水板采用 ϕ14@180 双层双向拉通，支座钢筋局部附加的配筋形式，截取典型板跨如图 6-12 所示。

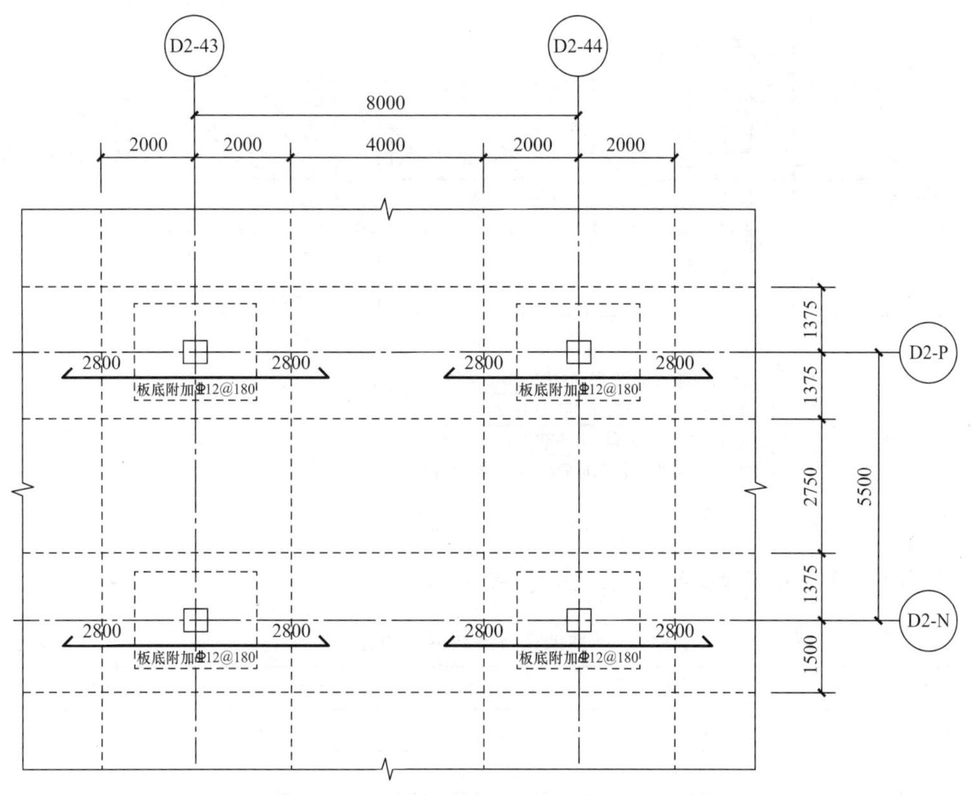

图 6-12　原底板配筋平面图

以本工程的抗浮水位及柱跨来分析，地下室底板的通长钢筋，在板底应小于板面，Y 向配筋应小于 X 向配筋，且防水板的最小构造配筋率可采用 0.15%来控制。本工程承台较厚，虽配筋相对较少，但对混凝土用量过大，且会增加支护及挖方费用，增加工期。因此，可将承台厚度适当减薄，且将防水板的通长钢筋合理配置，如图 6-13 所示。

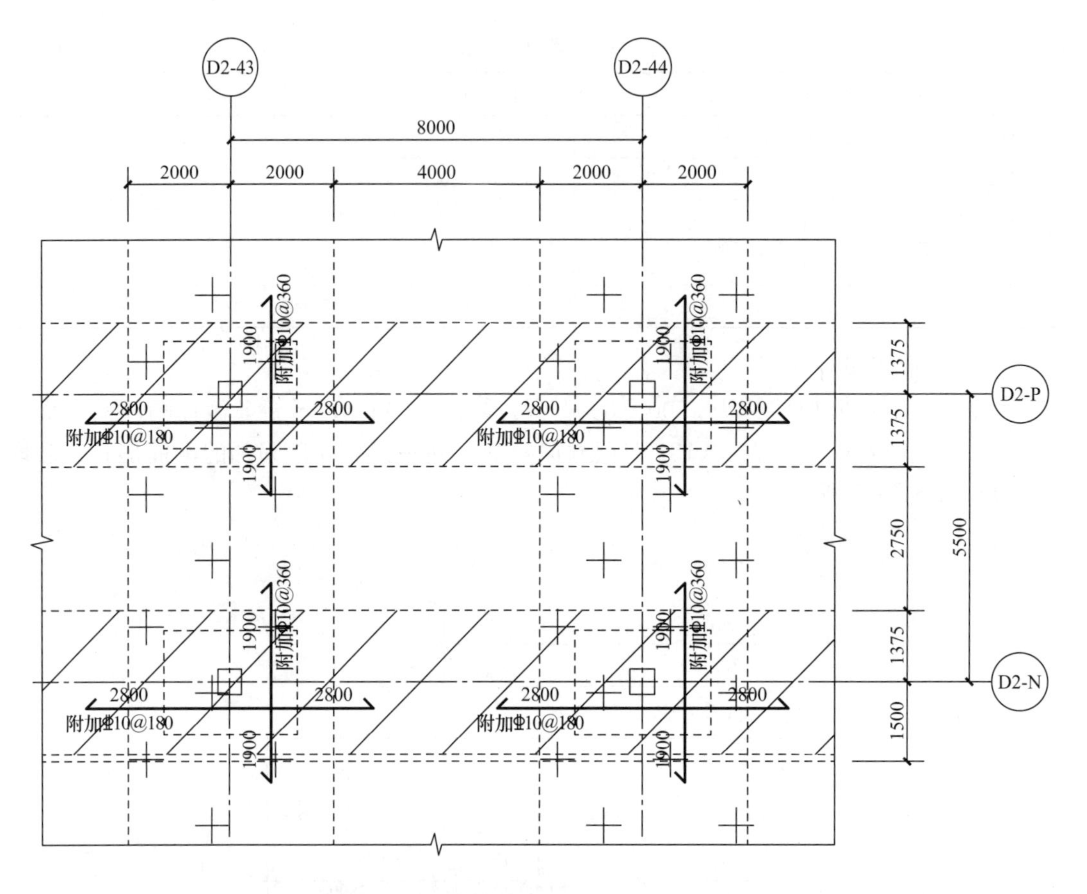

注：1.未标明的通长钢筋 底筋Φ12@180双向

2.面筋X向Φ14@180；面筋Y向Φ12@180

3.承台尺寸：2600×2000（800厚）

4.承台底部附加钢筋由原Φ20@200增加为Φ25@200

图 6-13 底板配筋图

以上两种结构方案数据的对比，如表 6-7 所示。

两种结构方案数据的对比 **表 6-7**

类别	承台厚度	钢筋用量	混凝土用量	钢筋混凝土造价差异
原始方案	1200	35.6kg/m^2	0.495m^2/m^3	50.06 元/m^2
改进方案	800	30.8kg/m^2	0.447m^2/m^3	

注：1. 上表估算所采用的 C30 混凝土单价为 543 元/m^3，钢筋 5000 元/t；

2. 承台钢筋和混凝土用量均已计入。

7 地下室顶板方案选型

7.1 某工程地下室方案论证（1）

当作用效应承载力不利时，《建筑结构可靠性设计统一标准》将恒荷载分项系数由 1.2 调整到 1.3；活荷载分项系数由 1.4 调整到 1.5，增大后导致的结果可由配筋增大去协调，其截面可不变。

（1）基础及结构方案比选篇-地下部分-地下车库

方案 1：承台＋地梁＋底板，方案 2：承台＋底板（底板一般取 400mm）；取标准跨进行计算，进行经济性比较；方案 1 砖胎膜较多，施工进度慢；方案 2 模板数量少，施工进度快。推荐方案 2。

（2）结构方案比选篇——地下室顶板方案对比

1）单向次梁方案（覆土厚度 1.5m）

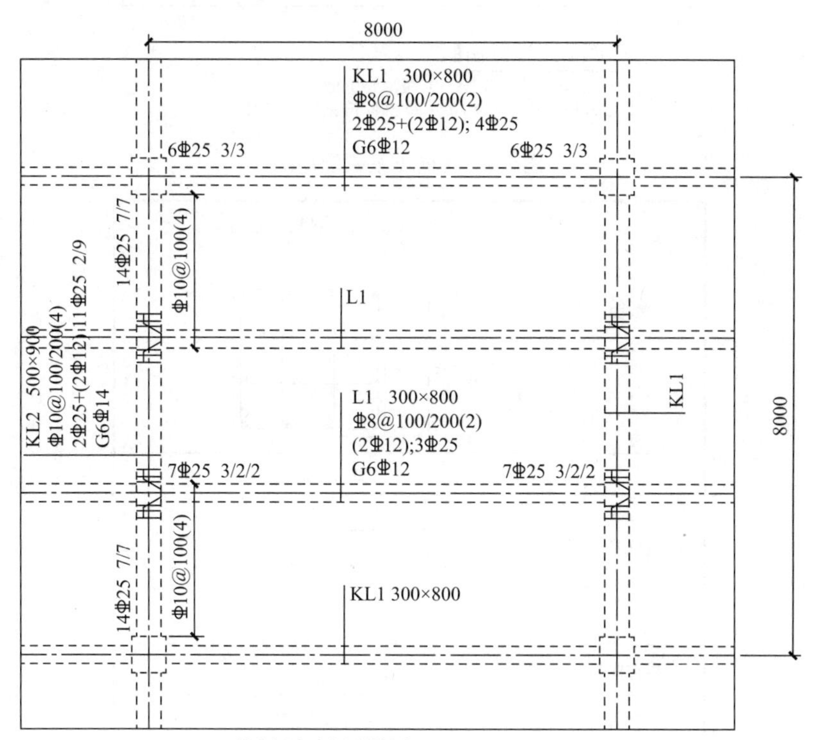

图 7-1 单向梁方案梁配筋图

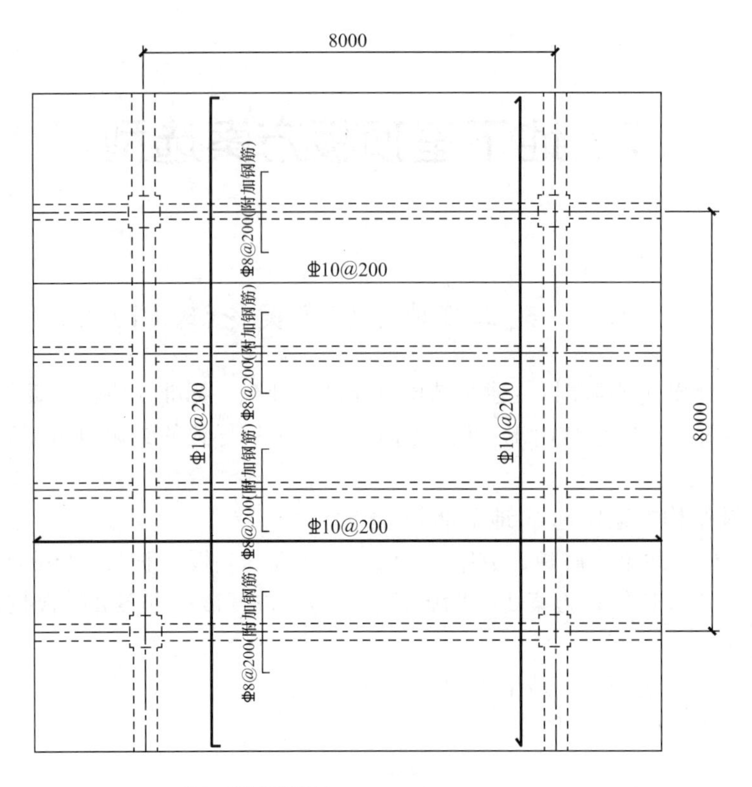

单向方案板配筋图

1. 混凝土强度等级C30, 板厚180mm。
2.附加恒载1.5×18+0.5=27.5kN/m²,活载5.0kN/m²。

图 7-2　单向方案板配筋图

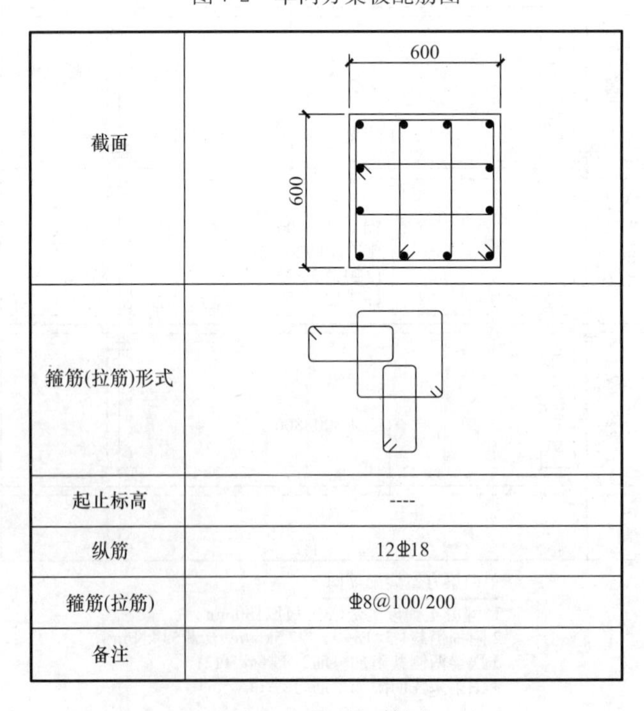

截面	600×600
箍筋(拉筋)形式	
起止标高	----
纵筋	12Φ18
箍筋(拉筋)	Φ8@100/200
备注	

图 7-3　柱子配筋图

2）井字梁方案结构布置图（覆土厚度 1.5m）

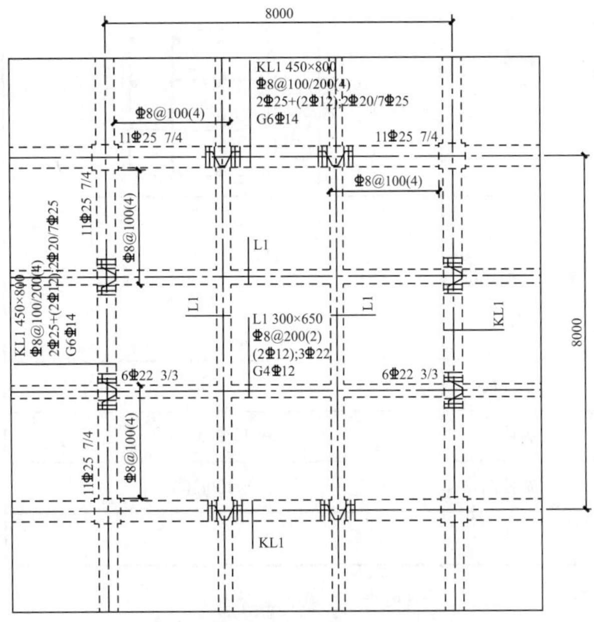

井字梁方案梁配筋图

1. 混凝土强度等级C30, 板厚180mm。
2.附加恒载1.5×18+0.5=27.5kN/m²,活载5.0kN/m²。
3.次梁两侧共附加箍筋2×3Φ8@50(2)。
4.主梁未注明附加吊筋为2Φ14

图 7-4　井字梁方案梁配筋图

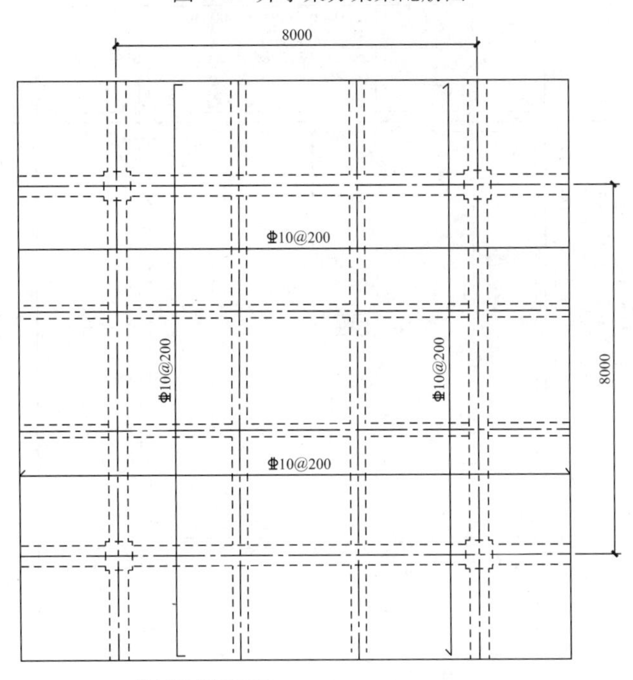

井字梁方案板配筋图

1. 混凝土强度等级C30, 板厚180mm。
2.附加恒载1.5×18+0.5=27.5kN/m²,活载5.0kN/m²。

图 7-5　井字梁方案板配筋图

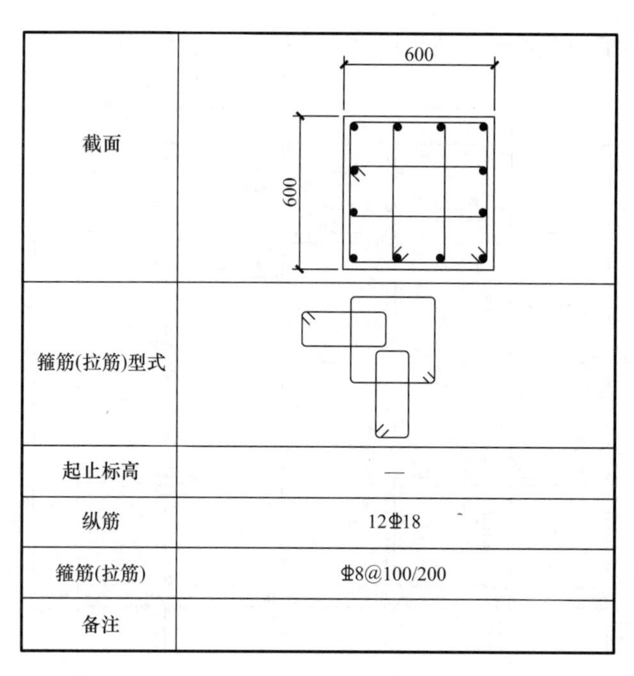

截面	600 600
箍筋(拉筋)型式	
起止标高	—
纵筋	12Φ18
箍筋(拉筋)	Φ8@100/200
备注	

图 7-6　柱子配筋图

3）加腋梁板方案结构布置图（覆土厚度 1.5m）

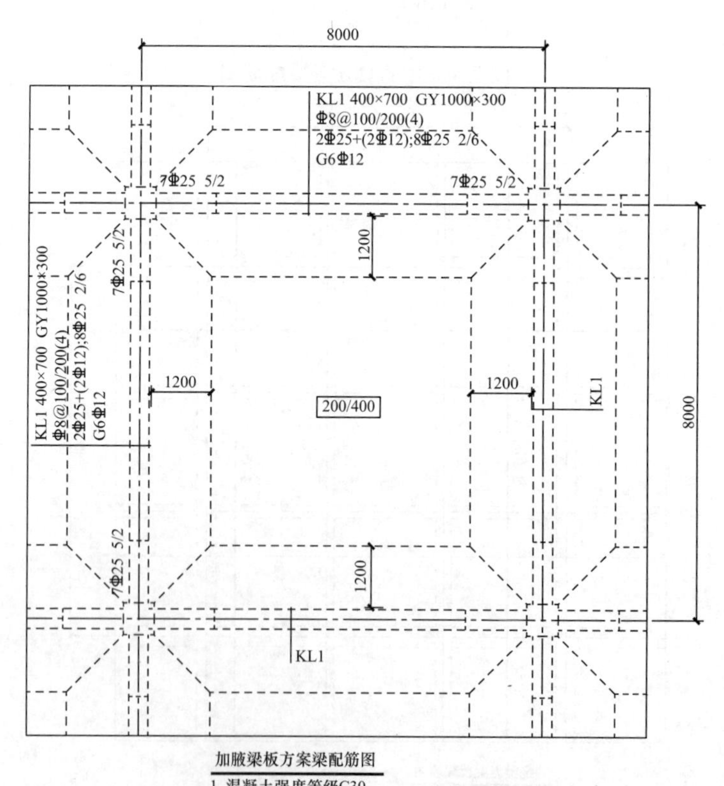

图 7-7　加腋梁板方案梁配筋图

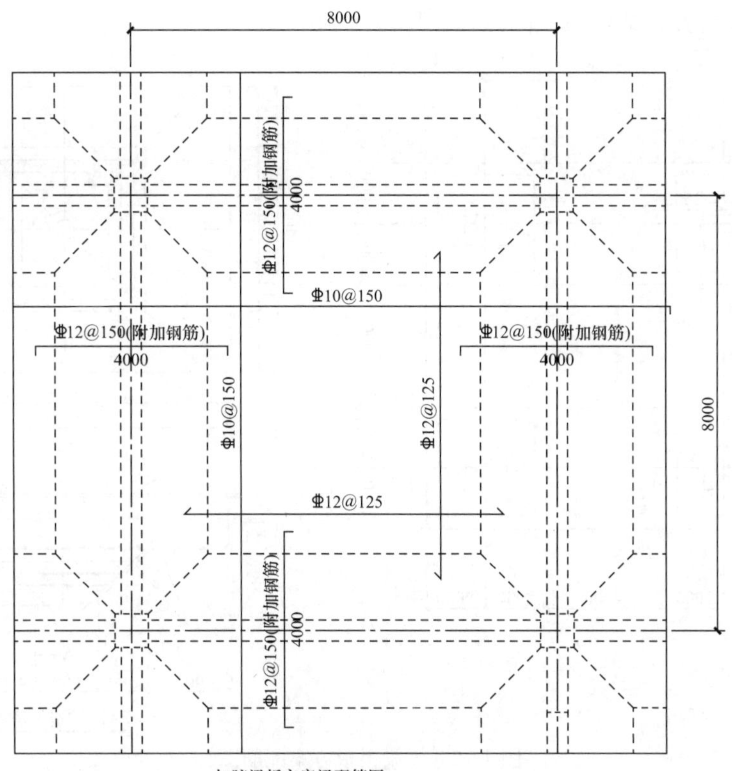

加腋梁板方案梁配筋图

1. 混凝土强度等级C30, 板厚200mm, 加腋200mm。
2. 附加恒载1.5×18+0.5=27.5kN/m²,活载5.0kN/m²。

图 7-8　加腋梁板方案板配筋图

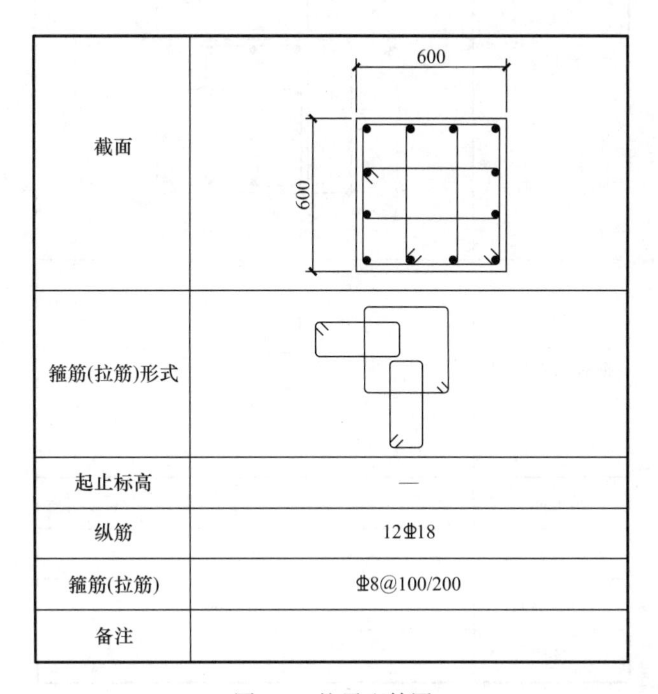

截面	600 600
箍筋(拉筋)形式	
起止标高	—
纵筋	12Φ18
箍筋(拉筋)	Φ8@100/200
备注	

图 7-9　柱子配筋图

4）无梁楼板方案结构布置图（覆土厚度 1.5m）

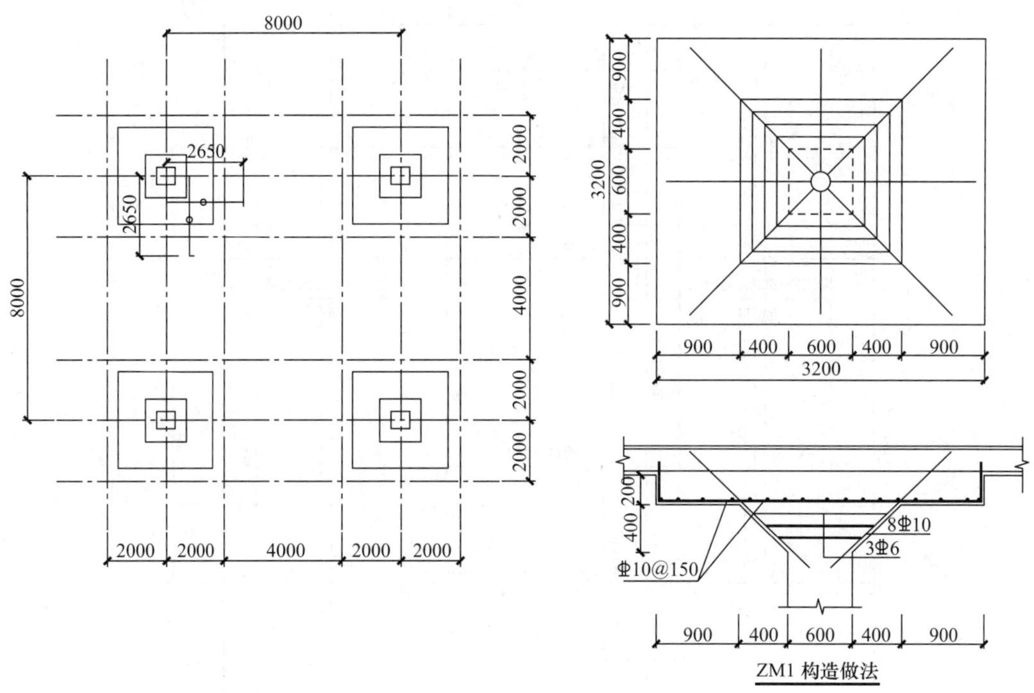

图 7-10　无梁楼板方案配筋图

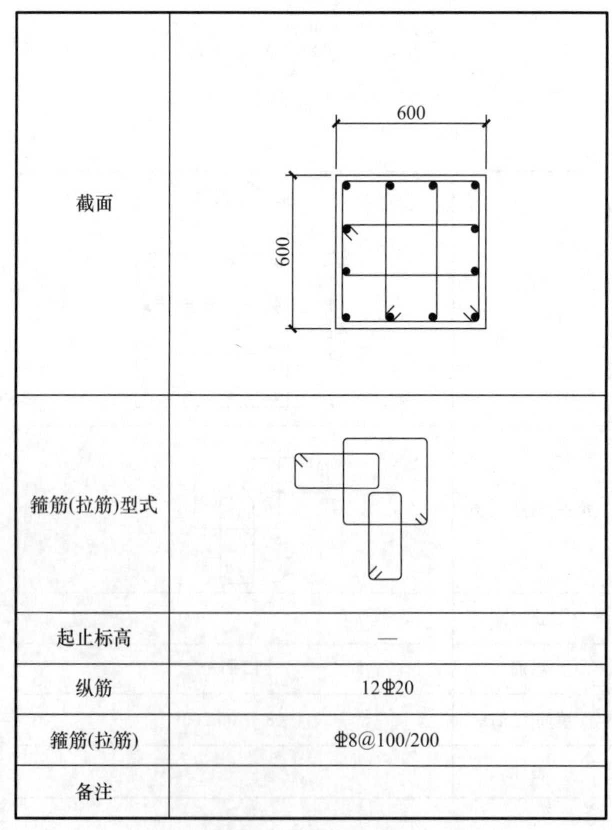

截面	600×600
箍筋(拉筋)型式	
起止标高	—
纵筋	12Φ20
箍筋(拉筋)	Φ8@100/200
备注	

图 7-11　柱子配筋图

5）地下室顶板方案对比（表 7-1）

地下室顶板方案对比 **表 7-1**

顶板形式	钢筋含量	混凝土含量	模板用量	造价
单向次梁方案	46.5kg/m^2	0.318m^3/m^2	1.6m^2/m^2	445.15 元/m^2
井字梁方案	50.7kg/m^2	0.34m^3/m^2	1.72m^2/m^2	480.91 元/m^2
加腋梁板方案	49.6kg/m^2	0.344m^3/m^2	1.3m^2/m^2	453.4 元/m^2
无梁楼板方案	46.3kg/m^2	0.367m^3/m^2	1.2m^2/m^2	443.1 元/m^2

结论：无梁楼盖综合单价最省，单向梁结构次之，井字梁方案最费，但单向次梁方案梁高比井字梁方案高 100mm，比大板加腋方案高 200mm。

结合以往项目经验，地下室每增加 10cm，地下室含钢量增加 2kg/m^2，且土方量增加，因此考虑综合因素，无梁楼盖方案比其他三个方案更经济，也更节省层高，加腋大板次之。当采用无梁楼盖时，当嵌固端在地下室顶板时，塔楼周边一跨需做有梁结构，该区域需将结构标高往上抬，结合地下室平面布置图，由于楼间距较短，因此本项目采用加腋大板比较合适。

说明计算原则：

（1）采用压弯构件，考虑压力的有利作用减少配筋；

（2）采用通长钢筋＋支座附加短筋的配筋形式，节约配筋；

（3）适当提高混凝土等级，减小柱截面；

（4）设计成扁柱：沿着停车方向长度拉长，另外一个方向适当缩短。

7.2 某工程地下室方案论证（2）

1. 工程概况

根据建筑图，顶板覆土厚度 1.2m，分消防车及非消防车区域，层高 3.9m，柱网尺寸为 7.9m×5.0m。现我司对消防车、非消防车区域分别进行两种方案的经济性比较，以确定经济性最优方案。

非消防车区域：X 向单次梁、Y 向双次梁、加腋梁板；

消防车区域：十字梁、加腋梁板。

2. X 向单次梁单向板方案（非消防车区域）

混凝土强度等级 C35，柱子 500mm×500mm，板厚：180，最小配筋率 0.25%，附加恒载 1.2×18＋0.6＝22.2kN/m^2，活载 5.0kN/m^2。

配筋图如图 7-12～图 7-14 所示。

3. Y 向双次梁双向板方案（非消防车区域）

混凝土强度等级 C35，柱子 500mm×500mm，板最小配筋率 0.25%，附加恒载 1.2×18＋0.6＝22.2kN/m^2，活载 5.0kN/m^2。

配筋图如图 7-15～图 7-17 所示。

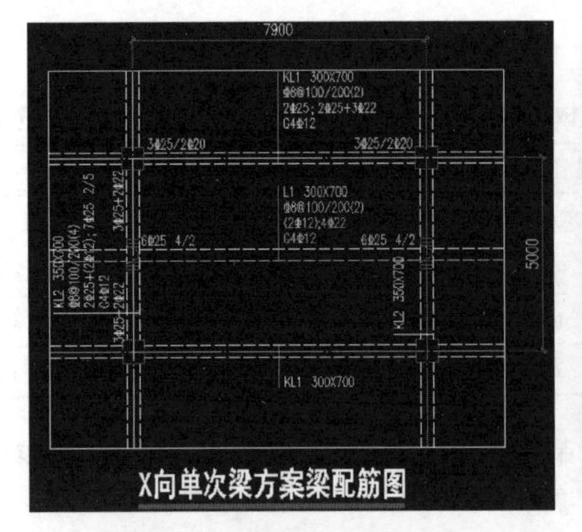

图 7-12　X 向单次梁方案梁配筋图

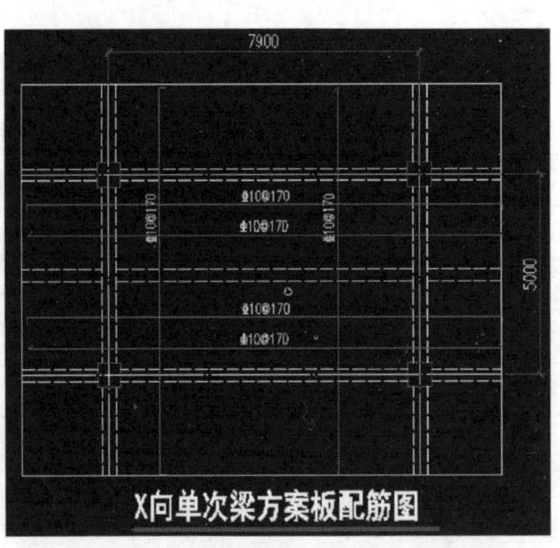

图 7-13　X 向单次梁方案板配筋图

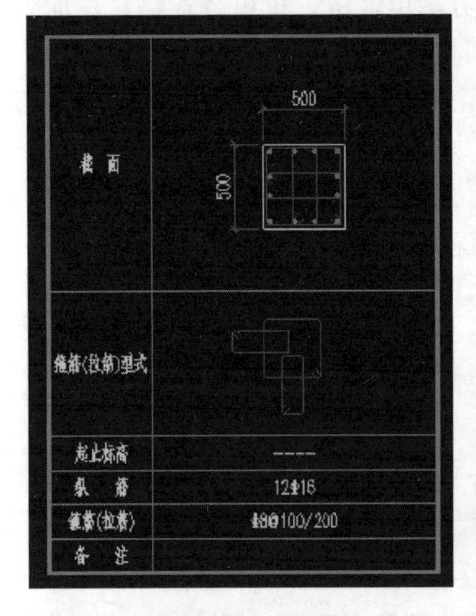

图 7-14　柱子配筋图

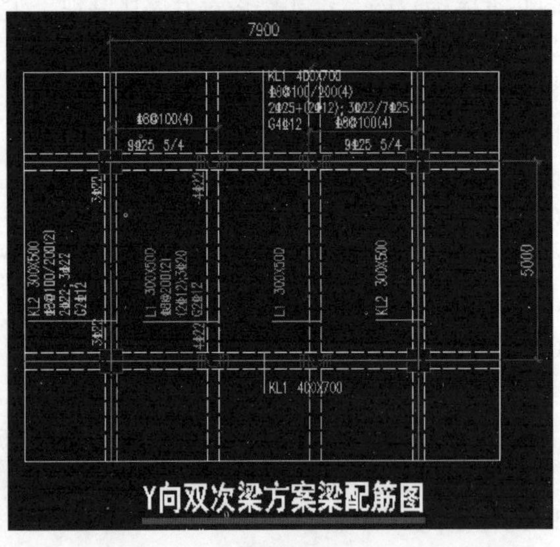

图 7-15　Y 向双次梁方案梁配筋图

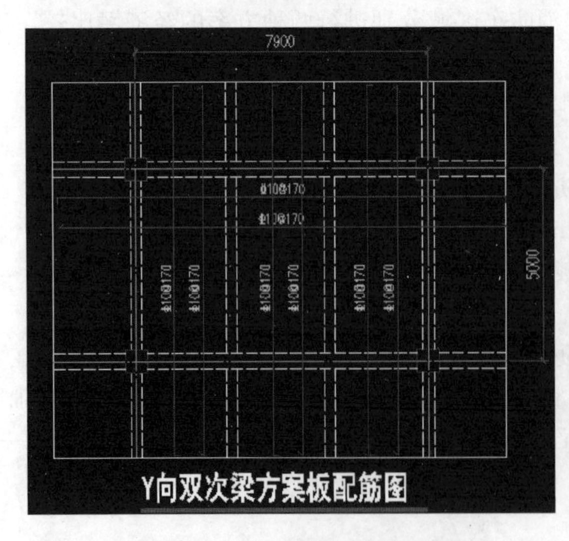

图 7-16　Y 向双次梁方案板配筋图

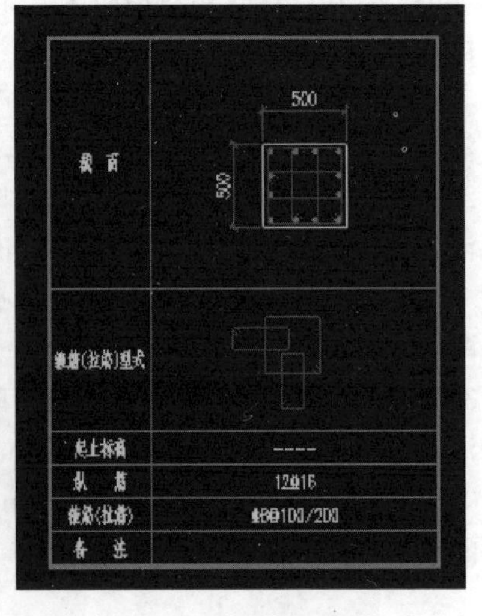

图 7-17　柱子配筋图

4. 加腋梁板方案（非消防车区域）

混凝土强度等级 C35，柱子 500×500，板最小配筋率 0.25%，附加恒载 1.2×18+0.6=22.2kN/m²，活载 5.0kN/m²。

配筋图如图 7-18～图 7-20 所示。

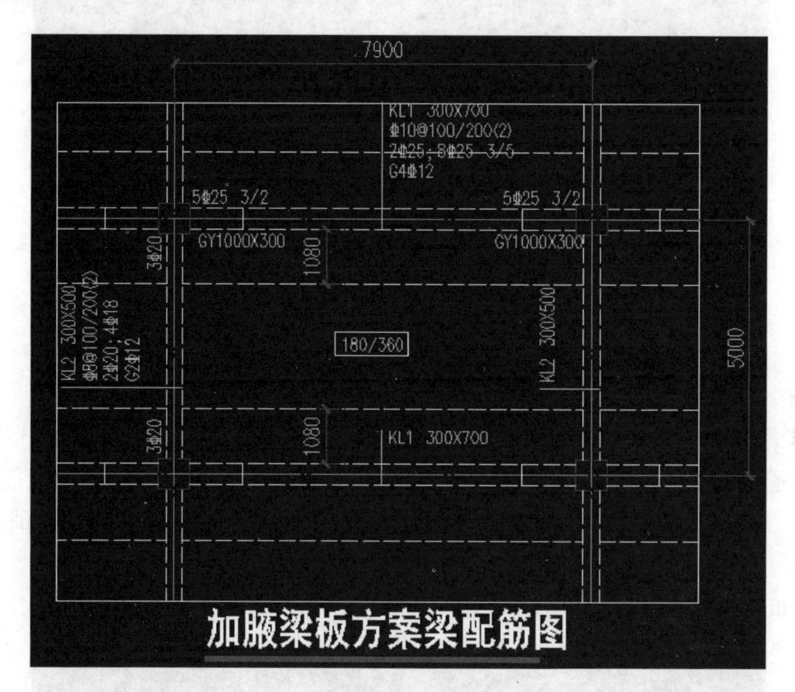

图 7-18 加腋梁板方案梁配筋图

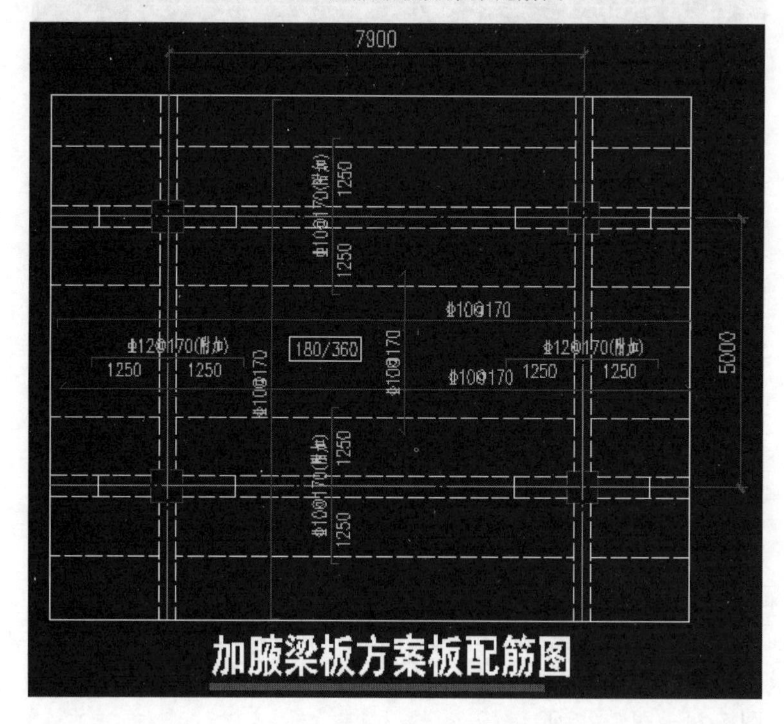

图 7-19 加腋梁板方案板配筋图

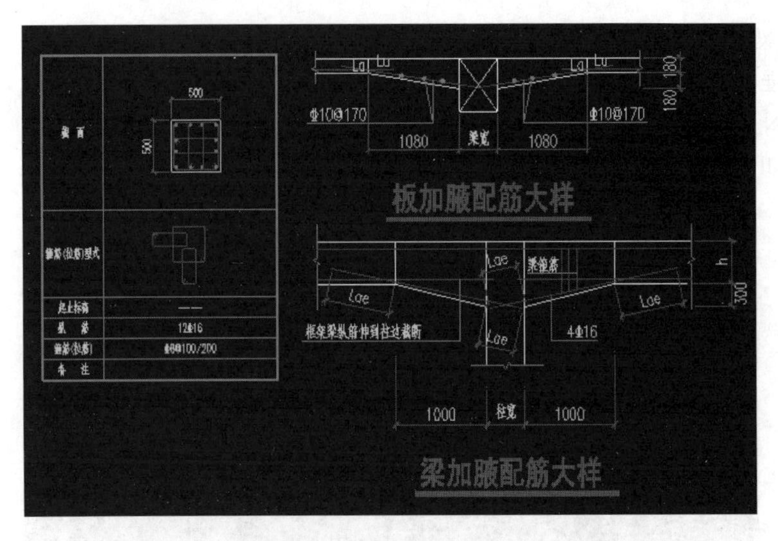

图 7-20　加腋大样

5. 十字梁方案（消防车区域）

混凝土强度等级 C35，柱子 500mm×500mm，板厚 180mm，板最小配筋率 0.25%，附加恒载 1.2×18+0.6=22.2kN/m²，消防车荷载 29.5kN/m²，梁柱计算消防车荷载折减按《荷规》计算。

配筋图如图 7-21～图 7-23 所示。

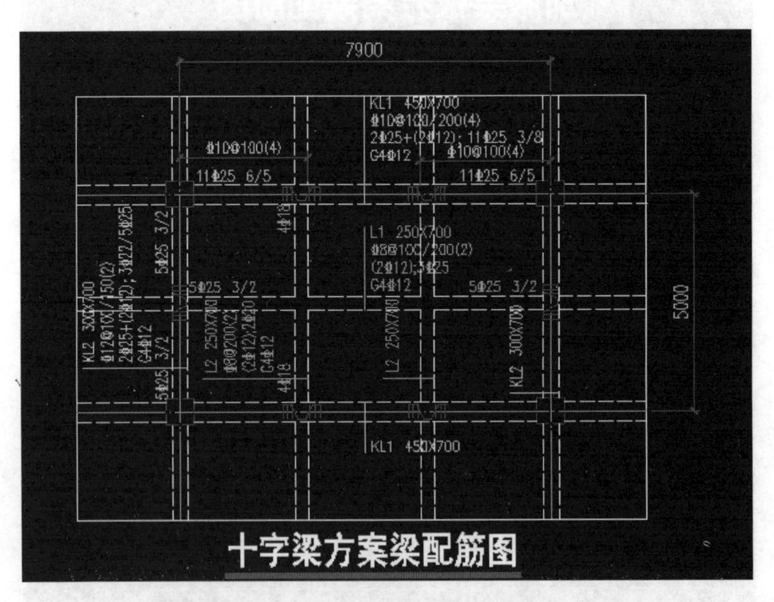

图 7-21　十字梁方案梁配筋图

6. 加腋梁板方案（消防车区域）

混凝土强度等级 C35，柱子 500×500，板最小配筋率 0.25%，附加恒载 1.2×18+0.6=22.2kN/m²，活载 22.5kN/m²。

配筋图如图 7-24～图 7-26 所示。

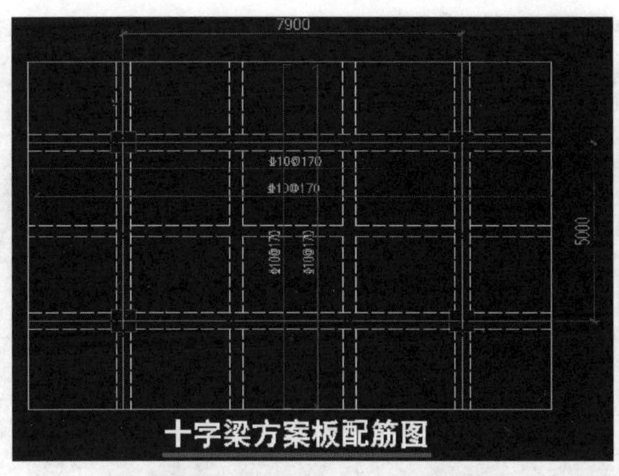

图 7-22　十字梁方案板配筋图

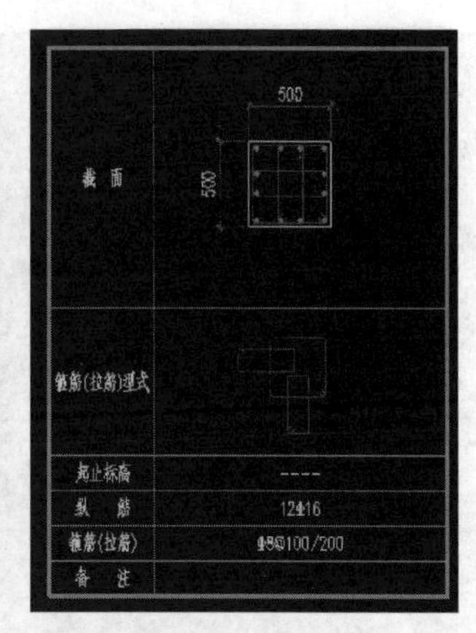

图 7-23　柱子配筋图

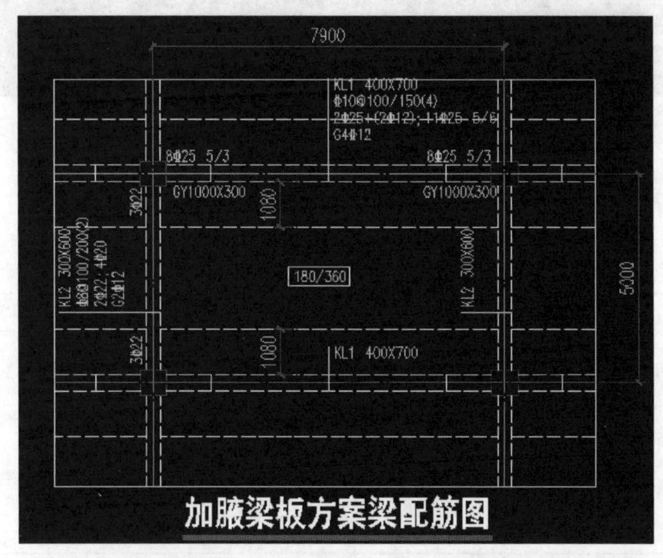

图 7-24　加腋梁板方案梁配筋图

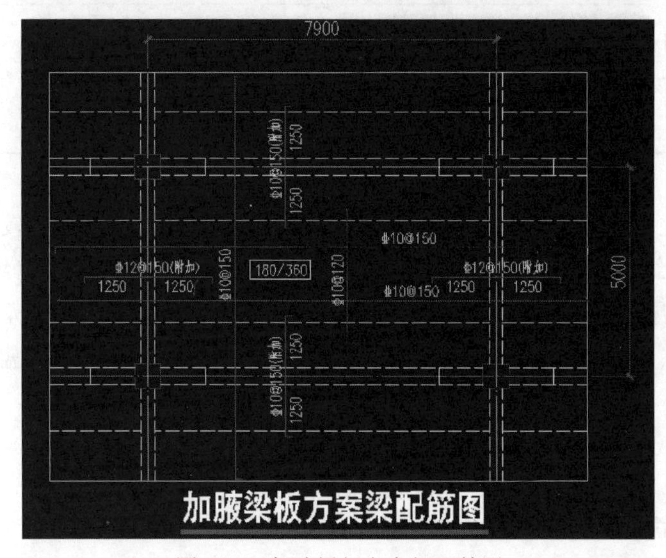

图 7-25　加腋梁板方案板配筋图

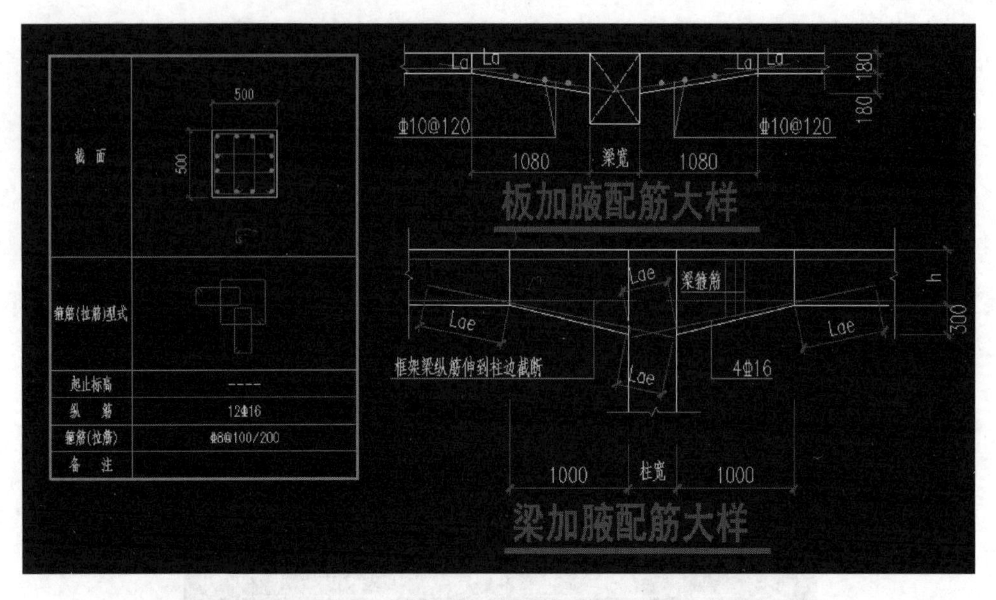

图 7-26 加腋大样

7. 总结（表 7-2）

地下室方案对比 **表 7-2**

	方案	名称	重量（kg、m³/m²）	单方造价（元/m²）
非消防车区域	X 向单次梁单向板	钢筋	46.1	345
		混凝土	0.290	
	Y 向双次梁双向板	钢筋	42.6	348
		混凝土	0.283	
	加腋梁板	钢筋	38.6	329
		混凝土	0.290	
消防车区域	方案	名称	重量（t/m²）	单方造价（元/m²）
	十字梁双向板	钢筋	61.1	455
		混凝土	0.297	
	加腋梁板	钢筋	50.4	400
		混凝土	0.305	

注：混凝土综合单价为 400 元/m²，钢筋单价为 5.5 元/kg。

根据以上对比分析可以看出，非消防车区域采用加腋梁板楼盖方案比较 X 向单次梁楼盖节省造价约 5%（约 16 元/m²），比较 Y 向双次梁楼盖节省造价约 5.5%（约 19 元/m²）；消防车区域采用加腋梁板楼盖方案比较十字梁楼盖节省造价约 12%（约 55 元/m²），同时加腋楼盖模板更省。综上所述，建议消防车及非消防车区域均采用加腋梁板楼盖方案。

7.3 某工程地下室方案论证（3）

本项目地下室为一层。采用基本柱网 8.1m×8.1m，大部分覆土 1.2m，局部覆土 1.5m，室外道路最低点标高为 33.500，地下室顶板结构顶标高为 33.800。地下室顶板与室外地面的高差很小，根据现场场地条件，选取地下室顶板作为结构嵌固端，同时并满足侧向刚度比的要求。

地下室覆土 1.2m，走消防车，柱网 8.1m×8.1m，平时荷载作用下，可选用的楼盖形式如下：

1）无梁楼盖方案（带柱帽柱托）；

2）明梁实心加腋大板楼盖方案；

3）单向双次梁（主梁加腋）楼盖方案（非消防车区域）；

4）井字梁楼盖方案（走消防车区域）。

1. 方案一

无梁楼盖方案（带柱帽柱托），混凝土强度等级 C35，柱子 600×600，板厚 400（图 7-27）。

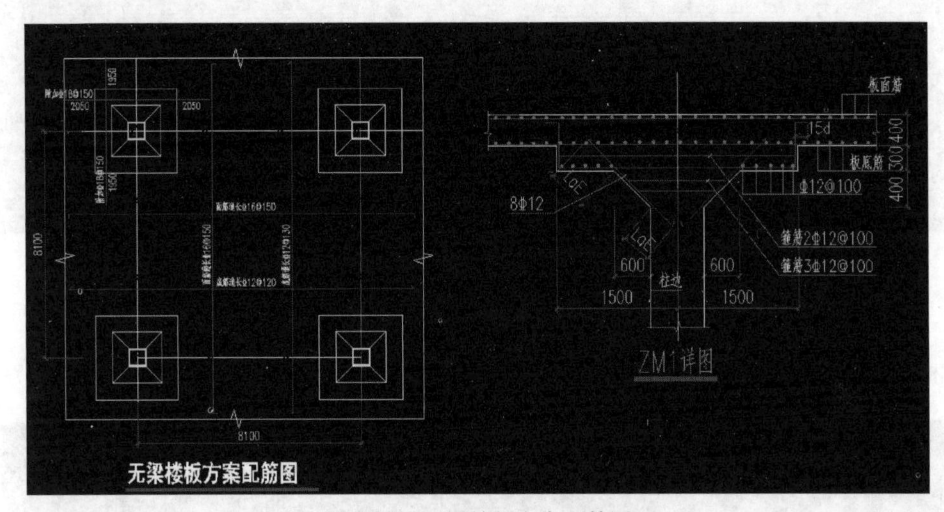

图 7-27　无梁楼板方案配筋图

2. 方案二

明梁实心加腋大板楼盖方案，混凝土强度等级 C35，柱子 600×600，板厚 250/400（图 7-28）。

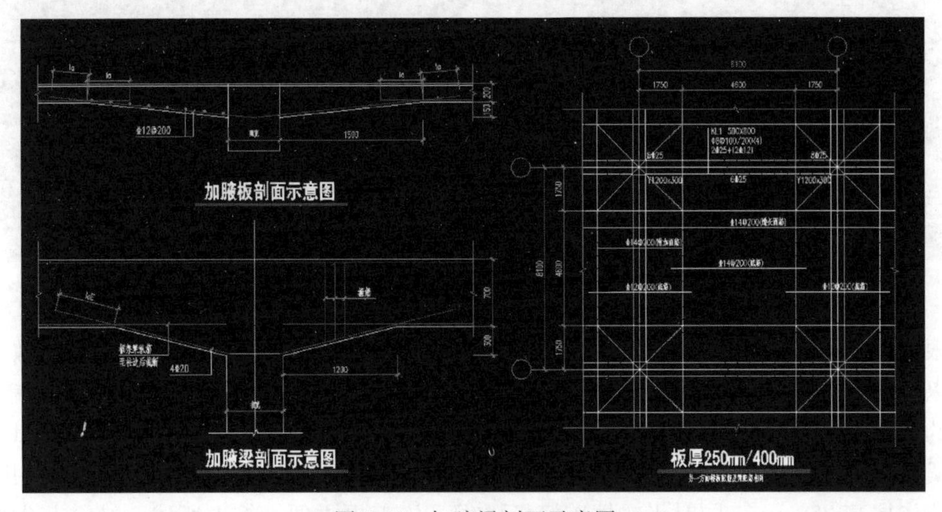

图 7-28　加腋梁剖面示意图

3. 方案三

单向双次梁（主梁加腋）楼盖方案，非消防车区域，混凝土强度等级 C35，柱子 600×600（图 7-29）。

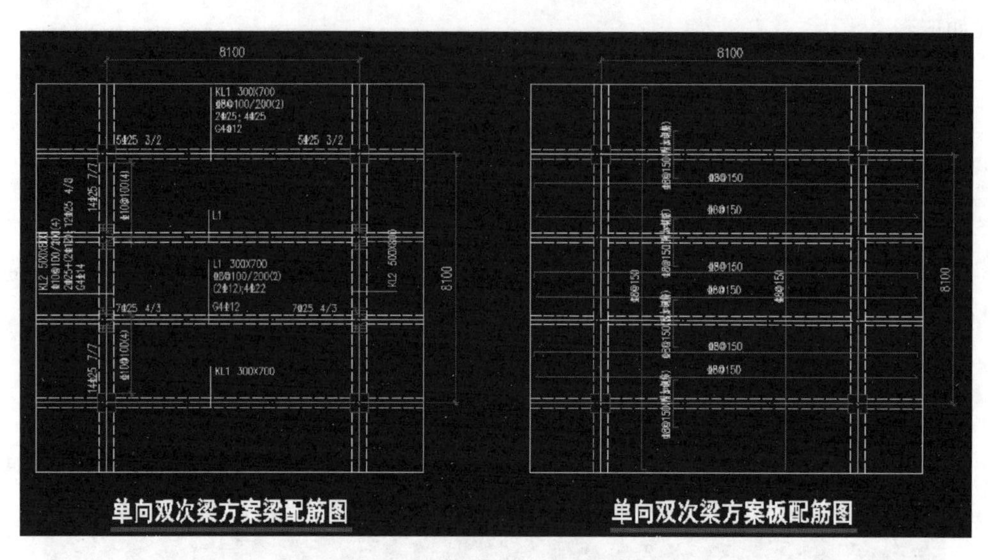

图 7-29　单向双次梁方案配筋图

4. 方案四

井字梁楼盖方案，走消防车区域，混凝土强度等级 C35，柱子 600mm×600mm（图 7-30）。

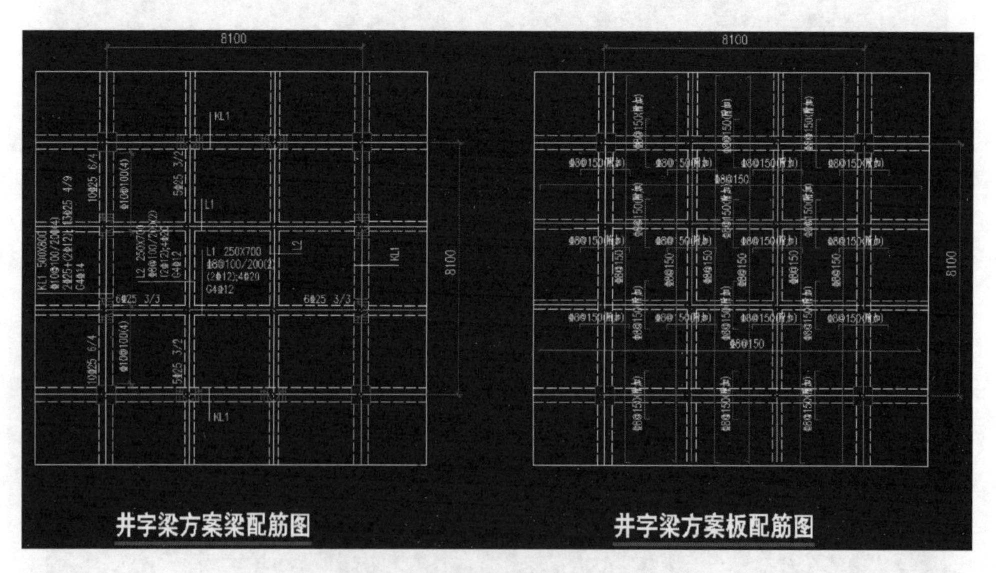

图 7-30　井字梁方案配筋图

根据以上结果，对四种楼盖体系、梁、板混凝土及钢筋进行经济比较，预估统计如下：

以上对比分析可以看出，非消防车区域采用双次梁单向板楼盖方案比较无梁楼盖节省造价约 1%（约 2 元/m^2），但是无梁楼盖比单向板楼盖节省层高 250mm；消防车区域采用井字梁楼盖方案比较无梁楼盖节省造价约 3.5%（约 16 元/m^2），但是无梁楼盖比井字梁楼盖节省层高 250mm，同时无梁楼盖模板更省，施工更方便。综上所述，结合节省层高、节省模板，减少钢筋加工量，施工快捷等综合效益因素，建议消防车及非消防车区域均采用无梁楼盖方案。

经济比较 **表 7-3**

8.1m×8.1m 地下车库					
方案	单位	无梁楼盖	大板框架	主次梁	井字梁楼盖
钢筋用量	kg/m^2	38.68/51.04	42.2	45	61.2
钢筋单价	元/kg	5.5	5.5	5.5	5.5
混凝土用量	m^3/m^2	0.364/0.464	0.342	0.273	0.282
砼综合单价	元 m^3	400	400	400	400
楼盖钢砼造价	元 m^2	359/466	368.9	357	450

一般地下车库净高不小于 2200mm，一般以 2300mm 为宜。机电高度 600mm，地面含找坡的面层厚度约 100。本工程目前人防地下室层高 3.500m，柱网 8.1m×8.1m，覆土 1200mm，走消防车主梁（针对大板框架和普通梁板结构）梁高 800，无梁楼盖板厚 400。如采用有梁楼盖，有梁楼盖的层高＝100 面层＋2200 净高＋600 机电＋800 梁高＝3700＞3500；如采用无梁楼盖，无梁楼盖还需考虑 150 的机电安装高度（从安装角度考虑），无梁楼盖层高＝100 面层＋2200 净高＋600 机电＋150 安装高度＋400 结构板厚＝3450＜3500。

8 地下车库基础底板非人防区结构方案比较

8.1 基本条件

柱距为 8.1×7.8，顶板覆土 1.2m，地下室基础顶标高为－5.050；××项目的地下车库标准柱距为 8.1×8.1，顶板覆土 1.5m，地下室基础顶标高为－5.450，水浮力计算一致，均为室外地面以下 0.5m，采用 YJK 与 PKPM，两个项目的基础配筋经济分析如下。

8.1.1 典型跨基础图（Ⓜ轴Ⓛ轴交(1/16)轴⑱轴）

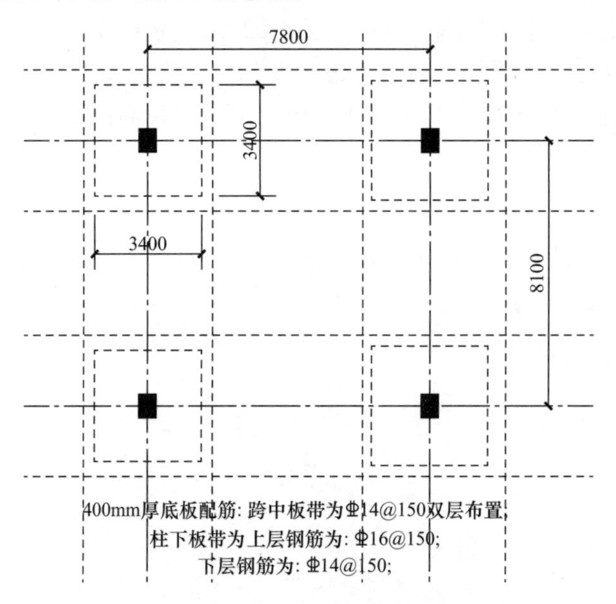

图 8-1 典型跨基础图

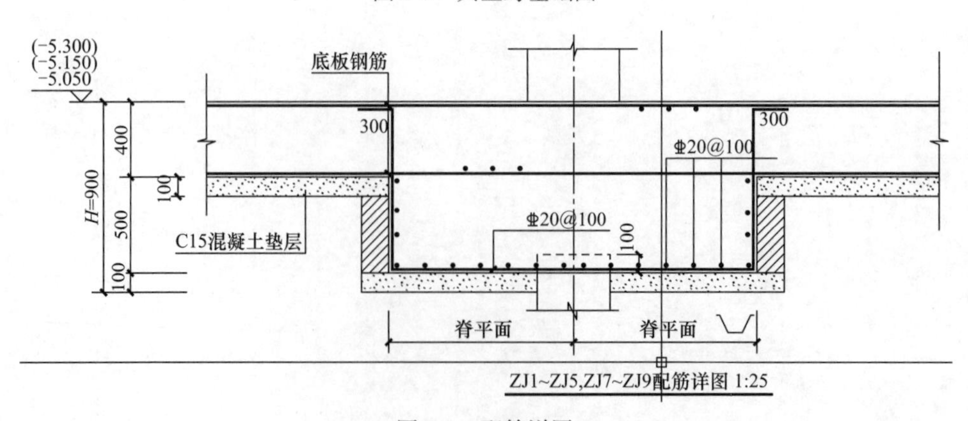

图 8-2 配筋详图

8.1.2 典型跨基础图（Ⓟ1轴Ⓝ轴交⑭轴⑮轴）

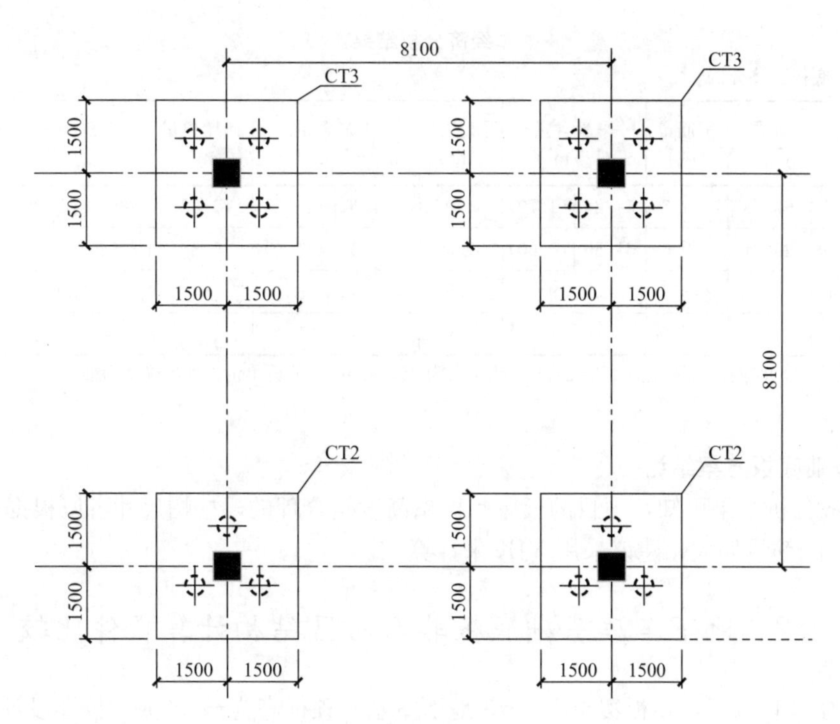

图 8-3 典型跨基础图（1）

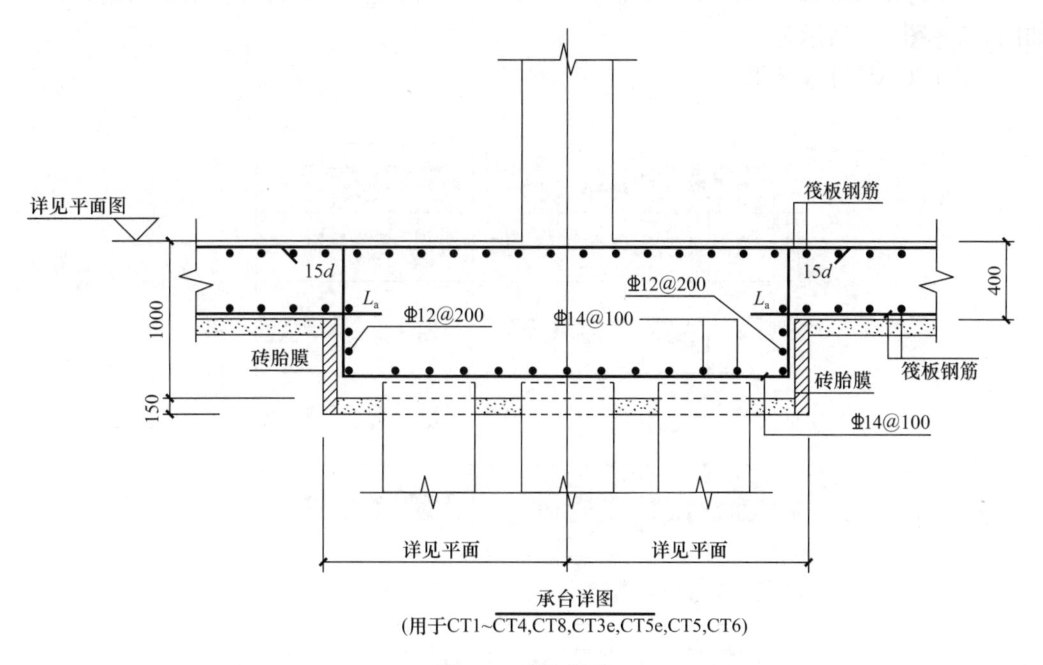

图 8-4 承台详图

8.1.3 经济分析结果

经济分析结果 **表 8-1**

方案图：底板经济分析

序号	项目	面积 (m^2)	钢筋量 (吨)	平米含量 (kg/m^2)		混凝土量 (m^3)	平米含量 (m^3/m^2)		砖胎模量 (m^3)	金额 (元)	平米含量 (元/m^2)	
1	7.8＊8.1	63.18	3.427	54.24	(1.70)	31.05	0.491	(1.02)	0.82	29680.50	469.78	(1.29)
2	8.1＊8.1	65.61	2.090	31.85	(1.00)	31.64	0.482	(1.00)	0.86	23947.20	364.99	(1.00)
3	1-2 差量		1.337	22.39		−0.592	0.01			5733.300	104.78	
4	百分比		39.01%			−1.91%						

注：钢筋为 4500 元/吨，混凝土为 450 元/m^3，砖胎模为 350 元/m^3；分析单价以现场确认为准。

8.1.4 基础底板方案结论

由经济分析结果可知，项目的板厚和柱帽高度是合理的，柱帽尺寸可以根据柱网的 1/3 来控制，配筋量偏大，建议采用 YJK 来计算。

8.2 地下车库基础底板非人防区结构计算软件比较

柱距为 8.1×7.8，顶板覆土 1.2m，地下室基础顶标高为−5.050；抗浮设计水位标高−0.500m，抗压设计水位标高为−1.500m，混凝土强度等级为 C30，钢筋为 HRB400；现取 5×5 跨车库局部，采用 YJK、PKPM、SLAB，比较三类软件计算结果的差异，结果如图 8-5～图 8-7 所示。

（1）JCCAD 计算结果

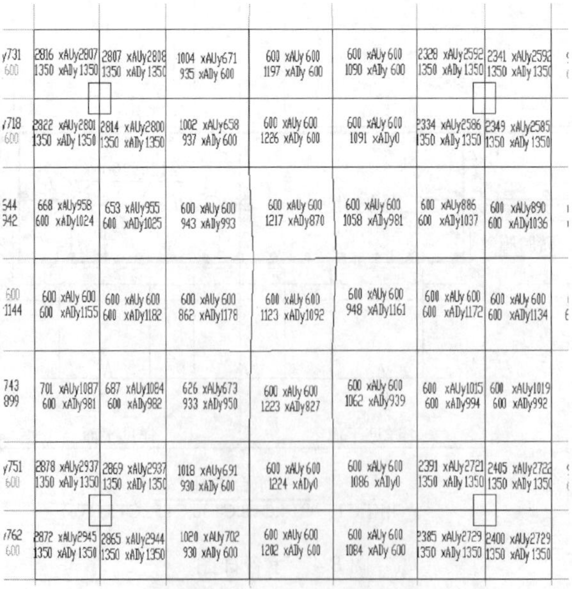

图 8-5 JCCAD 计算结果

跨中板带：上部配筋 760mm，配筋率 0.19%

下部配筋 600mm，配筋率 0.15%

柱下板带：上部配筋 600mm，配筋率 0.15%

下部配筋 1180mm，配筋率 0.295%

柱墩处：2800mm，配筋率 0.31%

（2）SLAB 计算结果

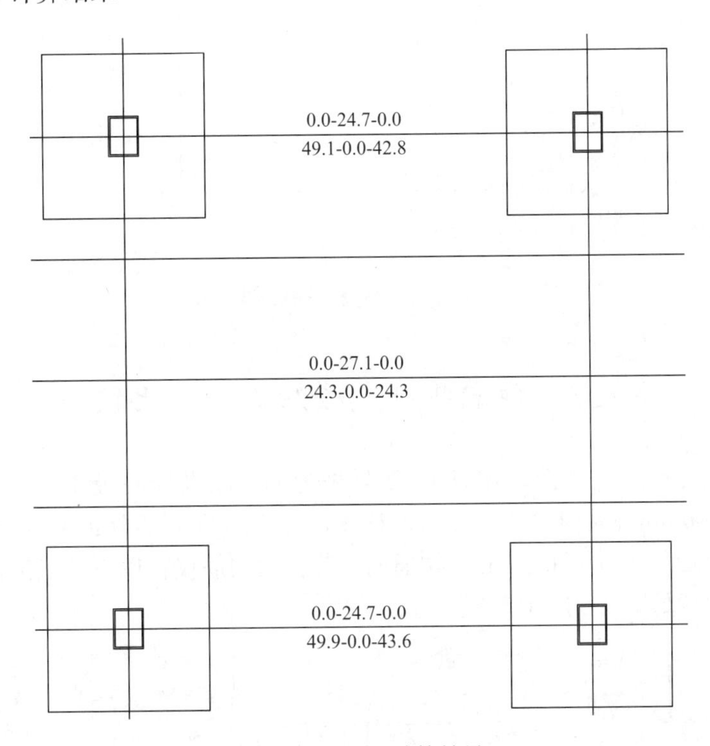

图 8-6　SLAB 计算结果

跨中板带：上部配筋 670mm，配筋率 0.17%

下部配筋 600mm，配筋率 0.15%

柱下板带：上部配筋 600mm，配筋率 0.15%

下部配筋 600mm，配筋率 0.15%

柱墩处：1350mm，配筋率 0.15%

（3）YJK 计算结果

跨中板带：上部配筋 800mm，配筋率 0.2%

下部配筋 600mm，配筋率 0.15%

柱下板带：上部配筋 800mm，配筋率 0.2%

下部配筋 600mm，配筋率 0.15%

柱墩处：2100mm，配筋率 0.22%

（4）基础底板软件选用结论及建议：

综上所述，JCCAD 的计算结果还是偏大，采用 YJK 的计算结果与 SLAB 较为接近，且可以实现与主楼的变刚度调平等一系列计算操作，故而建议采用 YJK 来进行底板计算。

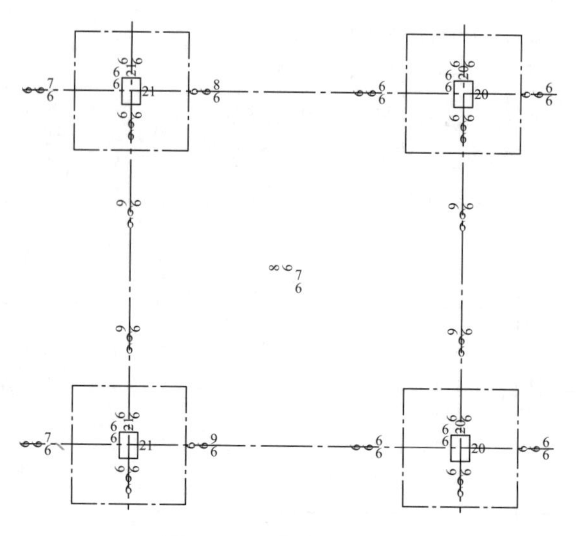

图 8-7　盈建科计算结果

8.3　住宅基础底板结构方案比较

住宅基础底板可适当减薄，现以 1、2 号楼为例，原设计底板 1400mm，配筋 ϕ25@150；现改为 1100mm，采用 PMCAD 软件计算，计算结果大部分仍为构造配筋，配筋值 1650mm，实配 ϕ20@190（1653mm）拉通筋，筏板附加筋仅在以下云线位置设置。

加筋区域示意如图 8-8 所示。

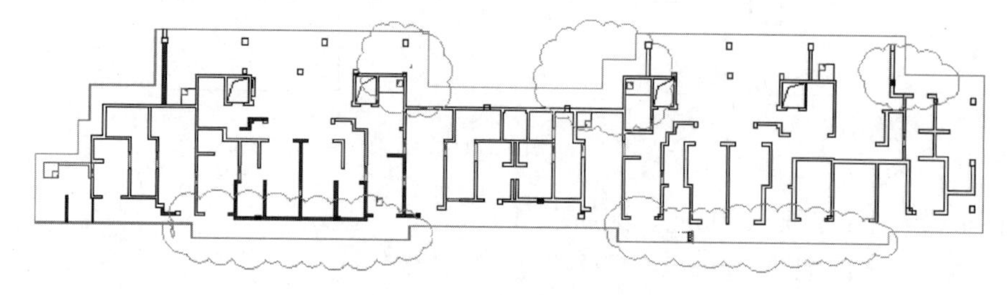

图 8-8　加筋区域示意（1）

2 号楼局部配筋：

加筋区域示意如图 8-9 所示。

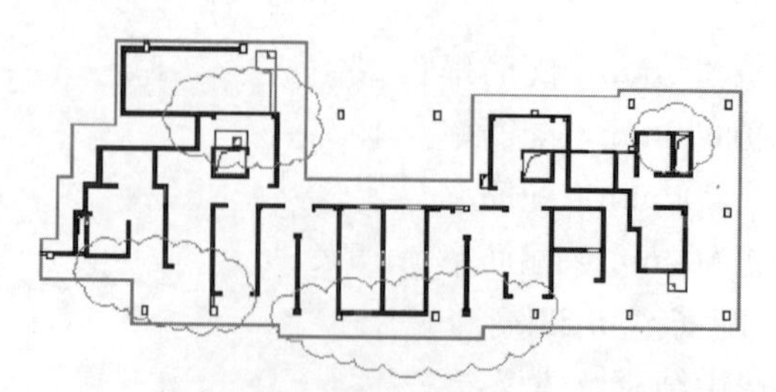

图 8-9　加筋区域示意（2）

经核算，采用 YJK 软件计算可进一步减少加筋。

9 地下室方案层高分析

本章给出方案的地下室剖面如图 9-1、图 9-2 所示。

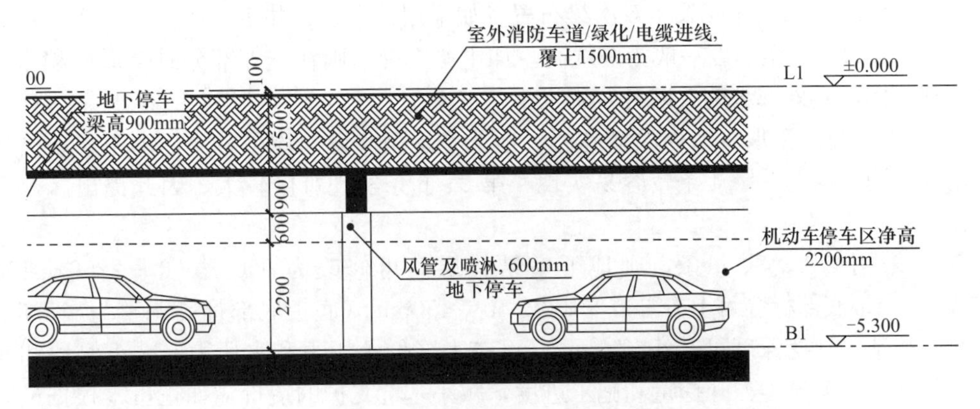

图 9-1 地下室剖面（非人防区）

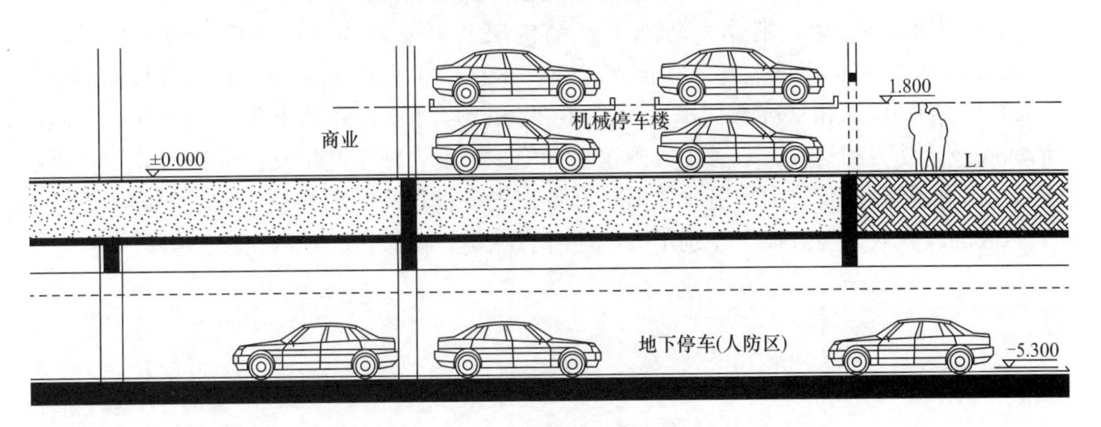

图 9-2 地下室剖面（人防区）

1）按方案图纸，地库顶板顶标高为－1.600，室内外高差 100mm、地库顶板覆土后 1500mm、结构高度 900mm、设备高度 600mm、车库净高 2200mm、地下室面层 200mm、底板厚度 500mm；顶板顶部标高为－1.600、底板顶部标高为－5.500、底板底部标高为－6.000。

2）建议业主方与当地绿化部门沟通，覆土深度可能压缩至 1200mm。如覆土能修改为 1200mm，则基础埋深可以减小 300mm。

3）基坑设计时采用的基础底板厚度为 500mm，根据以往其他类似工程的经验，底板厚度可采用 400mm，如底板厚度减薄，则基础埋深约可以减小 100mm。

4）地下室底板如采用建筑找坡的方式，原建筑面层 200 厚，根据以往其他类似工程的经验，可修改为 150mm，较原方案减小 50mm。

5）原设备预留高度为600mm，如暖通采用诱导风机的话，设备高度可修改为450mm，较原方案可减小150mm。采用诱导风机的初期设备投入会高一些，但后期维护费用较少。

6）非人防区原结构预留高度为900mm，如结构采用双次梁布置，支撑次梁的主梁上翻，在上翻主梁上开设过水洞，解决顶板排水。主梁底与次梁做平，次梁高度和平行次梁的框架梁可做到700mm，结构高度较原方案可减小200mm。

7）人防区原结构预留高度为900mm。因双次梁布置时，结构板不能采用塑性算法，板配筋不经济，因此不建议采用双次梁布置。如采用十字梁、井字梁或大板方案，柱网为8.1m×8.1m时，主梁高度一般为900高，如主梁上翻，则在室外部分时会形成积水，对抗渗不利，因此室外部分的人防区域主梁不建议上翻。

8）综上可见，采取一系列的措施后，地下室层高和埋深均可减小，由于各条措施实现的难度不同，第2、3、4条较容易实现、第5、6条实现难度较大，因此提出2个方案如下：

① 只采用第2、3、4条，则地下室结构层高可修改为900＋600＋2200＋150＝3850mm，底板底部标高可上升300＋100＋50＝450mm（底板底部标高调整为－5.550），基础埋深和基坑开挖深度可减小450mm，可较大降低土压力和水压力，减小侧墙和底板的受力和材料，节省土方开挖量和施工进度，减小基坑支护的造价。如正负零根据最终基坑深度略加调整，可以取消基坑设置支撑，大幅降低基坑围护造价。

② 采用第2～6条，则非人防地下室结构层高可修改为700＋450＋2200＋150＝3500mm，底板底部标高可上升300＋100＋50＋150＋200＝800mm（底板底部标高调整为－5.200），基础埋深和基坑开挖深度可减小800mm，可较大降低土压力和水压力，减小侧墙和底板的受力和材料，节省土方开挖量和施工进度，减小基坑支护的造价，取消基坑设置支撑，大幅降低基坑围护造价，但是会带来设备投资的增加和设计施工上的难度，而且人防区的改变效果与方案1差别不大，应综合权衡，需做进一步的比较。

10 地下室抗拔构件的造价分析及设计建议

10.1 抗拔构件的设计建议

1）不同的地质条件下，使用管桩的经济性最好，采用 400 直径抗拔管桩造价低。如果强风化层埋藏很浅，即使成桩前采用引孔措施，总造价仍然最低。

2）无法使用管桩基础时：

a. 当底板底的土层可作为持力层，且中风化岩层埋深大于 15m 时，建议采用抗拔锚杆（如工况 1～4 所示），锚杆直径 180mm，采用后注浆工艺，有条件时采用扩大头。

b. 其他情况（如工况 5～8 所示）建议采用灌注桩抗拔，桩径取 600mm，有条件时采用扩大头灌注桩。

c. 如底板底即为中风化岩层，总成本的高低取决于锚杆、灌注桩的实际检测费用，需综合考虑工期、施工成本、检测成本等因素确定基础方案。

10.2 常用抗拔构件的综合单价汇总

常用抗拔构件的综合单价汇总如表 10-1 所示。

常用抗拔构件的综合单价汇总 **表 10-1**

抗拔构件类型	构件直径（mm）	承载力特征值（kN）	综合施工单价（元/m）	施工附加措施		检测费用（元/m²）（柱网 8.1m×8.1m，市场价）
				施工附加措施名称	附加措施单价（元/m）	
抗拔锚杆	150	≤300	117	二次注浆	15	约 27（含天然基础检测费）
	180	≤300	124			
预应力管桩	400×95-AB	≤370	125	预先引孔	25	约 12
	500×100-AB	≤580	180		30	
灌注桩	600	≤1300	495	入中风化岩增加费	142	约 12
	800	≤1300	715		251	

10.3 小柱网地下室抗拔构件成本比较

现假设地下室柱网尺寸改为 5.2m×4.4m，抗浮设防水位取室外地面约－0.3m 相对标高、覆土 800 厚、顶板面结构标高取－0.8－0.3＝－1.1m、地下室层高 3.8m、顶板采用单向板双次梁、底板采用无梁楼盖结构，抗浮安全系数取 1.05 时，单柱下的恒载轴力标准值约 750kN，抗拔承载力特征值需求约 460kN，以此为前提条件，计算抗拔构件的成本，如表 10-2～表 10-5 所示。

地质条件 表 10-2

地质条件序号	地质条件假定				各地层侧阻力			柱下需要抗拔力特征值	设计参数选择说明
	填土层厚度	有侧阻力土层厚度	强风化层厚度	中风化层厚度	土层平均侧阻力特征值（修正后）	强风化层层侧阻力特征值（修正后）	中风化层层侧阻力特征值（修正后）		统一计算原则： 1. 管桩除引孔工况外统一进强风化层 3m。强风化层判定采用未修正标贯数。 2. 灌注桩计价桩长增加 0.8m。其中，超灌高度 0.5m，凿除桩头费用等代高度 0.3m。 3. 单柱下向下承载力特征值需求为 750kN，灌注桩未进入中风化时，桩长由抗压承载力控制，桩长比抗拔控制时增加 2.27～3.44m
	H_k	H_t	H_q	H_r	Q_{st}	Q_{sq}	Q_{sq}		
	m	m	m	m	kPa	kPa	kPa	kN	
1	5	5	100	0	25	60	200	460	锚杆用 180 直径较经济，采用后注浆工法；管桩用 400 直径较经济，灌注桩用 600 直径较经济
2	5	0	100	0	25	60	200	460	锚杆采用直径 180mm，采用后注浆工法；管桩采用 400 直径；灌注桩采用 600 直径
3	0	5	100	0	25	60	200	460	锚杆采用直径 180mm，采用后注浆工法；管桩采用 400 直径；灌注桩采用 600 直径
4	0	0	100	0	25	60	200	460	锚杆采用直径 180mm；管桩采用 400 直径，预先引孔 4m；灌注桩采用 600 直径
5	5	5	5	100	25	60	200	460	锚杆采用 150 直径较经济；管桩采用 400 直径；灌注桩采用 600 直径
6	5	0	5	100	25	60	200	460	锚杆采用 150 直径；管桩采用 400 直径；灌注桩采用 600 直径
7	0	5	5	100	25	60	200	460	锚杆采用 150 直径；管桩采用 400 直径；灌注桩采用 600 直径
8	0	0	5	100	25	60	200	460	锚杆采用 150 直径；管桩采用 400 直径，预先引孔 4m；灌注桩采用 600 直径
9	0	0	0	100	25	60	200	460	锚杆采用 150 直径，整体稳定不满足，人为加长锚杆至满足要求；管桩不可施工；灌注桩采用 600 直径，整体稳定不满足，人为加长桩长至满足要求

施工成本 表 10-3

锚杆造价计算											
地质条件序号	锚杆直径	抗拔承载力特征值	锚杆入原状土长度	锚杆入强风化长度	锚杆入中风化长度	锚杆总长	单根锚杆造价	每 kN 承载力造价	每米长锚杆造价	单桩下需要根数	施工总造价
	D	R_{at}	H_t	H_q	H_r	L					
	m	kN	m	m	m	m	元	元	元		元/m^2
1	0.18	230	5.0	2.76	0.0	12.8	1699	7.4	133	2.0	149
2	0.18	230	0.0	4.85	0.0	9.8	1311	5.7	133	2.0	115
3	0.18	230	5.0	2.76	0.0	7.8	1034	4.5	133	2.0	90
4	0.18	230	0.0	4.85	0.0	4.8	645	2.8	133	2.0	56
5	0.15	230	5.0	5.00	0.3	15.3	1707	7.4	111	2.0	149
6	0.15	230	0.0	5.00	0.9	10.9	1220	5.3	111	2.0	107
7	0.15	230	5.0	5.00	0.3	10.3	1150	5.0	111	2.0	101
8	0.15	230	0.0	5.00	0.9	5.9	662	2.9	111	2.0	58
9	0.15	230	0.0	0.00	2.4	4.2	467	2.0	111	2.0	41

管桩造价计算 表 10-4

管桩造价计算												
地质条件序号	管桩直径	桩进入填土层厚度	桩进入原状土层厚度	桩进入强风化层厚度	桩总长	总抗拔承载力特征值	单桩总造价	每 kN 承载力造价	每米长管桩造价	单桩下需要根数	施工总造价	施工造价是锚杆的倍数
	D	H_k	H_t	H_q		R_{ta}						
	m	m	m	m	m	kN	元	元	元		元/m^2	%
1	0.4	5.0	5.0	3.0	13.0	370	1625	4.4	125	2	142	96%
2	0.4	5.0	0.0	3.0	8.0	226	1000	4.4	125	2	87	76%
3	0.4	0.0	5.0	3.0	8.0	370	1000	2.7	125	2	87	97%
4	0.4	0.0	0.0	4.0	4.0	301	600	2.0	150	2	52	93%
5	0.4	5.0	5.0	3.0	13.0	370	1625	4.4	125	2	142	95%

续表

地质条件序号	管桩直径	桩进入填土层厚度	桩进入原状土层厚度	桩进入强风化层厚度	桩总长	总抗拔承载力特征值	单桩总造价	每 kN 承载力造价	每米长管桩造价	单桩下需要根数	施工总造价	施工造价是锚杆的倍数
	D	H_k	H_t	H_q		R_{ta}						
	m	m	m	m	m	kN	元	元	元		元/m^2	%
6	0.4	5.0	0.0	3.0	8.0	226	1000	4.4	125	2	87	82%
7	0.4	0.0	5.0	3.0	8.0	370	1000	2.7	125	2	87	87%
8	0.4	0.0	0.0	4.0	4.0	301	600	2.0	150	2	52	91%
9	0.4	0.0	0.0	0.0	0.0	0.0						0%

灌注桩造价计算 **表 10-5**

灌注桩造价计算

地质条件序号	灌注桩直径	桩进入填土层厚度	入原状土层厚度	抗拔需要入强风化层厚度	抗压需要入强风化层长度	抗拔需要入中风化层厚度	抗压需要进中风化长度	桩总长＝$H_k+H_q+H_r$（综合考虑抗压抗拔）	单桩施工总造价	每 kN 承载力造价	每米桩长造价	施工总造价	施工造价是锚杆的倍数
	D	H_k	H_t	H_q	H_q	H_r	H_r	L					
	m	m	m	m	m	m	m	m	元	元	元	元/m^2	
1	0.60	5.80	5.00	3.6	2.4	0.00		14.4	5181.5	11.3	361	226	152%
2	0.60	5.80	0.00	4.9	4.9	0.00		10.7	3872.5	8.4	361	169	148%
3	0.60	0.80	5.00	3.6	2.4	0.00		9.4	3376.9	7.3	361	148	163%
4	0.60	0.80	0.00	4.9	4.9	0.00		5.7	2067.9	4.5	361	90	160%
5	0.60	5.80	5.00	3.6		0.00	0.00	14.4	5181.5	11.3	361	226	152%
6	0.60	5.80	0.00	4.9		0.00	0.00	10.7	3855.8	8.4	361	169	158%
7	0.60	0.80	5.00	3.6		0.00	0.00	9.4	3376.9	7.3	361	148	147%
8	0.60	0.80	0.00	4.9		0.27	0.00	6.1	2228.9	4.8	367	97	168%
9	0.60	0.80	0.00	0.0		5.27	1.23	6.1	2937.4	6.4	484	128	315%

与大柱网的施工成本对比：

1）抗拔锚杆

造价与大柱网基本持平。大柱网 8.1m×8.1m，每柱的从属面积 65.61m^2，柱下需要 5 根锚杆，每根抗拔承载力特征值 260kN；小柱网 5.2m×4.4m，每柱的从属面积 22.88m^2，约为大柱网的 2/5 面积，每根 230kN，刚好每柱配 2 根，与大柱网的比例较协调。承载力使用充分。

2）抗拔管桩

小柱网的单方造价比大柱网高，原因在于，小柱网柱下内力小，配桩时管桩承载力富余比大柱网大。例如地质条件 1、5，大柱网小柱网的桩长均为 13m，单桩抗拔承载力均为 370kN，单桩造价均为 1625 元；不同处在于：大柱网柱下抗拔力需要 1300kN，需要 3.51 根桩，实配 4 根桩；小柱网柱下需要抗拔力 460kN，需要 1.2 根，实配 2 根，面积是大柱网的 35%，但造价是大柱网的 50%，因此小柱网单方造价较高。

3）灌注桩

地质条件 2，3，4 的大柱网单方造价比小柱网稍高，因为大柱网这几种工况的桩长是抗压承载力控制的，桩底找不到中风化层作为持力层，比单纯抗拔控制条件下桩长增加了 2.3～3.4m，成本增加。而小柱网的抗压计算桩长和抗拔计算桩长基本一致，不需要额外增加桩长。在强风化层很厚、埋深不大的情况下，小柱网的灌注桩成本低于大柱网。

其他地质条件 1，5，6，7，8，9 的小柱网每平方造价比大柱网高，原因在于：①小柱网的桩数增加了，桩侧经过填土层的总长度比大柱网多了，如工况 1、5、6，此部分材料耗费对承载力无任何贡献；②大柱网单桩承载力要求较高，工况 5，6，7，8 需要进入中风化层，侧阻力可以充分发挥，小柱网这些工况都不需要进入中风化层；③工况 9 由整体抗拔控制桩长，承载力与桩长的三次方成正比。

设计建议：

1）不同的地质条件下，使用管桩的经济性最好，采用 400mm 直径抗拔管桩造价低。即使成桩前采用引孔措施，总造价仍然最低。

2）不能采用管桩且底板标高揭露处土层可作为持力层时，建议采用抗拔锚杆。锚杆不进入中风化层时，锚杆直径取 180mm 或以上，采用后注浆工艺。锚杆进入中风化层时，采用 150mm 直径锚杆，不采用后注浆。

3）小柱网的地下室灌注桩每平方综合单价均比管桩、锚杆高出较多，当没有条件采用管桩或锚杆时才采用灌注桩基础。

10.4 两层地下室抗拔构件成本比较

假设地下室改为两层，柱网 8.1m×8.1m，抗浮设防水位取室外地面约－0.3m 相对标高、顶板覆土 800 厚、顶板面结构标高取－0.8－0.3＝－1.1m、地下室层高 2×3.8m、顶板采用单向板单向次梁结构，中板采用单向板单向次梁结构，底板采用无梁楼盖结构，抗浮安全系数取 1.05 时，单柱下的轴力标准值约 2600kN，抗拔承载力特征值需求约 3500kN，探讨抗拔构件的最优成本。

是否采用二次灌浆的造价对比 **表 10-6**

算例序号	锚杆直径 D	抗拔承载力特征值 R_{at}	自由段长度 H_k	场地原状土及强风化土层厚度	原状土及强风化侧阻力平均值 Q_{sq}	锚杆入原状土及强风化长度 H_q	中风化侧阻力 Q_{sr}	锚杆入中风化长度 H_r	钢筋杆体面积 A_s	锚杆灌浆体基准单价	后压浆修正量	灌浆体总单价	$L=H_k+H_q+H_r$	灌浆体总价 P_c	钢筋总价 P_{as}	总造价	每延米造价	每 kN 抗拔承载力造价
	m	kN	m	m	kPa	m	kPa	m	mm²	元/m	元/m	元/m	m	元	元	元	元	元
1	0.15	330	4	20	40	17.5	200	0.0	1361.3	93.6	0.0	93.6	21.5	2013.7	551.8	2565.5	119	7.8
2	0.15	330	4	20	40	12.5	200	0.0	1361.3	93.6	15.0	108.6	16.5	1793.0	423.4	2216.4	134	6.7
3	0.15	330	0	20	40	17.5	200	0.0	1361.3	93.6	0.0	93.6	17.5	1639.3	449.2	2088.5	119	6.3
4	0.15	330	0	20	40	12.5	200	0.0	1361.3	93.6	15.0	108.6	12.5	1358.6	320.9	1679.5	134	5.1
5	0.15	330	4	1	40	1.0	200	3.3	1361.3	93.6	0.0	93.6	8.3	777.1	212.9	990.0	119	3.0
6	0.15	330	4	1	40	1.0	200	3.2	1361.3	93.6	15.0	108.6	8.2	893.0	210.9	1103.8	134	3.3
7	0.15	330	4	5	40	5.0	200	2.5	1361.3	93.6	0.0	93.6	11.5	1076.6	295.0	1371.6	119	4.2
8	0.15	330	4	5	40	5.0	200	2.1	1361.3	93.6	15.0	108.6	11.1	1205.7	284.8	1490.4	134	4.5
9	0.15	330	4	7	40	7.0	200	2.1	1361.3	93.6	0.0	93.6	13.1	1226.3	336.0	1562.4	119	4.7
10	0.15	330	4	7	40	7.0	200	1.5	1361.3	93.6	15.0	108.6	12.5	1362.1	321.7	1683.7	134	5.1
11	0.15	330	1	7	40	7.0	200	2.1	1361.3	93.6	0.0	93.6	10.1	945.6	259.1	1204.7	119	3.7
12	0.15	330	1	7	40	7.0	200	1.5	1361.3	93.6	15.0	108.6	9.5	1036.3	244.7	1281.0	134	3.9

不同直径锚杆的造价对比 **表 10-7**

算例序号	锚杆直径 D	抗拔承载力特征值 R_{at}	自由段长度 H_k	场地原状土及强风化土层厚度	原状土及强风化侧阻力平均值 Q_{sq}	锚杆入原状土及强风化长度 H_q	中风化侧阻力 Q_{sr}	锚杆入中风化长度 H_r	杆体 A_s	锚杆灌浆体基准单价	后压浆修正量	灌浆体总单价	$L=H_k+H_q+H_r$	灌浆体总价 P_c	钢筋总价 P_{as}	总造价	与 0.15 直径的比较，节约造价比例	每延米造价	每 kN 抗拔承载力造价
	m	kN	m	m	kPa	m	kPa	m	mm²	元/m	元/m	元/m	m	元	元	元	%	元/m	元
1	0.13	330	0	100	40	20.2	200	0.0	1361.3	93.6	0.0	89.5	20.2	1808.7	518.3	2327.0	−11.42%	115	7.1
2	0.15	330	0	100	40	17.5	200	0.0	1361.3	93.6	0.0	93.6	17.5	1639.3	449.2	2088.5	—	119	6.3
3	0.18	330	0	100	40	14.6	200	0.0	1361.3	93.6	0.0	100.3	14.6	1463.6	374.3	1837.9	12.00%	126	5.6

续表

算例序号	锚杆直径 D	抗拔承载力特征值 R_{at}	自由段长度 H_k	场地原状土及强风化土层厚度	原状土及强风化侧阻力平均值 Q_{sq}	锚杆入原状土及强风化长度 H_q	中风化侧阻力 Q_{sr}	锚杆入中风化长度 H_r	杆体 A_s	锚杆灌浆体基准单价	后压浆修正量	灌浆体总单价	$L=H_k+H_q+H_r$	灌浆体总价 P_c	钢筋总价 P_{as}	总造价	与0.15直径的比较，节约造价比例	每延米造价	每kN抗拔承载力造价
	m	kN	m	m	kPa	m	kPa	m	mm^2	元/m	元/m	元/m	m	元	元	元	%	元/m	元
4	0.13	330	10	100	40	20.2	200	0.0	1361.3	93.6	0.0	89.5	30.2	2703.6	774.8	3478.3	−6.02%	115	10.5
5	0.15	330	10	100	40	17.5	200	0.0	1361.3	93.6	0.0	93.6	27.5	2575.2	705.7	3280.9	—	119	9.9
6	0.18	330	10	100	40	14.6	200	0.0	1361.3	93.6	0.0	100.3	24.6	2466.3	630.8	3097.1	5.60%	126	9.4
7	0.13	330	20	100	40	20.2	200	0.0	1361.3	93.6	0.0	89.5	40.2	3598.5	1031.2	4629.7	−3.50%	115	14.0
8	0.15	330	20	100	40	17.5	200	0.0	1361.3	93.6	0.0	93.6	37.5	3511.1	962.1	4473.2	—	119	13.6
9	0.18	330	20	100	40	14.6	200	0.0	1361.3	93.6	0.0	100.3	34.6	3469.0	887.3	4356.3	2.62%	126	13.2
10	0.13	330	0	0	40	0.0	200	4.0	1361.3	93.6	0.0	89.5	4.0	361.7	103.7	465.4	−11.42%	115	1.4
11	0.15	330	0	0	40	0.0	200	3.5	1361.3	93.6	0.0	93.6	3.5	327.9	89.8	417.7	—	119	1.3
12	0.18	330	0	0	40	0.0	200	2.9	1361.3	93.6	0.0	100.3	2.9	292.7	74.9	367.6	12.00%	126	1.1
13	0.13	330	6	0	40	0.0	200	4.0	1361.3	93.6	0.0	89.5	10.0	898.7	257.5	1156.2	−2.04%	115	3.5
14	0.15	330	6	0	40	0.0	200	3.5	1361.3	93.6	0.0	93.6	9.5	889.4	243.7	1133.1	—	119	3.4
15	0.18	330	6	0	40	0.0	200	2.9	1361.3	93.6	0.0	100.3	8.9	894.3	228.7	1123.1	0.89%	126	3.4
16	0.13	330	0	7	40	7.0	200	2.6	1361.3	93.6	0.0	89.5	9.6	826.9	247.3	1110.2	−2.28%	115	3.4
17	0.15	330	0	7	40	7.0	200	2.1	1361.3	93.6	0.0	93.6	9.1	852.0	233.5	1085.4	—	119	3.3
18	0.18	330	0	7	40	7.0	200	1.5	1361.3	93.6	0.0	100.3	8.5	854.2	218.5	1072.7	1.17%	126	3.3
19	0.13	330	20	7	40	7.0	200	2.6	1361.3	93.6	0.0	89.5	29.6	2652.7	760.2	3412.9	1.65%	115	10.3
20	0.15	330	20	7	40	7.0	200	2.1	1361.3	93.6	0.0	93.6	29.1	2723.8	746.4	3470.1	—	119	10.5
21	0.18	330	20	7	40	7.0	200	1.5	1361.3	93.6	0.0	100.3	28.5	2859.6	731.4	3591.0	−3.48%	126	9.4
22	0.13	330	20	10	40	10.0	200	2.0	1361.3	93.6	0.0	89.5	32.0	2867.5	821.8	3689.2	1.79%	115	11.2
23	0.15	330	20	10	40	10.0	200	1.5	1361.3	93.6	0.0	93.6	31.5	2948.4	807.9	3756.3	—	119	11.4
24	0.18	330	20	10	40	10.0	200	0.9	1361.3	93.6	0.0	100.3	30.9	3100.3	793.0	3893.2	−3.65%	126	11.8

锚杆的设计建议：两层地下室柱下拉力比一层增加了 1.7 倍，但单根锚杆承载力特征值受成孔直径和锚固土层厚度的限制，不可能提高很多，只能通过增加锚杆数量来解决。例如单根锚杆承载力特征值可从 260kN 稍提高到 330kN。以此分析不同情况下的锚杆造价。两层地下室基础抗拔构件的设计建议：

1. 不同的地质条件下，使用管桩的经济性最好，采用 400 直径抗拔管桩造价低。如果强风化层埋藏较浅，即使成桩前采用引孔措施，总造价仍然最低。

2. 无法使用管桩基础时：

A. 当底板底的土层可作为持力层时，建议采用抗拔锚杆。不入岩的锚杆直径采用 180mm，采用后注浆工艺，有条件时采用扩大头；入岩的锚杆采用 150mm 直径。

B. 其他情况采用灌注桩抗拔，桩径取 800mm，有条件时采用扩大头灌注桩。

11 地下室设计常见问题汇总

11.1 连接与构造

1. 如何理解地下室设计?

答：地下室设计的理论很复杂，一个又一个的公式推导往往让人摸不着头脑，但从构件连接与钢筋的构造地角度来理解地下室设计，往往简化了地下室结构，因为连接与构造往往看得见，能最简化地反映在我们的大脑中，我们可以参照类似的工程用合理的截面尺寸把构件连接起来，PKPM 的参数填写正确，根据合理的计算结果配筋即可；软件的出现，简化了手算的过程，把结构理论与公式藏在软件中，让我们只知道构件截面选取，软件参数填写、钢筋构造即可完成地下室设计。

地下室设计与上部结构设计的不同是多了“土”，多了“开洞”，开洞往往有大大小小的风井、楼梯间、坡道等，它们最终的标高往往是室外地面的标高，但是室外地面下面往往有 1.0～1.5m 的覆土，所以风井、楼梯间、坡道等大多需要在地下室顶板标高处设置挡土墙把土挡住。

地下室顶板局部标高经常会不同，这时候可以采用包络设计的原则，在主梁范围内把 KL 变高，能连接住次梁，在模型中注意点铰接。

车道处次梁布置时，应结合建筑车道剖面图，把次梁上翻，在模型中注意点铰接如图 11-1 所示。

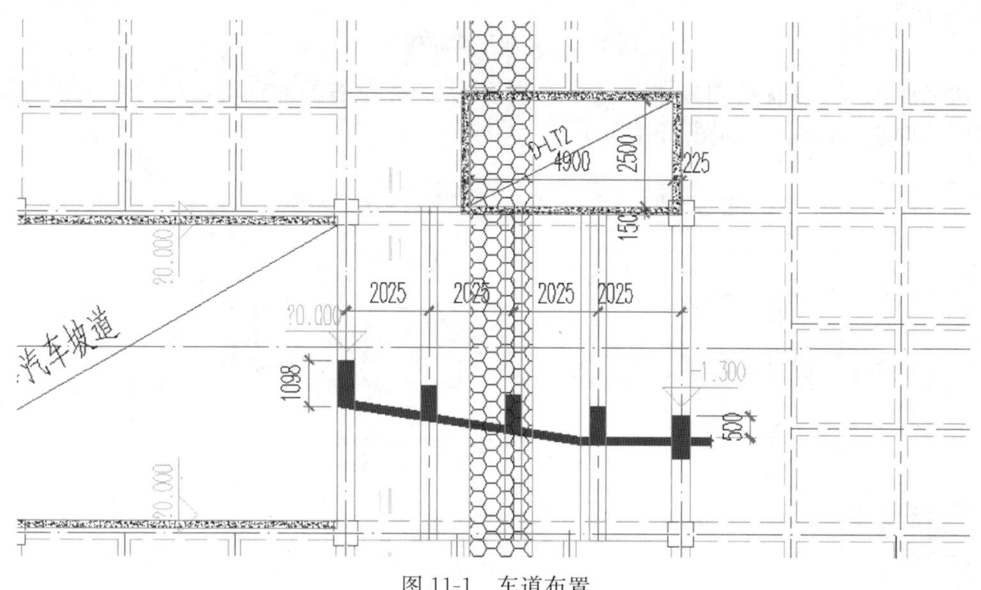

图 11-1 车道布置

2. 如何理解地下室结构中梁的连接（井字梁）?

答：地下室结构设计中，主梁四个方向由于力的平衡，应四个方向拉主梁，如果主梁与塔楼连接，应该在剪力墙翼缘上加端柱，如图 11-2 所示。

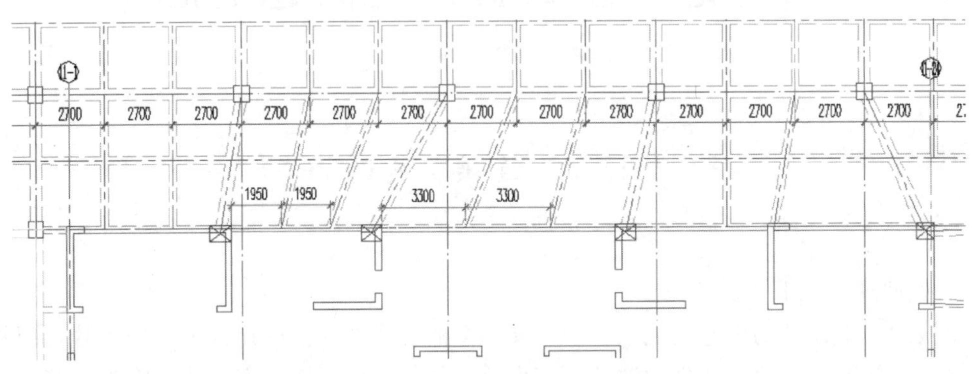

图 11-2　结构平面布置（1）

地下室与塔楼连接时，剪力墙翼缘应尽量都与主梁或者次梁相连，连接时，应尽量让板块划分比较均匀，如果主梁或者次梁拉的比较斜，则主梁或者次梁可以搭接在外框梁上，外框梁做宽做高，如图 11-3 所示。

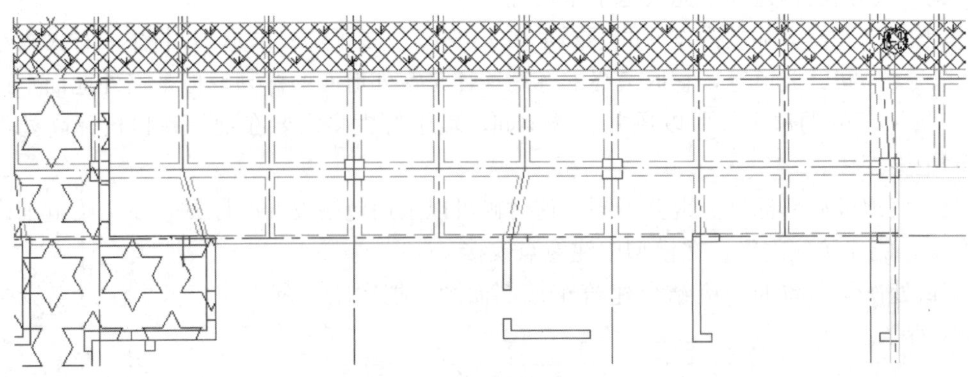

图 11-3　结构平面布置（2）

次梁连接时，在保持划分楼板均匀，梁跨距离 3m 左右的前提时，尽量让次梁与剪力墙锚固（钢筋好锚固），如图 11-4 所示。

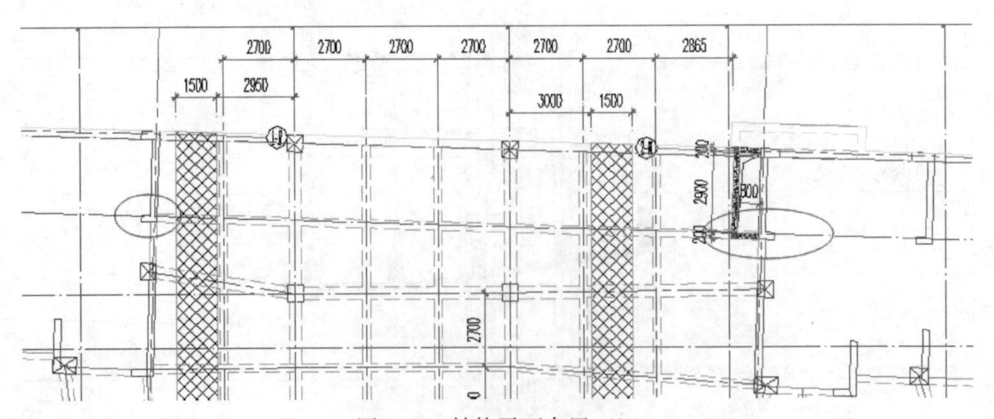

图 11-4　结构平面布置（2）

当门厅柱支撑在地下室顶板时，应尽量让柱子落在梁上，设置次梁时，也应让板划分比较均匀，如图 11-5、图 11-6 所示。

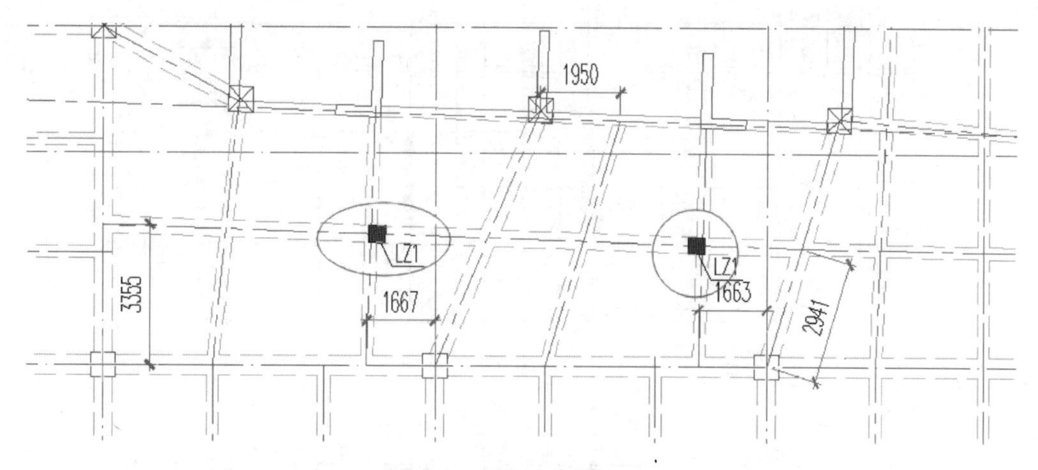

图 11-5　结构平面布置（3）

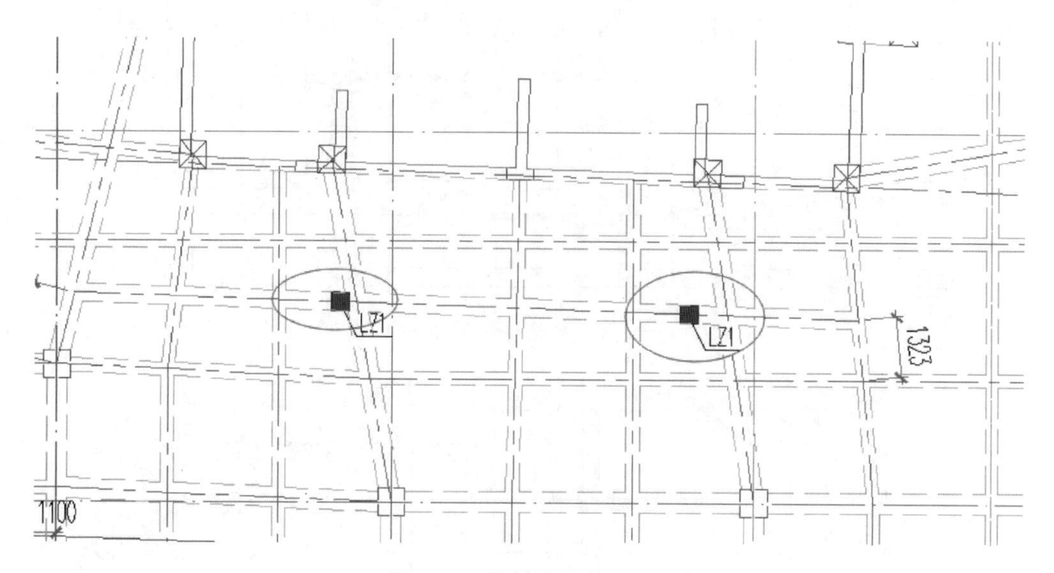

图 11-6　结构平面布置（4）

3. 如何理解地下室结构中梁的连接（双向次梁）？

答：地下室采用双向次梁时，在塔楼之间布置次梁与主梁时也应该遵循力的均匀原则，主梁四个方向最好都布置主梁；剪力墙的翼缘上最好都拉上主梁（剪力墙翼缘上布置端柱）或者次梁，总的原则是让板划分的比较均匀，划分后的板跨度 3m 左右，如图 11-7～图 11-9 所示。

4. 如何理解地下室结构中梁的连接（无梁楼盖）？

答：当地下室采用无梁楼盖时，柱子下面一般设置柱帽，与有梁楼盖的区别主要在于少设置次梁而多设置柱帽。但是当塔楼周围或者地下室顶板范围内开了较大洞口时，也应设置主梁、次梁，如图 11-10～图 11-13 所示。

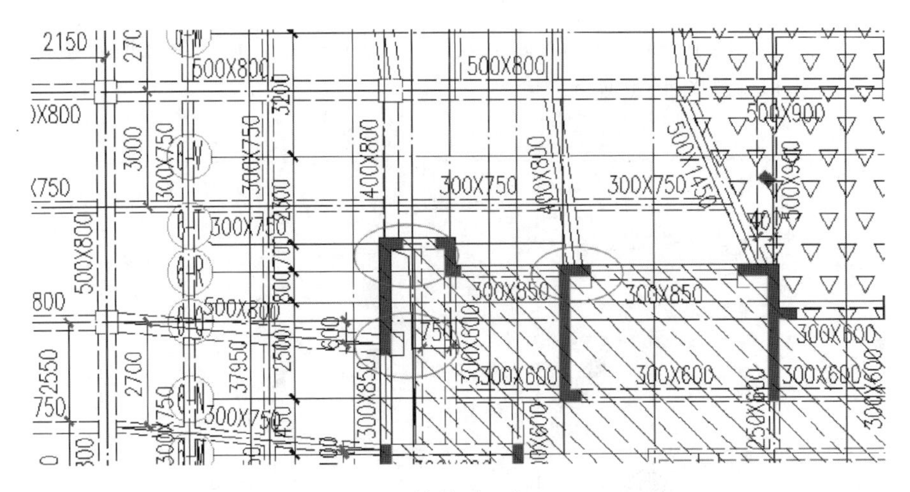

图 11-7　结构平面布置（5）

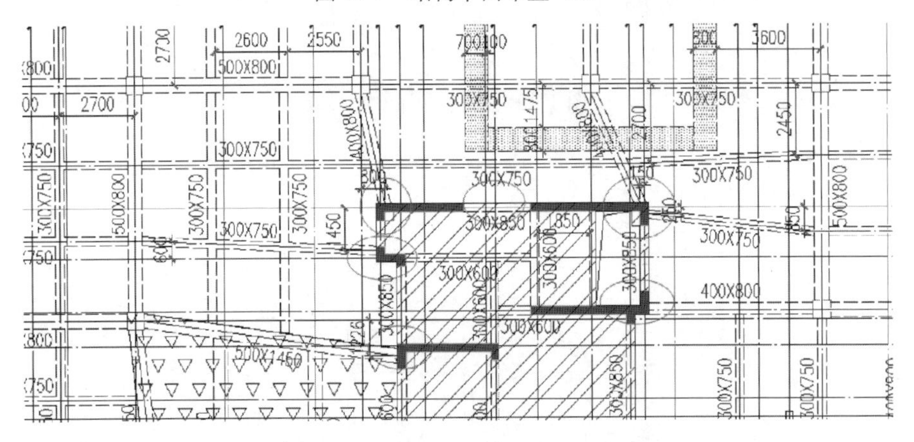

图 11-8　结构平面布置（6）

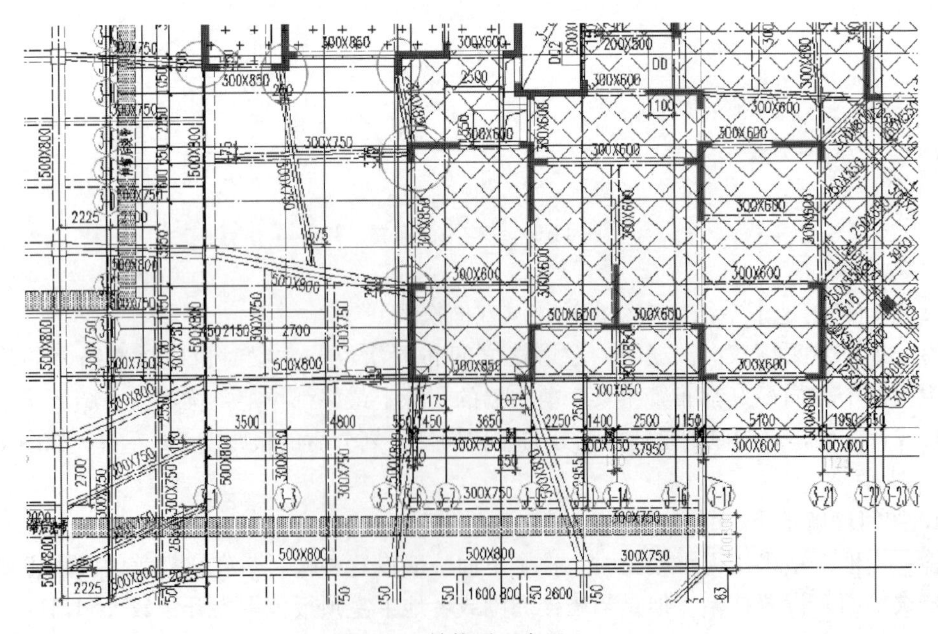

图 11-9　结构平面布置（7）

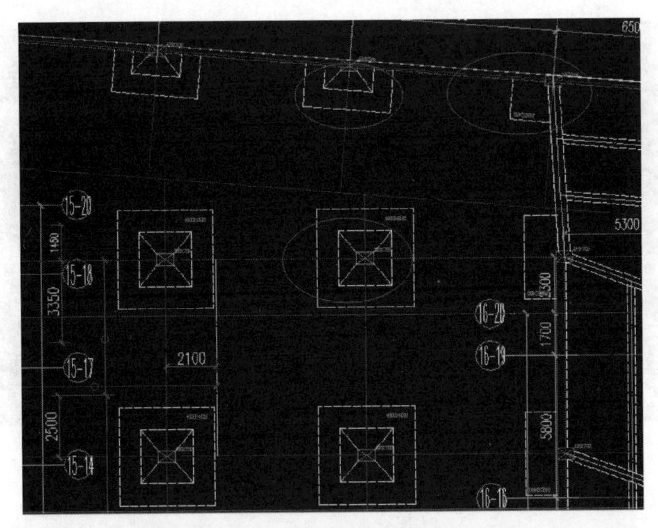

图 11-10　结构平面布置（8）

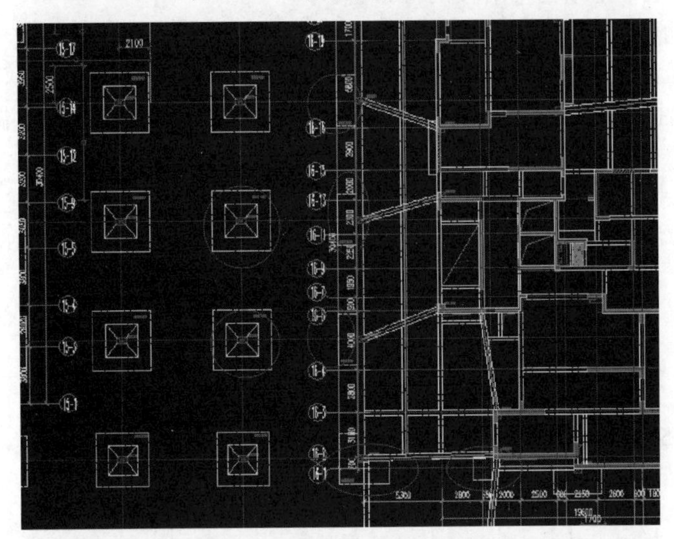

图 11-11　结构平面布置（9）

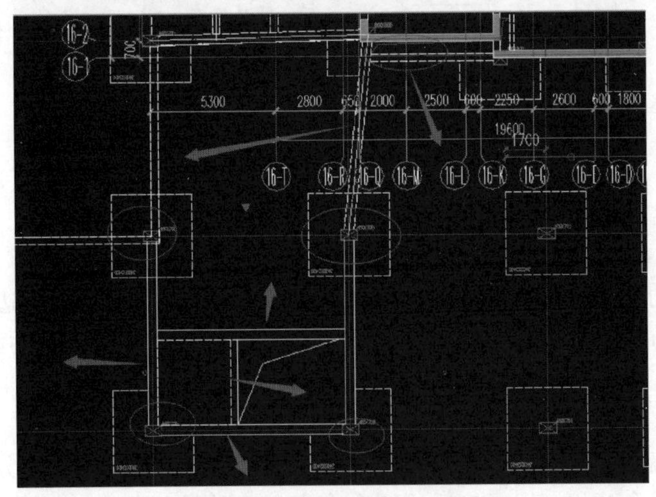

图 11-12　结构平面布置（10）

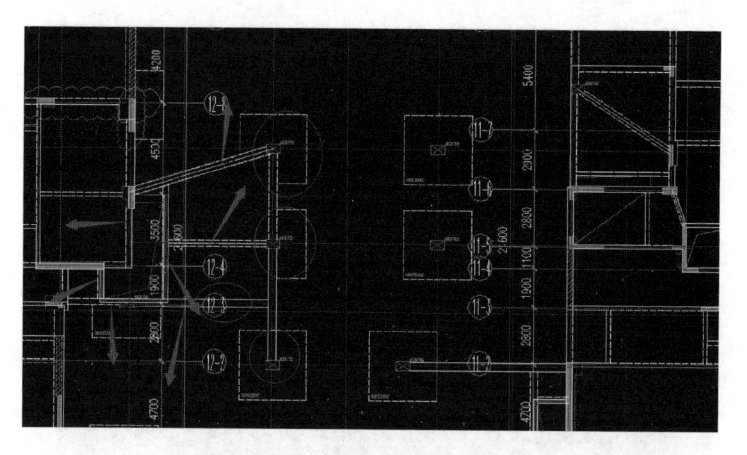

图 11-13　结构平面布置（11）

5. 如何理解地下室结构中塔楼的桩布置?

答：(1) 一般一片剪力墙下布置两桩承台居多，由此可以根据荷载（标准组合 N_{max}：恒＋活），求出灌注桩的桩直径，本工程桩 1 直径为 1200mm，间距为 $2.5d=3000$mm（端承桩，非挤土灌注桩），桩 2 直径为 1000mm，间距为 $2.5d=2500$mm（端承桩，非挤土灌注桩）。

(2) 对于一片剪力墙下布置二桩承台、三桩承台，一般让桩承台形心与剪力墙形心对齐，然后局部移动桩承台，让标注的模数为 50mm，如图 11-14、图 11-15 所示。

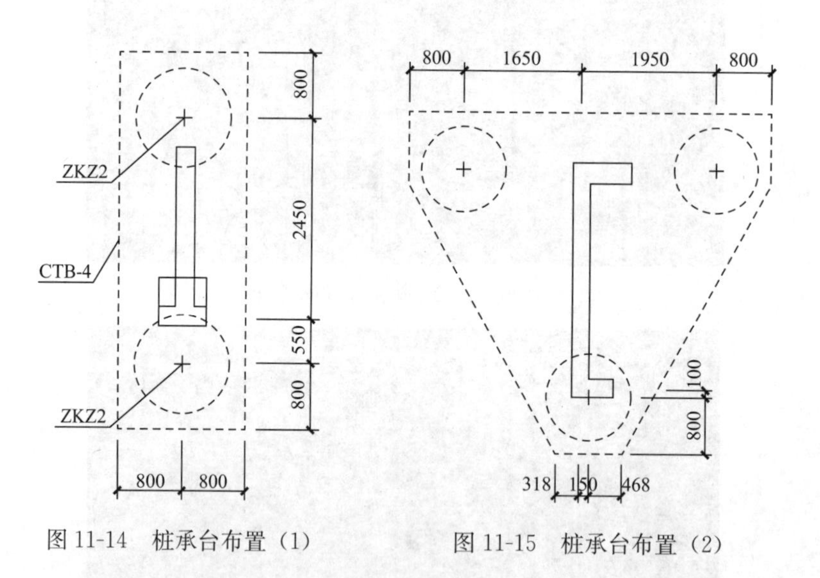

图 11-14　桩承台布置（1）　　　　图 11-15　桩承台布置（2）

(3) 两片剪力墙在同一直线时，承台布置如图 11-16 所示，灌注桩边距离承台边的距离一般可取 200mm，即桩中心距承台边的距离为 800mm（1200 直径的灌注桩），尽量在墙下布置灌注桩，并满足桩间距不小于 3000mm，大于 3000 时，如取 3200，3400，3600 都是正确的。

(4) 当剪力墙比较密集时，有时候需要布置联合承台，一般可以先分别在剪力墙下布置承台，可以让承台互相打架，然后用圆命令以桩 1 的桩间距 3000 为半径画圆，再分别移动桩及承台的位置，最后进行裁剪，如图 11-17～图 11-21 所示。承台厚度可以按 50mm 一层取并不小于 700mm，根据工程经验，一般 33 层的高层，墙下布桩时，承台厚度可取 700mm，非墙下布桩时，承台厚度可取 1500mm 左右。

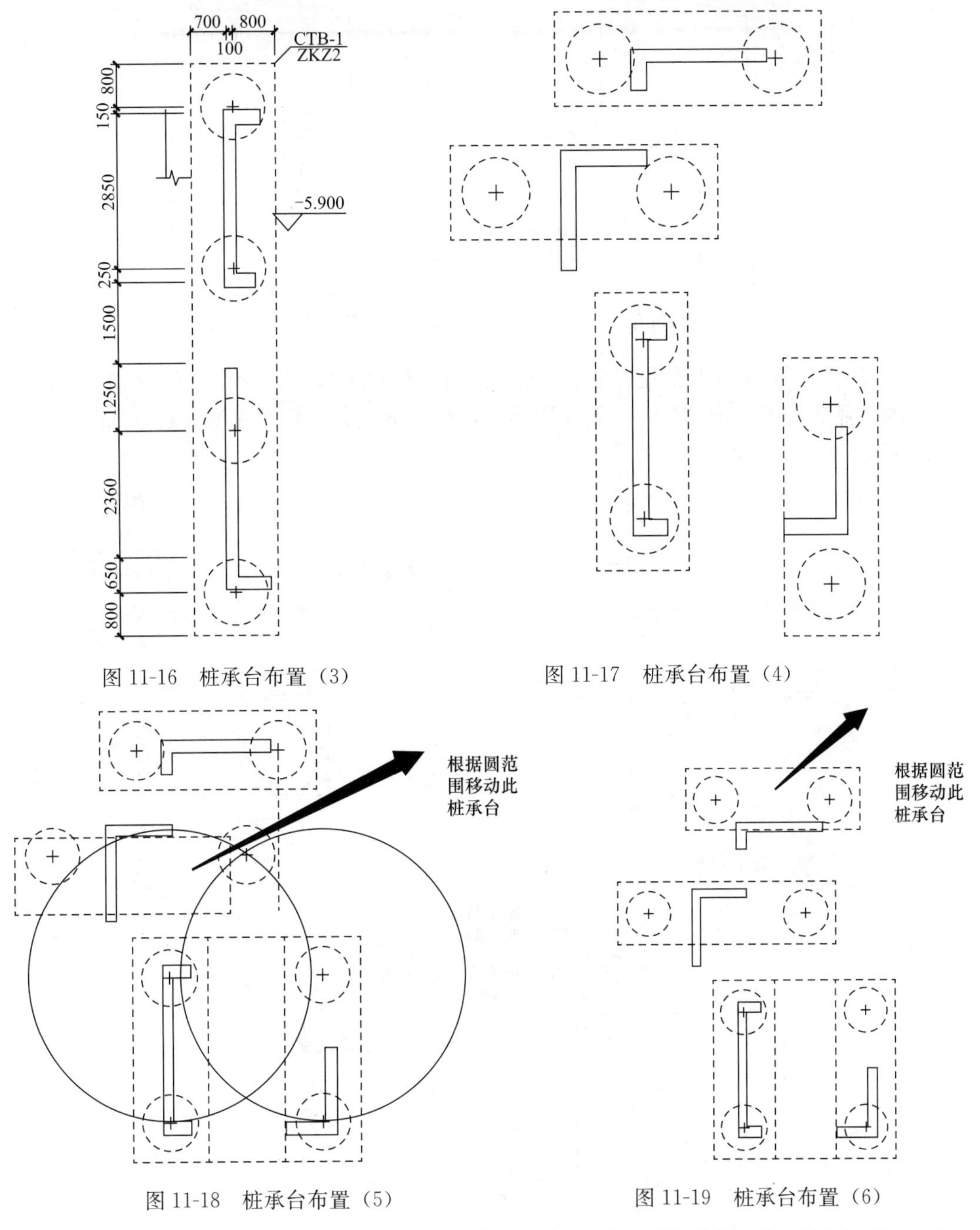

图 11-16　桩承台布置（3）

图 11-17　桩承台布置（4）

图 11-18　桩承台布置（5）

图 11-19　桩承台布置（6）

（5）剪力墙住宅核心筒下面往往要布置联合承台，可以根据荷载（标准组合 N_{max}：恒＋活），求出灌注桩的桩直径，本工程桩 1 直径为 1200，间距为 2.5d＝3000mm（端承桩，非挤土灌注桩），桩 2 直径为 1000，间距为 2.5d＝2500mm（端承桩，非挤土灌注桩），联合承台中以桩 2 为主，直径为 1000，间距为2.5d＝2500mm，局部布置了桩 1。

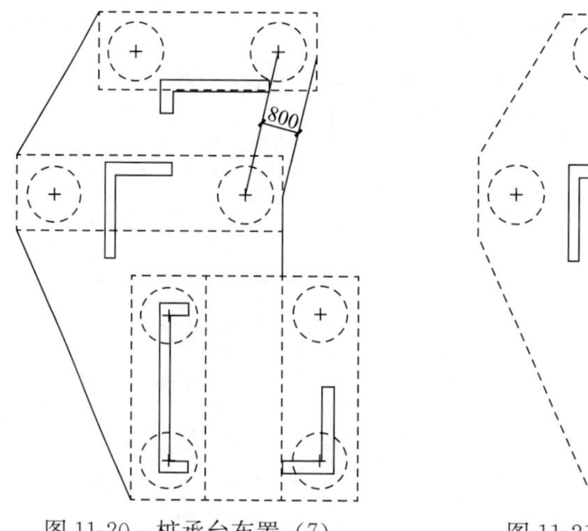

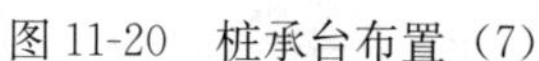
图 11-20　桩承台布置（7）

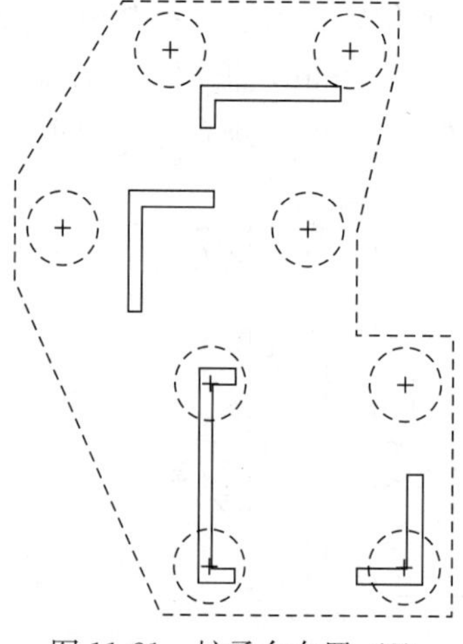
图 11-21　桩承台布置（8）

可以先在某一个墙角下布置一个灌注桩，然后以桩间距 2.5d 或者 2.5d 的倍数或者大于 2.5d 的桩间距布置其他灌注桩，总的原则是尽量让墙下或者墙角布置灌注桩，如图 11-22～图 11-26 所示。

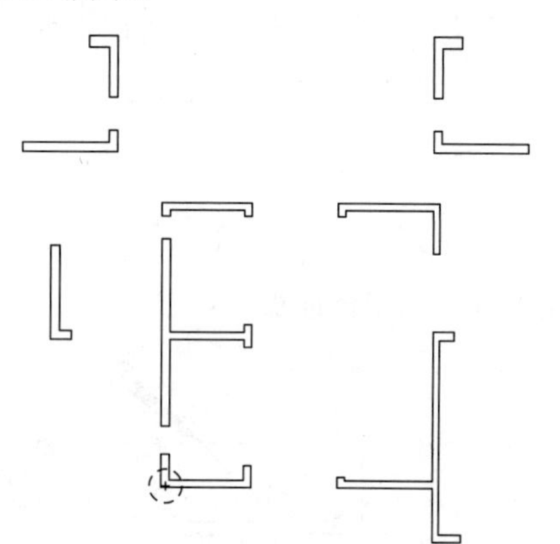
图 11-22　桩承台布置（9）

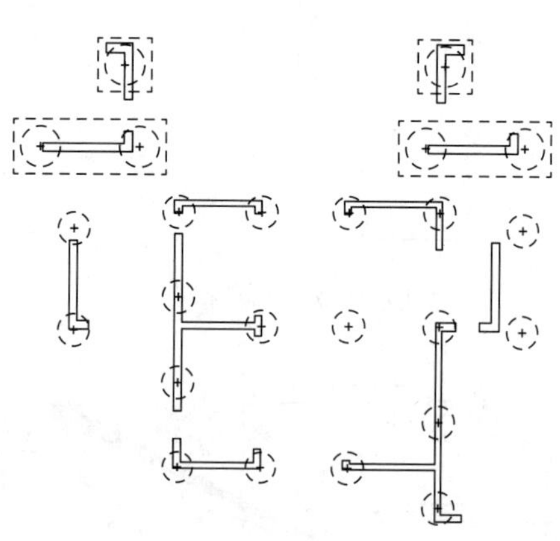
图 11-23　桩承台布置（10）

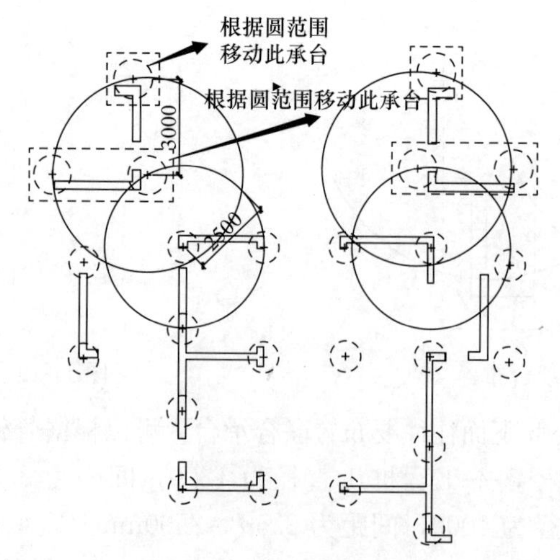

图 11-24　桩承台布置（11）

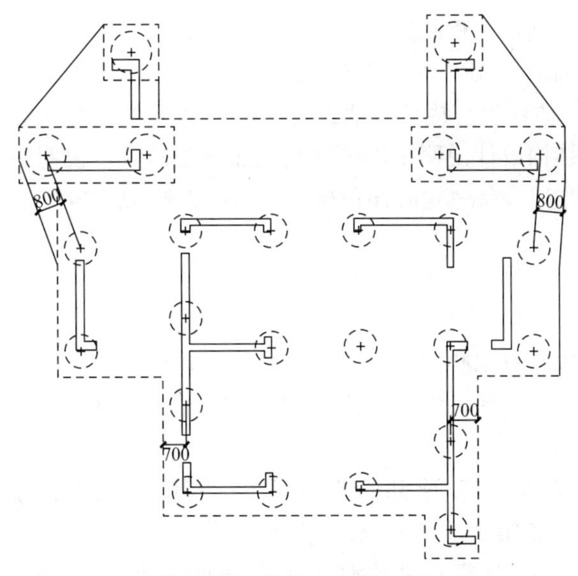

图 11-25　桩承台布置（12）

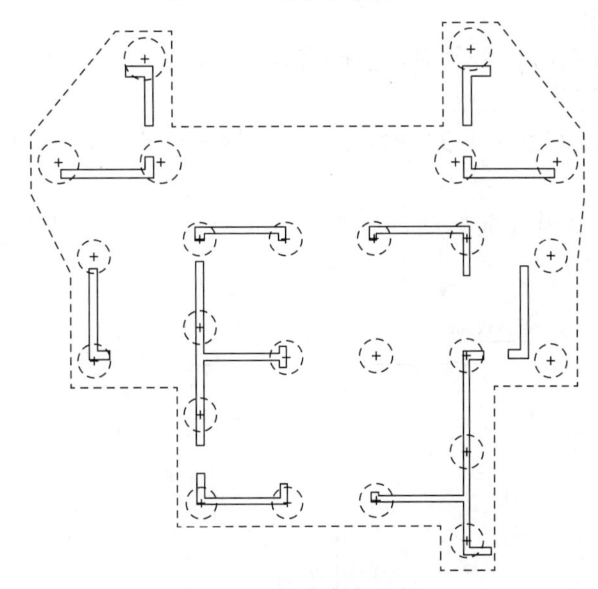

图 11-26　桩承台布置（13）

承台厚度可以按 50mm 一层取并不小于 700mm，根据工程经验，一般 33 层的高层，墙下布桩时，承台厚度可取 700mm，非墙下布桩时，承台厚度可取 1500mm 左右。本工程大小直径的灌注桩混用，大直径与小直径的桩间距可以按小直径的 2.5 倍取。

（6）桩承台布置后，可以导入到 PKPM 中的 JCCAD 中，然后利用板元法计算，基床系数取 0；判断承台厚度是否过厚，可以根据抗冲切比值与是否构造配筋率来判断；一般来说，如果抗冲切比值小于 1.0 很多，又是构造配筋率，可以减小承台厚度；

11.2　总　说　明

总说明中常见错误?

答：(1) 直接拷贝其他工程的内容，不适合本工程。

例：某工程，基础采用端承桩，以灰岩为桩端持力层，说明中却要求桩端下应设置500厚砂卵石褥垫层。估计为直接从其他工程中拷贝过来而未做修改。

(2) 应注意查看结构设计说明中墙体材料是否与建筑设计说明中一致。

注：对外地工程，尚应了解所选定的墙体材料是否适用于建筑所在地。

11.3 梁

地下室梁设计时应注意哪些问题?

(1) 对于截面比较高的梁，框架梁纵向受拉钢筋应满足GB 50010—2010表11.3.6-1中ρ_{min}要求。(强条)

框架梁梁端截面的底部和顶部纵向受力钢筋截面积的比值A_s/A'_s，应满足GB 50010—2010第11.3.6条第2款的要求。(强条)

框架梁计入纵向受压钢筋的梁端混凝土受压区高度x应满足GB 50010—2010第11.3.1条的要求。(强条)

当梁端纵向受拉钢筋$\rho>2\%$时，箍筋直径应满足表11.3.6-2中箍筋最小直径增大2mm的要求。(强条)

(2) 当梁下部钢筋层数多于2层时，2层以上钢筋水平方向的中距应比下面2层的中距增大一倍。

(3) 一层室内外交界处框架梁较高时，梁的箍筋直径、间距应考虑挡土因素，如图11-27所示。

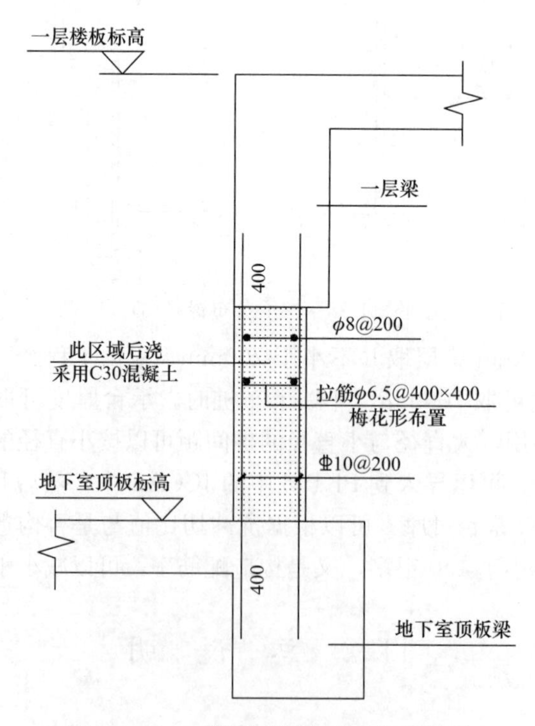

图11-27 一层室内外交界处框架梁构造

（4）有人防或者车到处，如果梁边平齐柱边，需要注意梁的最大根数应减一，否则施工困难，钢筋会打架。

（5）风井挡土墙及构造柱布置时，应用 di 命令在塔楼首层平面图中测量，而不是建筑地下室顶板图中，如图 11-28 所示。

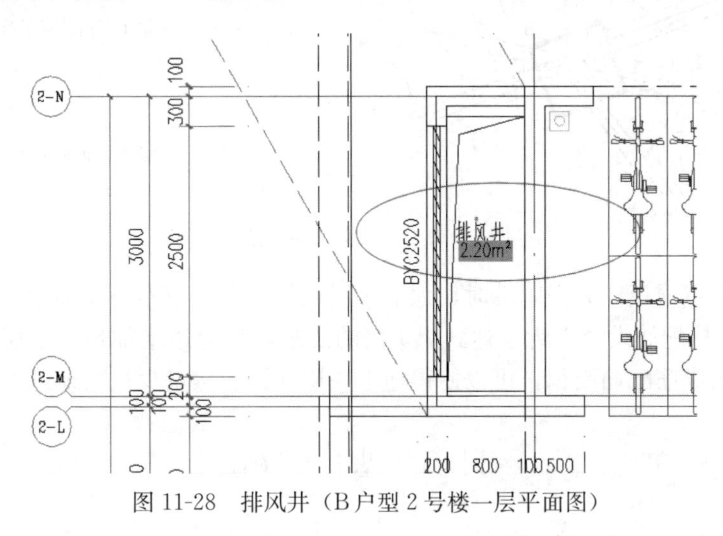

图 11-28　排风井（B 户型 2 号楼一层平面图）

11.4　柱

地下室柱设计时应注意哪些问题？

答：（1）一柱交 5 根梁或以上时，支座钢筋（直径）应协调，必要时应按实际保护层厚度复核配筋，建议标出各方向梁纵向钢筋的上下关系，如图 11-29、图 11-30 所示。

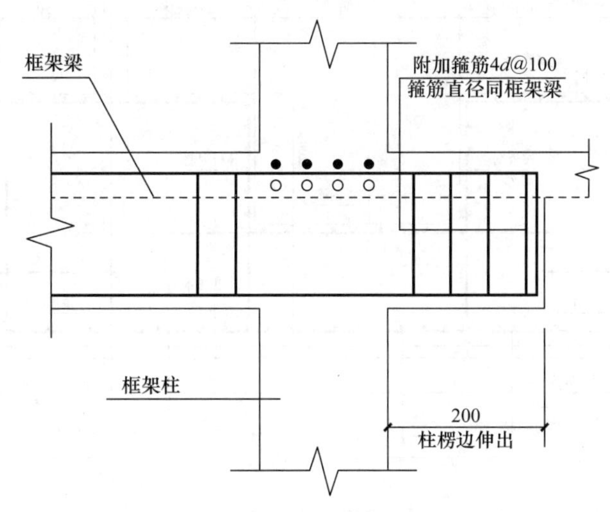

图 11-29　框架梁头纵筋锚固构造大样

（2）剪跨比不大于 2 的框架柱，其箍筋间距不应大于 100mm（强条），其体积配箍率不应小于 1.2％，设防烈度为 9 度时，不应小于 1.5％。注意剪跨比不等同于柱净高与柱长边边长之比。尤其在地下室等柱截面弯矩较小时，二者判断结果不同。

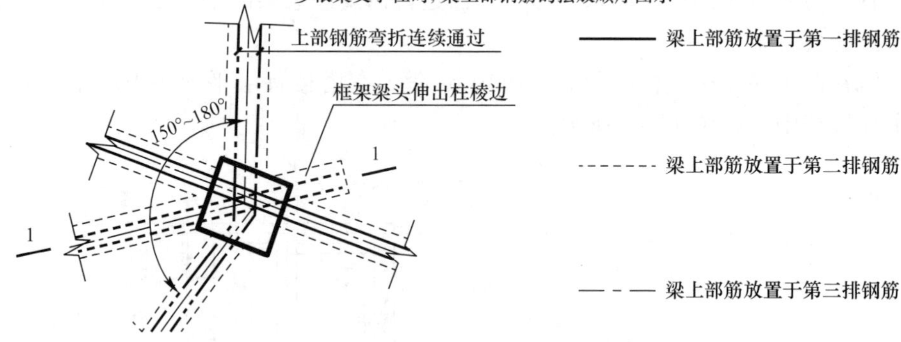

图 11-30　一柱交 5 根梁图例

（3）以地下室顶板作为嵌固端时，地下一层柱每侧纵筋应不小于地上一层对应纵筋的 1.1 倍。注：在柱配筋设计中为了达到 1.1 倍的要求，宜通过增加地下一层对应柱中钢筋根数的方法增大纵筋配筋面积，可以使得地上一层柱钢筋尽量少截断地进入地下一层。

11.5　基　　础

地下室基础设计时应注意哪些问题？

答：（1）说明中要求的锚杆进入持力层的长度与锚杆示意图中的标注不一致。

（2）桩筏基础在筏板减薄处应补充桩冲切验算，如图 11-31 所示。

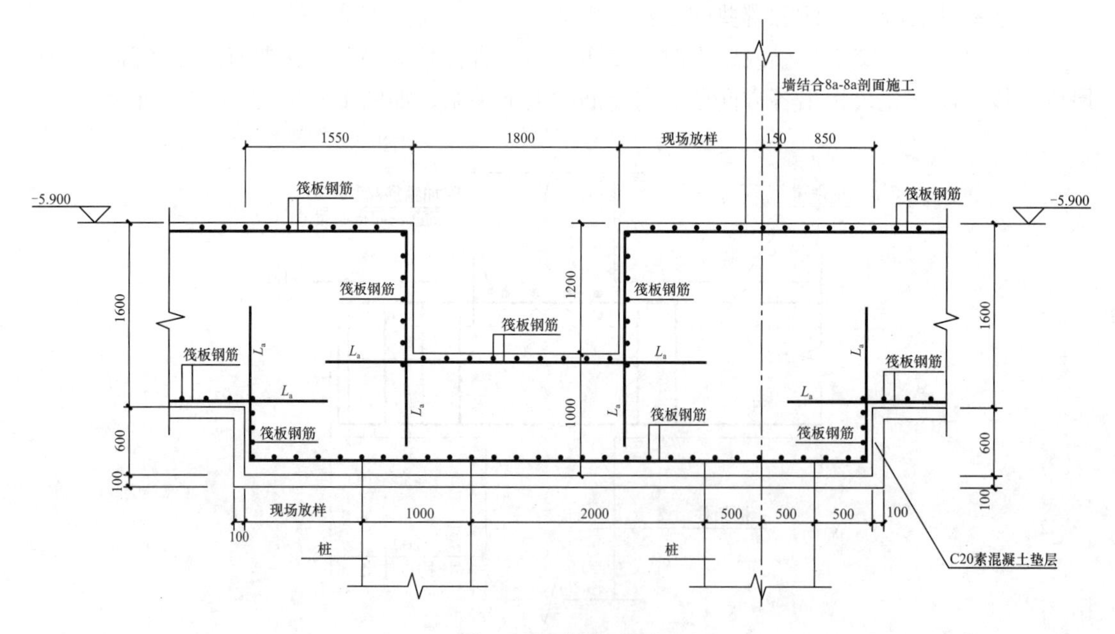

图 11-31　桩筏基础

（3）应根据桩基的使用功能和受力特征分别进行桩基的竖向承载力计算、水平承载力计算和桩身强度计算。

桩基竖向承载力计算时，基桩竖向力采用荷载效应标准组合值 N_k；桩身承载力计算时，桩顶轴向压力设计值采用荷载效应基本组合值 N；当持力层承载力较高时应关注桩身强度计算，桩身承载力不足时，可通过提高混凝土强度等级的方式来满足；对穿越软弱土层的高承台桩，注意要考虑压屈稳定对桩身承载力折减。

（4）对于桩身上部为较厚的淤泥、流塑或可塑软土、松散的新回填土等软弱土层或可液化土层时，基桩除应进行桩身强度计算，尚应进行桩身稳定验算；

（5）高层建筑地下室外墙竖向和水平钢筋间距不宜大于 150mm。（《高规》第 12.2.5 条）。

11.6 结构平面布置图

结构平面布置图绘制时应注意哪些问题？

答：（1）建议同一张图中标高变化的填充图案不超过三种；建议以下两种标高变化区域的表达方式用标高加小剖面示意的方式。

（2）字高应一致，不要一大一小；

（3）图面应均匀，不要一密一梳；

（4）梁配筋可以 X、Y 方向分开绘制；

（5）设计人员在打印生成签署 PDF 图纸时，应预览图纸，确认图纸显示无误后再提交：

电子签名是否齐全；注册章是否在有效期内；图纸版本号及时间是否正确；线型是否正确；图纸显示是否完整。

11.7 软件操作

1. 地下室建模时应注意哪些问题？

答：（1）先在 CAD 结构布置图中定好塔楼插入点，删除塔楼及周边一跨的结构布置图，然后把此 CAD 倒入 PKPM 中，修改梁截面，结构布置。

（2）点击：楼层组装-单层拼装，即可把塔楼的地下一层模型插入地下室模型中（层高等均自动与地下室模型一致而非塔楼）；

（3）插入塔楼的地下一层模型后，点击常用菜单-趁图，根据趁图完成塔楼周边的结构布置；

（4）点击常用菜单-趁图，完成其他部分的结构布置；

（5）完成消防车道及扑救场地的阴影填充范围后，可以采用趁图的功能布置荷载。

2. 地下室防水板设计时应注意哪些问题？

答：防水板设计时，可以多建一个标准层，层高 1m，在 SLABCD 中用柱帽模拟独立基础。水浮力-板自重作为活荷载，不考虑板自重为荷载工况 1，再与 0.20%的构造配筋率取包络设计。

防水板设计时，也可以在 JCCAD 中按照实际情况建模，正确输入水浮力标高，自动生成独立基础后，利用板元法计算，需要注意的是，该板应该勾选为“防水板”，基床系数填写 0，如图 11-32 所示。

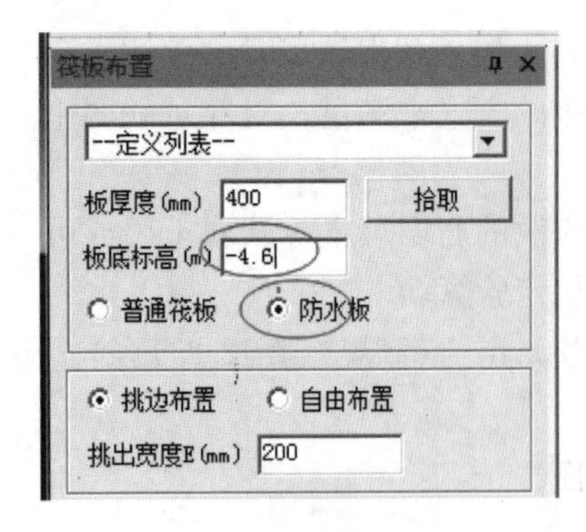

图 11-32　筏板布置

3. 地下室外墙设计时，支承方式如何简化?

答：地下室外墙设计可以采用理正工具箱，一般可以按照图 11-33 设置其支承方式（顶边简支、底边固定、侧边自由），当遇到开洞处，比如楼梯间或者车道时，应按 11-34 设置其支承方式（顶边自由、底边固定、侧边根据实际情况取）。

4. 地下室挡土墙基础设计时，荷载如何选取?

答：地下室挡土墙基础设计，如果有次梁搭接在挡土墙上，JCCAD 中的墙上线荷载往往不一致，可以偏于保守按最大值设计挡土墙下条形基础，也可以因为挡土墙上荷载按 45°角扩散作用，按平均值去设计挡土墙下条形基础，可以采用理正工具箱或者其他小软件计算挡土墙下条形基础，填写内力时，一般不用填写弯矩，因为弯矩被底板平衡了。

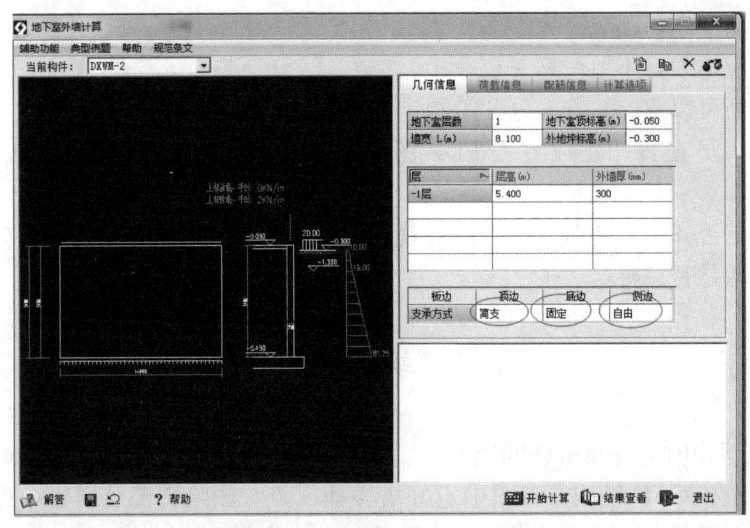

图 11-33　地下室外墙计算（1）

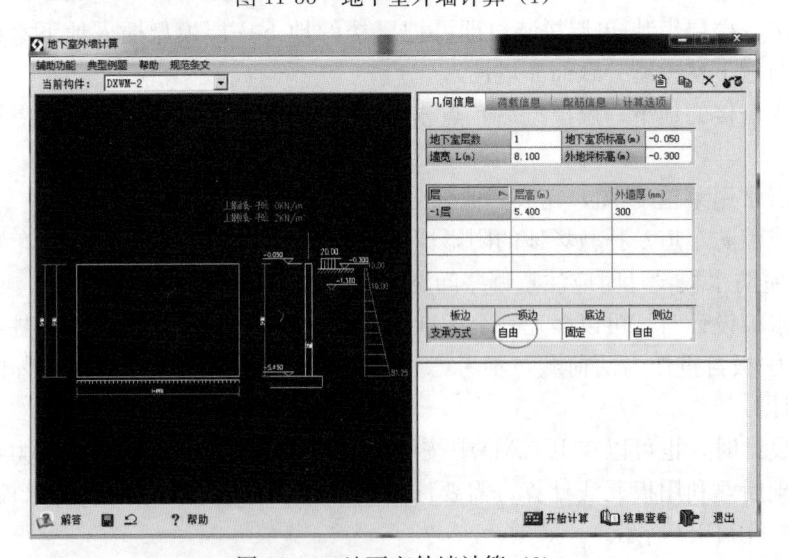

图 11-34　地下室外墙计算（2）

11.8 截面选取

地下室截面如何选取？

答：（1）井字梁

覆土厚度 1.5m，柱距 8.0×8.0m，次梁 300×(650～700)，主梁 450×(800～100)，地下室顶板厚度 180，C30；附加恒载 1.5×18+0.5=27.5kN/m^2，活荷载 5.0kN/m^2。

（2）双向次梁

次梁 300×800，与次梁平衡的主梁 300×800，支撑次梁的主梁 500×900，地下室顶板厚度 180，C30；附加恒载 1.5×18+0.5=27.5kN/m^2，活荷载 5.0kN/m^2。

（3）加腋梁板

跨中板厚 200，加腋板厚 400mm，框架主梁 400×700，加腋截面 1000×300，加腋板长度 1200（从梁边伸出）。

（4）无梁楼盖

板厚 350，柱帽平面尺寸 3200×3200(L/2.5)，柱帽高度 350+300+400=1050mm，附加恒载 1.5×18+0.5=27.5kN/m^2，活荷载 5.0kN/m^2。

（5）地下室底板采用平板+独立基础（侧壁采用条形基础）结构，板厚 250mm。地下室底板沿侧壁边外飘长度按条形基础计算取值且不小于 500mm（桩基时不小于 300 及底板厚度）。地下一层侧壁厚度 300mm，地下二层侧壁厚 400mm，底板和侧壁临土面钢筋按 0.2mm 裂缝控制（计算裂缝时保护层厚度按 25mm 考虑），考虑人防工况，人防工况考虑材料强度提高并不考虑挠度和裂缝要求。集水井、电梯底坑等应考虑其壁厚，不得与独立基础或桩有冲突。

（6）顶板非人防区楼盖，采用框架井字梁（跨度小的可用草字梁）板楼盖，框架梁跨中暂定不大于 800mm，如计算需要可以在支座处进行加腋。具体还需跟建筑、设备专业商量。塔楼相关范围板厚 180，其余 160mm。顶板框架梁角部设置两根贯通钢筋（非搭接方式）。

（7）地下室中间层楼盖，采用单向单次梁楼盖，单次方向框架梁截面 250mm×650mm，次梁截面 200mm×650mm，另向框架梁截面 300mm×700mm。板厚 120mm，框架梁面角筋、板面筋无需拉通。地下室部分施工图应和人防设计单位密切配合，统一混凝土强度等级、模板图布置等，做到设计协调一致。顶板、底板、外墙等人防荷载取值应由人防设计单位提供。

11.9 配筋要点

地下室配筋时应注意哪些问题？

答：（1）地下室底板采用无梁楼板形式，配筋形式采用柱上板带+跨中板带的形式，采用“贯通筋+支座附加筋（计算需要时）”即拉通一部分再附加一部分的配筋形式。计算程序可用复杂楼板有限元计算。附加筋从承台（基础）边伸出长度≥1m，且不小于净跨的 1/5。

（2）桩承台为抗冲切柱帽，部分承台可通过适当加大柱帽的尺寸的方法降低底板配筋。底板正向计算时为自承重体系，向下荷载为底板自重、建筑面层重量及底板上设备及活荷载，底板下地基土承载力须满足要求，不满足时应由基础承受底板自重、面层及其活荷载。底板反向计算时向下荷载为底板自重、建筑面层重量，向上荷载为水浮力，并按照规范取用相应荷载组合，其中水浮力分项系数取 1.2。

（3）底板计算裂缝时混凝土保护层取 25mm（50mm），裂缝控制宽度为 0.2mm。当部分部位设置基础梁时，其配筋计算时只考虑垂直荷载；一般情况下，基础梁不能用列表表达法，而用平面表达法（即支座面筋不全长拉通，另设置小直径架立钢筋，抗剪不够时可采取梁端 1.5h 范围内，箍筋加密至@150 或@100）。

（4）塔楼范围一般要整体沉板或者局部沉降板，很多时候，地下室塔楼范围内的梁要做成变截面梁。地下室塔楼边缘的梁宽，一般不宜小于 300mm，不应小于 250mm。地下室的梁裂缝控制一般可控制在 0.3mm，按 0.2mm 控制，一般配筋太大。

（5）不管嵌固与非嵌固于地下室顶板，楼板最小配筋率为 0.25%。

11.10 后浇带布置

后浇带如何布置?

后浇带间距以控制在 40m 以内，宽度 800mm，宜设在跨中 1/3 的部位，应避免后浇带范围内有顺向的次梁（离梁、墙边至少 300mm）、基础、集水井、电梯基坑、竖向构件、人防口部等位置，在侧壁处应上下层位置一致。后浇带做法按结构总说明。

有时候顺向的次梁（离梁、墙边至少 300mm）时与基础打架，可以局部拐过去，如图 11-35 所示。

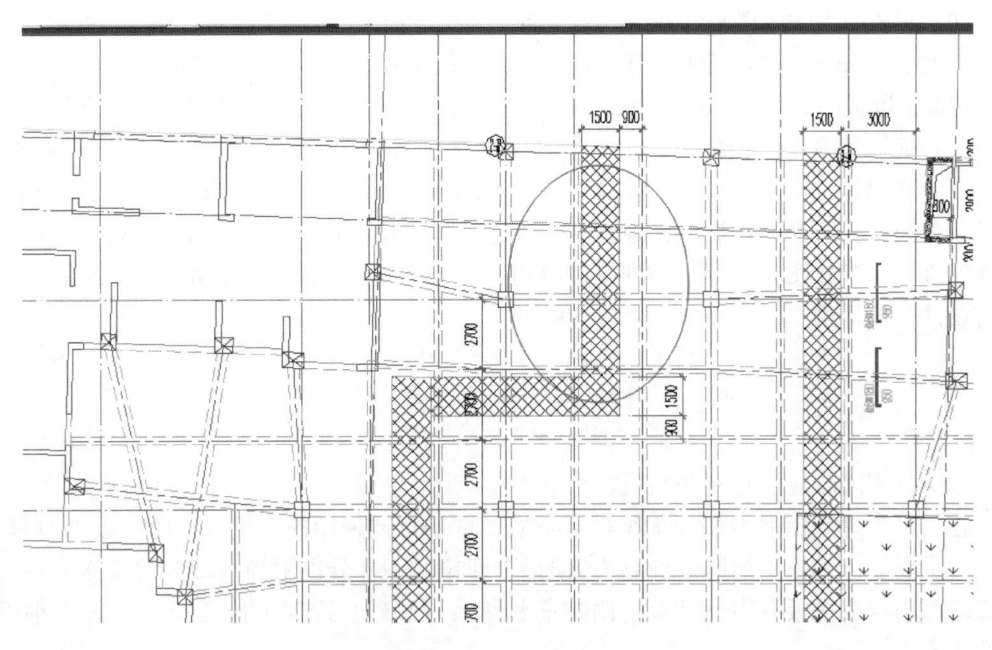

图 11-35　后浇带布置（1）

参 考 文 献

[1] 混凝土结构设计规范 GB 50010—2010. 北京：中国建筑工业出版社，2010.

[2] 建筑抗震设计规范 GB 50011—2010. 北京：中国建筑工业出版社，2010.

[3] 高层建筑混凝土结构技术规程 JGJ 3—2010. 北京：中国建筑工业出版社，2010.

[4] 建筑结构荷载规范 GB 50009—2012. 北京：中国建筑工业出版社，2012.

[5] 建筑桩基技术规范 JGJ 94—2008. 北京：中国建筑工业出版社，2008.

[6] 建筑地基基础设计规范 GB 50007—2011. 北京：中国建筑工业出版社，2011.

[7] 中国建筑科学研究院 PKPM CAD 工程部. SATWE（2010 版）用户手册及技术条件. 北京：中国建筑工业出版社，2013.

[8] 中国建筑科学研究院 PKPM CAD 工程部. JCCAD（2010 版）用户手册及技术条件. 北京：中国建筑工业出版社，2013.